MATHÉMATIQUES DU LYCÉE

à l'intention des lycéens et de leurs parents

MATHÉMATIQUES DU LYCÉE

à l'intention des lycéens
et de leurs parents

volume 3 : terminale

André Cabannes

Les Éditions du Bec de l'Aigle

ISBN 978-2-9587385-0-1

À mes grands-parents maternels, Amaury Lebon (1896, 1971)
et Marthe Delebarre (1895, 1977)

PRÉFACE

Ce cours de mathématiques de terminale est la clé de voute des mathématiques du collège et du lycée que nous apprenons depuis déjà six ans.

On apprend au collège toutes les mathématiques nécessaires dans la vie courante et quelques notions supplémentaires pour la culture. Au lycée on commence à apprendre les mathématiques pour l'ingénieur et le physicien. Mais on ne couvre pas tout ce qui leur est nécessaire.

Ce cours de terminale est aussi une introduction aux mathématiques supérieures à l'université, en classe préparatoire et dans les grandes écoles. C'est pourquoi il couvre une grande variété de sujets, ne faisant pour la plupart que les introduire. Il est organisé en quatre parties :

I Analyse : calcul intégral et séries de fonctions

II Algèbre : nombres complexes, structures algébriques, algèbre linéaire et matrices

III Probabilités et statistiques

IV Programmation

En analyse, il traite l'intégration élémentaire qui complète la différentiation présentée en première. Nous n'avons pas couvert l'analyse multidimensionnelle, les beaux théorèmes de Green-Ostrogradski ou de Stokes.

En algèbre, nous traitons les nombres complexes dont nous parlons depuis plusieurs années. Mais nous restons à la surface de leur théorie. Elle est très importante et très utile pour l'ingénieur, mais dépasse le cours de terminale.

Après avoir parlé des structures algébriques en général, nous présentons de premiers éléments d'algèbre linéaire, les endomorphismes, les bases de vecteurs, les matrices et le calcul matriciel. Nous expliquons les changements de base, mais parlons à peine de la diagonalisation et pas du tout de la théorie spectrale.

Entre la deuxième et la troisième partie, nous avons choisi de parler de deux sujets particuliers : les suites récurrentes et les dénombrements, qui sont de nos jours un peu oubliés, mais qui montrent de jolies propriétés compréhensibles sans abstraction.

La troisième partie est consacrée aux probabilités et statistiques. Nous allons plus loin que les années précédentes, présentant les gaussiennes, le théorème central limite, puis, en statistiques, après un rappel de l'estimation et des tests d'hypothèse, nous consacrons une leçon aux techniques bayésiennes qui connaissent un regain de notoriété avec les moteurs de recherche, le filtrage de spam, les large language models (chatGPT et ses concurrents) et d'autres utilisations.

Dans chacune de ces parties, les sujets traités sont seulement une introduction à de vastes domaines.

Enfin nous terminons le livre avec une partie consacrée à l'algorithmique et à la programmation essentiellement par des exemples. Nous avons choisi de ne pas raconter en détail la merveilleuse histoire de l'informatique qui est aussi passionnante que celle de la révolution industrielle. Cela aurait demandé même pour une description superficielle quatre ou cinq leçons et aurait déséquilibré le cours. Après avoir brièvement présenté l'algorithmique, nous donnons quelques idées générales de ce en quoi consiste la programmation à travers l'écriture d'un petit programme en html/javascript. Les simulations illustrant le fonctionnement et des applications du théorème de Bayes ont été écrites en html/javascript.

Écrire un cours de maths de terminale consiste à viser une cible mouvante, tant les programmes évoluent d'une année sur l'autre. Cela explique aussi la variété de sujets traités. Les lecteurs et lectrices, qu'ils soient des élèves de terminale ou qu'ils nous lisent pour leur culture, choisiront les sujets qui les intéressent.

Depuis l'école primaire jusqu'à la terminale, l'exposition des mathématiques mélange les modèles concrets et les abstractions : un plan est le dessus d'une table, ou la surface de contact obtenue en frottant deux pierres l'une contre l'autre « dans tous les sens ». C'est aussi un espace vectoriel de dimension deux [1].

Certains mathématiciens ont un sourire narquois face à cette approche, disant que c'est une présentation naïve de la discipline. Ce sont les mêmes qui ont fait tant de mal à l'enseignement des mathématiques en France en introduisant la théorie des ensembles et les « maths modernes » dès le collège.

Les plus grands mathématiciens – ceux qui ont fait les contributions les plus importantes à la discipline – n'ont pas une telle attitude. Jacques Hadamard (1865, 1963) dans son cours de mathématiques pour le lycée n'hésite pas à dire qu'un plan est une

1. Ou un espace affine affine lié à un espace vectoriel de dimension 2.

surface à deux dimensions caractérisée par le fait que si deux points sont dessus alors toute la droite qui passe par eux aussi. Et pour une droite, il dit qu'un fil tendu en donne une image [2].

En terminale nous continuons à mélanger modèle concret et abstraction.

Le seul défaut de l'approche qui consiste à utiliser un modèle concret est que parfois, sans que nous nous en rendions compte, notre modèle incorpore des axiomes inutiles. C'est pour cela que ça a été aussi difficile de créer la géométrie non euclidienne.

Nous parlons de temps à autre de physique. Un cours de maths qui ne parle pas de physique, à notre sens, n'est pas un cours de maths. C'est juste un corpus théorique déconnecté de la réalité, cf. la critique sévère par Vladimir Arnold (1937, 2010) de l'enseignement des mathématiques déconnecté de la réalité [3].

Dans nos leçons, les exercices sont incorporés dans le corps du texte pour inviter le lecteur et la lectrice à essayer tout de suite d'appliquer par eux-mêmes ce qui vient d'être expliqué. Pour atteindre une maîtrise complète des sujets abordés, le lecteur et la lectrice devront utiliser aussi d'autres manuels proposant plus d'exercices que nous.

Nous cherchons à donner une vision en hauteur des mathématiques dégagée de toute appréhension, mais aussi qui les comprenne pour de vrai.

Beaucoup de personnes comprennent (ou pensent comprendre) un problème à un niveau émotionnel. Parfois elles sont même capables d'en parler un moment, et de donner le change. Mais pour différentes raisons, elles sont incapables de produire quoi que ce soit d'utile. L'une des raisons est qu'elles emploient des modèles cérébraux qui ne sont pas les bons. Nous en avons parlé dans la préface du livre de première.

Notre objectif est de permettre de construire les bons modèles, de faire comprendre les détails (sans s'y noyer), et finalement de former des personnes capables

- de comprendre les mathématiques,
- d'employer des outils et d'appliquer des méthodes,
- et même de créer.

2. J. Hadamard, *Leçons de géométrie élémentaire*, Armand Colin, 1898, disponible ici : `https://lapasserelle.com/documents/geometrie_hadamard.pdf`

3. `https://lapasserelle.com/arnold/arnold.pdf`

Cette préface n'est pas le lieu de discuter de l'utilité de l'instruction publique généraliste pour tout le monde. Le souci est né à la fin du XIXe siècle, et force est de constater que l'objectif n'a pas été atteint. Les problèmes de l'école, dont nous pouvons prendre connaissance quotidiennement dans la presse, ont des causes profondes et diverses. Observons seulement que le grand public a souvent des idées effarantes, et a finalement une connaissance très faible de la science. Celle-ci est devenue indiscutablement plus complexe au XXIe siècle que par le passé.

Vision populaire des ordinateurs avec des gerbes de 0 et 1.

Une caractéristique des nouveautés technologiques introduites au XXe siècle est que la plupart étaient compréhensibles par le grand public. Elles l'étaient au moins dans leurs utilisations (une automobile, un téléphone) sinon dans les principes sur lesquels elles reposaient (la thermodynamique, l'électromagnétisme). Celles introduites au XXIe siècle, par contraste, le sont de moins en moins : le génie génétique, les prouesses de l'informatique. Un film documentaire sur les ordinateurs comprendra immanquablement quelques séquences montrant des gerbes de 0 et de 1 formant à l'écran de belles figures sur fond bleu nuit évoquant des processus mystérieux – ce qui, convenons-en, n'explique rien. En cela la science, après avoir été pendant un siècle, de 1880 à 1980 environ, un des vecteurs de l'instruction publique, redevient un savoir entre les mains de Merlin l'Enchanteur.

En même temps nous sommes témoins dans les documentaires à la télévision, qu'ils soient touristiques, géographiques ou ethnographiques, d'un retour du surnaturel et du magique. Le commentaire en off présente avec la même objectivité les méthodes que les peuplades filmées utilisent pour tresser un panier ou se concilier les esprits. Le phénomène s'observe dans la société plus généralement : au XXIe siècle en France on gagne plus d'argent en vendant de la voyance que du savoir.

Nous avons une certaine façon de comprendre les mathématiques qui a guidé notre exposition dans les volumes du collège et du lycée. Cette façon de comprendre les mathématiques est étroitement liée à la compréhension du monde, à la représentation de la nature, à la physique, à l'épistémologie et on peut même dire à la philosophie.

Notre méthode consiste à rester aussi près que possible de la façon dont nous comprenons le monde. Vous trouverez des gens qui ne comprennent pas que dans un triangle rectangle le carré de l'hypoténuse est égal à la somme des carrés des deux autres côtés. Mais vous ne trouverez personne qui, voulant aller d'un coin d'un champ rectangulaire de 90 m par 120 m à celui opposé, ne comprend pas la remarque : si vous faites le tour du champ vous marcherez 210 mètres, mais si vous coupez à travers champ vous ne marcherez que 150 mètres. La même idée guide *toutes* nos explications. Nous ne nous aventurons dans l'abstraction que quand c'est nécessaire.

Pour nous les mathématiques ne sont pas du tout une discipline à part, exceptionnelle, platonicienne, inaccessible au commun des mortels. Les mathématiques sont tout simplement la partie bien structurée, souvent quantitative de la façon dont on organise nos perceptions dans notre cerveau.

Nous pensons que cette approche permet de mieux comprendre les mathématiques. Il y a des difficultés en mathématiques, c'est clair. Mais il y a aussi des difficultés dans la compréhension du monde quel que soit le domaine.

Quand on étudie les mathématiques en les considérant comme une partie comme une autre de l'ensemble des facultés pour comprendre le monde, c'est-à-dire comme un ensemble d'outils, leur étude est plus facile.

Si vous comprenez tous nos ouvrages de la sixième à la terminale, vous aborderez confortablement les études supérieures à l'université ou en classe préparatoire et dans les grandes écoles.

Bonne lecture et bon apprentissage des mathématiques de terminale. Et bonne chance pour la suite.

André Cabannes
Saint-Cyr-sur-mer,
juin 2024

Leçon 1 :
Dérivées et primitives

Après avoir appris l'année dernière en analyse la différentiation, appelée aussi dérivation, nous abordons maintenant son pendant : l'intégration. Dans la leçon 5 de notre livre de première [1], nous avons présenté quatre problèmes :

1. Calculer la vitesse instantanée à chaque temps t d'un objet en mouvement le long d'une trajectoire. L'exemple choisi était une pierre tombant en chute libre.
2. Inversement, quand on connait la vitesse instantanée d'un objet à chaque temps t le long d'une trajectoire, ainsi que sa position au temps $t = 0$, calculer sa position à chaque t.
3. Calculer la pente de la tangente à une courbe (continue et lisse) en chacun de ses points, quand on dispose de son équation $y = f(x)$ sous une forme explicite. Par exemple, $y = x^2$, ou $y = \sin x$.
4. Dans une boîte parallélépipédique ouverte sur le dessus et remplie d'eau, calculer la *force* exercée par l'eau sur *toute* une face verticale.

Nous avons résolu les problèmes 1 et 3 et montré comment ils se ramenaient à des calculs de dérivées. Nous avons d'autre part signalé que les problèmes 2 et 4, appelés problèmes d'intégration, ou de quadrature, étaient en quelque sorte des problèmes inverses de la différentiation. Nous avons laissé de côté le problème 2, et avons résolu par une technique spécifique le problème 4. Nous allons maintenant étudier les problèmes d'intégration d'une manière générale. Nous allons voir *et utiliser* le lien étroit qu'il y a entre la différentiation et l'intégration.

Le calcul d'une intégrale se ramène au calcul de la surface sous une courbe continue entre deux abscisses, figure 1.1. Les mathématiciens étaient préoccupés par ce problème depuis l'Antiquité, mais ils ne savaient le résoudre que dans quelques cas particuliers.

---

1. A. Cabannes, *Mathématiques du lycée, volume 2 : première*, Les Éditions du Bec de l'Aigle, 2024.

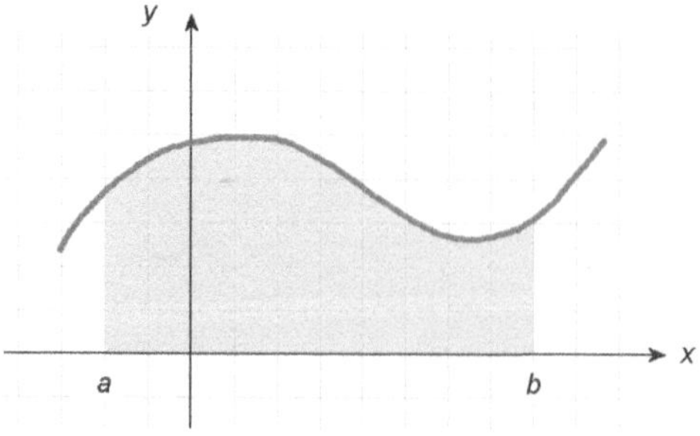

Figure 1.1 : Problème du calcul de la surface sous une courbe entre deux abscisses, quand on connaît l'équation de la courbe.

Nous avons vu dans notre cours de seconde [2] comment Archimède a résolu le problème sous la parabole $y = x^2$. Il a trouvé que la surface sous cette parabole canonique, entre 0 et 1, est un tiers.

Exercice 1.1 : Considérons le problème 4, du calcul de la force exercée par l'eau sur toute une face verticale d'une boîte parallélépipédique. (Nous supposons que vous avez étudié notre livre de première, page 64, ou bien que vous savez reconstituer la solution par vous-même.)

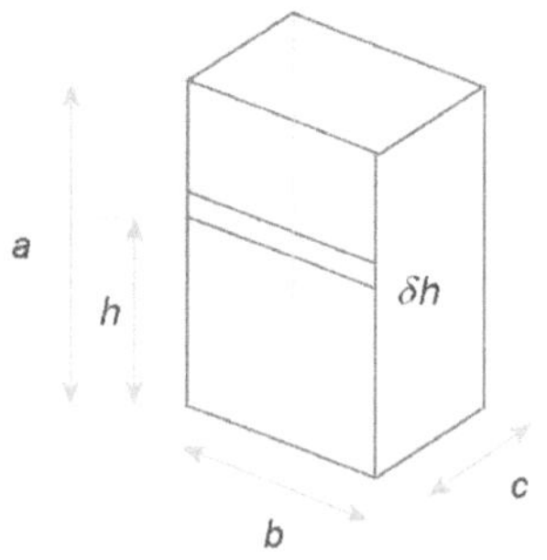

Figure 1.2 : Problème du calcul de la force exercée par l'eau sur une face verticale de la boîte.

Montrer que le calcul de cette force se ramène au calcul de la surface d'un triangle.

2. A. Cabannes, *Mathématiques du lycée, volume 1 : seconde*, Les Éditions du Bec de l'Aigle, 2024, exercice 8.13, page 64.

On savait aussi depuis longtemps tracer la tangente en un point donné d'un cercle et même dans certains cas, à l'aide d'une construction astucieuse, d'une conique. Mais on ne savait pas le faire dans le cas d'une courbe quelconque. Du reste, avant Descartes (1596, 1650), *on ne disposait pas de l'équation d'une courbe.* On traçait les courbes à l'aide de constructions géométriques. Le cercle est l'ensemble des points d'un plan à égale distance d'un point donné. L'ellipse est obtenue en coupant un cône par un plan, etc.

Les contributions principales des mathématiciens du XVIIe siècle sont les suivantes :

1. Descartes a construit la géométrie analytique. Dans un plan, s'inspirant de ce que les cartographes faisaient déjà paradoxalement depuis un siècle sur la surface plus compliquée qu'est la surface de la sphère avec la latitude et la longitude, il a placé un repère cartésien. Alors tous les points ont une abscisse et une ordonnée. Les problèmes de géométrie deviennent équivalents à des problèmes d'algèbre.
2. Les mathématiciens ont compris que le problème de tracer une tangente était le problème de calculer une dérivée.
3. Newton (1642, 1727) et Leibniz (1646, 1716) ont montré que les problèmes de quadrature pouvaient se résoudre d'une manière générale en utilisant très astucieusement les dérivées. Ils ont, ce faisant, dépassé largement Archimède (-287, -212) ou même Cavalieri (1598, 1647), qui avait calculé le volume de la sphère[3].

Newton et Leibniz ont ainsi établi, indépendamment l'un de l'autre, le théorème fondamental de l'analyse liant l'intégration et la différentiation.

Nous allons l'étudier en deux temps. Dans cette première leçon, nous allons tout d'abord introduire la notion de primitive, et voir comment elle permet de calculer des quadratures. Puis dans la leçon 2, nous présenterons d'un point de vue plus général l'intégration, avec en particulier son symbolisme développé par Leibniz qui est très commode, mais nécessite un peu de pratique pour être manié correctement, car il n'est plus tout à fait aussi simple et mécanique que l'algèbre d'Al-Khwarizmi (c. 780, c. 850).

3. On connaissait la formule depuis Archimède, mais on avait perdu sa démonstration. On la retrouva sur un palimpseste à Constantinople au début du XXe siècle (voir notre livre de quatrième et troisième, page 411 et seq., qui raconte cette histoire et présente la méthode de Cavalieri pour calculer le volume de la sphère), et on vit à cette occasion que Cavalieri avait en fait reconstitué la solution d'Archimède.

Exercice 1.2 : Rappel sur l'*aspect mécanique* de l'algèbre d'Al-Khwarizmi. Résoudre les équations suivantes :

1. $x - 2 = 5$
2. $\dfrac{x-2}{x+1} = 3$
3. $y = \dfrac{x-2}{x+1}$ et $y = -2x + 5$ (trouver x et y) [4].

Une propriété de la surface sous une courbe

Considérons une courbe quelconque, $y = f(x)$, continue d'un domaine connexe de $\mathbb{R}$ vers $\mathbb{R}$.

On dit d'une partie de $\mathbb{R}$ qu'elle est connexe si, étant donné deux points dans cette partie, alors tous les points intermédiaires y appartiennent aussi. La connexité est un concept important en topologie, tout spécialement dans des espaces à plus de dimensions que $\mathbb{R}$. Sa définition n'est alors plus tout à fait aussi simple que pour $\mathbb{R}$. Ici, sur le droite des réels, on veut simplement être dans un espace confortable pour étudier la fonction continue. Nous fuyons les mathématiques qui s'occupent davantage des cas bizarres que des cas généraux. Donc on est sur un domaine qui peut être tout $\mathbb{R}$, ou un segment fermé de $\mathbb{R}$, ou préférablement un segment ouvert de $\mathbb{R}$. Travailler sur un segment ouvert est en effet particulièrement commode, car ça n'a pas de bord, au sens qu'autour de n'importe quel point dans le segment, il y en a d'autres à droite et à gauche. Donc on n'est pas gênés par les problèmes de bord.

4. J'ai donné ce système à résoudre à ChatGPT, voici sa réponse :
`https://lapasserelle.com/documents/terminale_lecon1_chatGPT1.png`
`https://lapasserelle.com/documents/terminale_lecon1_chatGPT2.png`
`https://lapasserelle.com/documents/terminale_lecon1_chatGPT3.png`

Note : ChatGPT est cool, il accepte même des équations écrites en LaTeX, que j'utilise pour écrire ce livre. Il a l'air compétent en maths élémentaires. Mais attention : sur des questions de littérature, d'histoire ou de philosophie, ou même quand on veut obtenir une information factuelle, il n'est pas toujours fiable. Par exemple, en avril 2024, à la question « Sous la direction de qui M. Andriy Burkov a-t-il écrit sa thèse en intelligence artificielle ? », ChatGPT donnait une réponse fantaisiste – d'autant plus qu'elle était variable selon les jours. En fait, comme avec un ami intéressant et un peu hâbleur : il ne faut pas prendre tout ce qu'il dit pour argent comptant, mais vérifier d'une part la cohérence interne de son discours, d'autre part si ça correspond à ce qu'on sait déjà soi-même.

Bref, supposons que le domaine de définition de f est un segment ouvert de l'ensemble $\mathbb{R}$.

Reprenons notre courbe $y = f(x)$ déjà montrée page 2. Considérons l'abscisse a comme fixe. Et changeons le nom de l'abscisse b. Appelons-la l'abscisse x car on va la faire bouger vers la droite et vers la gauche. Enfin, appelons la surface sous la courbe f entre a et x, $F(x)$ (lire « grand F de x »), fig. 1.3.

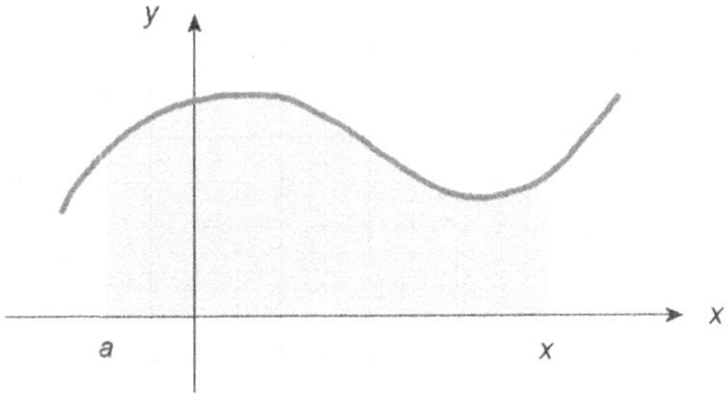

Figure 1.3 : Le trait noir est la courbe $f(x)$. La surface grisée entre a et x est la fonction $F(x)$.

La fonction $F(x)$ est non seulement continue, mais différentiable. En effet, d'une part quand x tend vers un point x_0 dans le domaine de définition de f, la différence entre $F(x)$ et $F(x_0)$ tend vers zéro. Pourquoi ? Eh bien, $F(x) - F(x_0)$ est la surface sous la courbe entre x et x_0. Elle est majorée par $x - x_0$ multiplié par le maximum de f sur le segment $[x, x_0]$ (ou $[x_0, x]$ si $x_0 < x$). Ce maximum est un nombre fini car on a supposé f continue sur tout son domaine de définition. Le même raisonnement s'applique à la minoration de $F(x) - F(x_0)$. Donc $F(x)$ tend vers $F(x_0)$, ce qui établit que F est continue.

D'autre part,

$$\lim_{h \to 0} \frac{F(x+h) - F(x)}{h} = f(x) \qquad (1.1)$$

Le même raisonnement que ci-dessus l'établit aussi. Le ratio $(F(x+h) - F(x))/h$ est majoré par le maximum de f entre x et $x + h$ et minoré par son minimum. Mais ce maximum et ce minimum tendent tous deux vers $f(x)$, car f est continue. Cela établit (1.1). Donc F est différentiable. Et sa dérivée est la fonction f [5].

5. On aurait pu se contenter de montrer que F est différentiable, car ça implique sa continuité. Mais on a voulu rentrer dans les détails.

Ce résultat mérite d'être mis en italique et même encadré :

> *Si on définit la fonction $F(x)$ par la surface sous la courbe de la fonction continue f entre un point fixe a et x, alors la fonction F est différentiable et sa dérivée est la fonction $f(x)$.*

La figure 1.4 illustre ce fait à l'aide du graphique de f et F :

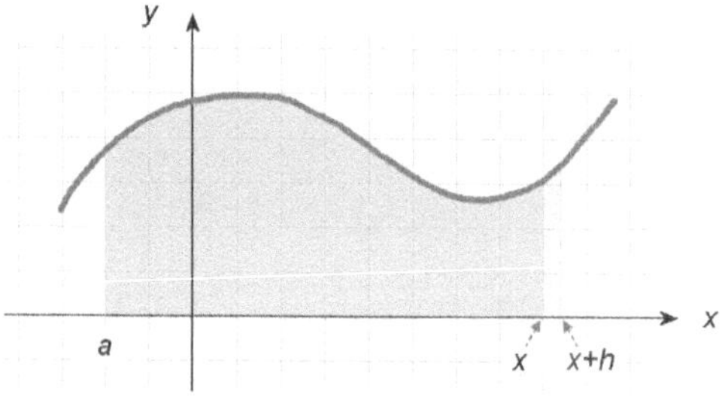

Figure 1.4 : La surface gris clair entre x et $x+h$ est approximativement égale à $hf(x)$. Et quand h tend vers 0, cette surface gris clair divisée par h tend exactement vers $f(x)$, car f est continue.

Précisons tout de suite un point technique : quand la courbe $y = f(x)$ passe sous l'axe des x, c'est-à-dire quand f devient négative, alors il faut prendre la surface au-dessus de f, entre f et l'axe des x, *mesurée avec un nombre négatif*, figure 1.5.

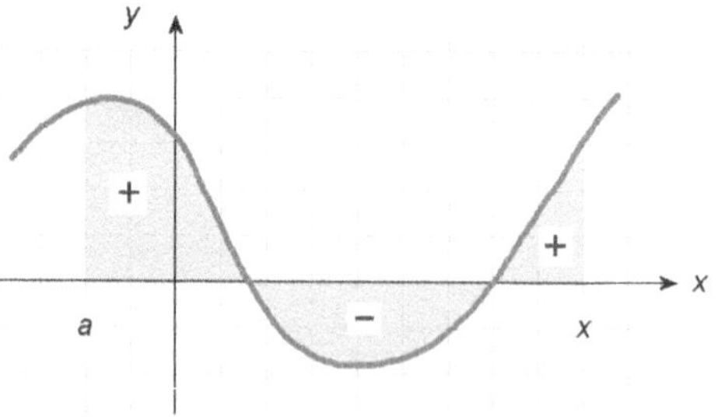

Figure 1.5 : Dans le cas de figure où f passe en dessous de l'axe des x, il faut prendre la surface au-dessus de f, entre f et l'axe des x, mesurée avec un nombre négatif.

Par voie de conséquence, la « surface totale sous la courbe f », par exemple entre 0 et 4, sur la fig. 1.5, est à peu près égale à zéro.

Même dans ce cas, montré sur la figure 1.5, où il faut compter en négatif la surface sous l'axe des x, la fonction F a toujours pour dérivée f. Le lecteur et la lectrice sont invités à le vérifier pour les points x où f est positive, ceux où elle est négative, et ceux où elle est nulle. Dans la suite, seulement par commodité, nous continuerons à dessiner et regarder des fonctions f entièrement au-dessus de l'axe des x.

Remarque sur la notion de surface sous une courbe

Dans cette leçon 1, nous considérons la surface sous une courbe continue, entre la courbe et l'axe des x, comme une notion intuitive évidente, qui ne nécessite pas de définition particulière.

En réalité, de même que la circonférence d'un cercle nécessite une définition, car seule la longueur d'un segment de droite est bien définie dans le plan directement à partir des axiomes, la surface sous une courbe nécessite une définition. Dans les deux cas on le fait à l'aide de la construction d'une suite de mesures convergeant vers la notion qu'on veut définir.

Pour le cercle, nous en avons déjà parlé les années passées. La circonférence du cercle est définie comme la limite de la longueur du pourtour d'un polygone inscrit dans le cercle, dont le nombre de côtés augmente (et la longueur de son plus grand côté devient de plus en plus petite).

Pour la surface sous une courbe, nous verrons une définition irréprochable dans la leçon 2.

Donc, dans cette leçon 1 dont le but est de construire l'intuition pour le calcul intégral et de présenter la notion de primitive et son utilité, on peut considérer que certains de nos raisonnements sont heuristiques – ou en tout cas reposent sur l'intuition géométrique, et que celle-ci demande en réalité un traitement plus rigoureux.

Les Grecs en étaient déjà conscients quand Eudoxe de Cnide (c. -408, c. -355) a inventé, un siècle avant Archimède, la méthode d'exhaustion (voir notre livre de première, page 6).

Primitives

Nous venons de voir que F a pour dérivée f. Cela nous conduit à la définition fondamentale suivante :

Définition : *Une fonction g dont la dérivée est la fonction f s'appelle une* primitive *de f.*

Ainsi, nous avons montré plus haut que F est une primitive de f. Pourquoi « une » et pas « la » primitive de f ? Réponse : Car si g est une primitive de f, alors $g+c$, où c est une constante arbitraire, est aussi une primitive de f.

Exercice 1.3 : Montrer que si la dérivée de g est f, c'est-à-dire si $g' = f$, alors la fonction $g + c$, où c est une constante quelconque a aussi pour dérivée f.

L'exercice 1.3 est élémentaire. Son but est de nous préparer au résultat plus important, et en fait tout à fait fondamental, suivant qu'on peut appeler un théorème, ou à tout le moins un lemme :

Lemme : *Deux primitives de f ne peuvent différer que par une constante.*

Démonstration : Supposons que nous ayons deux primitives, g_1 et g_2 de la fonction f. Dénotons par $k(x)$ la fonction formée par leur différence :

$$k(x) = g_1(x) - g_2(x) \tag{1.2}$$

Alors la fonction k a pour dérivée la fonction égale à zéro sur tout le domaine de définition de f, g_1 et g_2. En effet sur tout le domaine de définition sur lequel on travaille, on a par hypothèse $g_1' = g_2' = f$. Et $k' = g_1' - g_2'$.

Cela a pour conséquence que la fonction $k(x)$ ne peut prendre qu'une seule et même valeur partout.

Pour l'établir, raisonnons par l'absurde, c'est-à-dire supposons que c'est faux, et voyons que cela conduit à une contradiction.

Si $k(x)$ prenait deux valeurs différentes en deux points différents, α et β, sur l'axe des x, alors par le théorème de la valeur moyenne, appelé aussi théorème de Rolle[6], il existerait nécessairement un point γ entre α et β où la dérivée de k serait égale à la pente du

6. Théorème de Rolle (rappel) : *Soit une fonction f continue et dérivable sur le segment fermé $[a,\ b]$, inclus dans son domaine de définition qui est un segment ouvert. Alors il existe au moins un point c, strictement entre a et b, tel que*

$$\frac{f(b) - f(a)}{b - a} = f'(c)$$

Autrement dit, il y a un point c entre a et b où la pente de la tangente à f est la même que la pente du segment de droite allant du point $A = (a,\ f(a))$ au point $B = (b,\ f(b))$.

segment allant du point $[\alpha,\ k(\alpha)]$ au point $[\beta,\ k(\beta)]$. Si $k(\alpha) \neq k(\beta)$, cette pente est non nulle, et donc quelque part la dérivée de k est non nulle. Mais c'est impossible puisqu'on vient de voir que la dérivée de $k = g_1 - g_2$ est toujours nulle.

Donc $k(x)$ a forcément partout la même valeur. Et $g_1(x)$ et $g_2(x)$ ne peuvent différer que par une constante.

C.Q.F.D.

Ce résultat, apparemment tout simple, est la clé d'un trésor.

En effet, pour beaucoup de fonctions $y = f(x)$, dont on connaît une expression explicite, il est facile de trouver une fonction – avec son expression explicite aussi – dont f est la dérivée.

Par exemple la fonction $y = x^2$ est la dérivée de la fonction $y = \frac{x^3}{3}$.

Poursuivons cette découverte merveilleuse. La surface sous la parabole canonique entre 0 et x a pour dérivée $y = x^2$. C'est donc une primitive de $y = x^2$. La fonction $y = \frac{x^3}{3}$ est aussi une primitive de $y = x^2$. Donc la surface sous la parabole canonique entre 0 et x et la fonction $y = \frac{x^3}{3}$ ne diffèrent que par une constante.

Visuellement c'est très simple, figure 1.6.

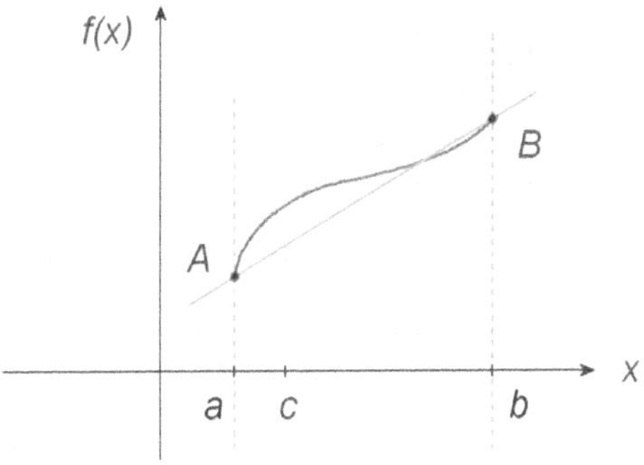

Figure 1.6 : Visualisation du théorème de Rolle. Si f est dérivable sur $[a,\ b]$, il y a un point c entre a et b où la pente de la tangente est égale à celle du segment AB. (Sur le dessin, il y en a même deux, mais ce n'est pas nécessairement le cas. En revanche il y en a toujours au moins un.)

Pour sa démonstration, voir notre livre *Mathématiques du lycée, volume 2 : première*, Les Éditions du Bec de l'Aigle, leçon 8, pp. 114-116.

On peut ainsi écrire

$$[\text{surface sous la parabole entre 0 et } x] = \frac{x^3}{3} + c \qquad (1.3)$$

Et, étant donné que quand $x = 0$, cette surface est égale à zéro, on en déduit que la constante c est elle-même égale à zéro.

On vient de calculer la surface sous la parabole canonique entre 0 et n'importe quelle abscisse x : c'est $\frac{x^3}{3}$.

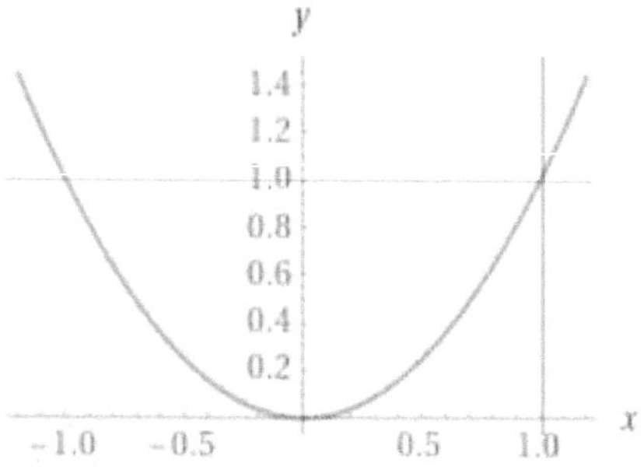

Figure 1.7 : Parabole canonique $y = x^2$. La surface sous la courbe entre 0 et x est égale à $\frac{x^3}{3}$.

Par exemple, la surface sous la parabole canonique entre 0 et 1 est égale à $\frac{1}{3}$, fig. 1.7.

Archimède l'avait déjà trouvé au IIIe siècle av. J.-C., mais il avait construit une méthode spécifique pour ce problème. Celle-ci ne s'adaptait pas facilement à d'autres courbes, pas même au cercle [7]. En outre, nous l'avons déjà dit, mais rappelons-le : avant Descartes, on ne connaissait pas les équations des courbes.

L'équation d'une courbe, découverte par Descartes (1596, 1650), et le travail des mathématiciens du XVIIe siècle sur la dérivée ont permis à Newton et Leibniz de parvenir à la nouvelle technique pour calculer la surface sous la parabole que nous venons de présenter. Elle confirmait le résultat d'Archimède, mais surtout *elle se prêtait immédiatement à une vaste généralisation.*

7. Même si on savait aussi calculer la surface d'un cercle, $S = \pi r^2$, par une application particulière de la méthode d'exhaustion.

C'est parce qu'il fallait d'abord tout le travail des mathématiciens sur l'algèbre au cours des mille ans entre 600 et 1600, dont les deux figures les plus importantes sont Al-Khwarizmi (c. 780, c. 850) et Viète (1540, 1603), ainsi que l'invention de la géométrie analytique par Descartes, liant la géométrie et l'algèbre, qu'Archimède – qui était un indiscutable génie du calibre de Léonard de Vinci – ne pouvait pas découvrir la méthode que nous venons d'exposer utilisant une primitive de la fonction $y = x^2$.

Autres exemples d'utilisation de la méthode de la primitive

Cette méthode de la primitive pour calculer la surface sous une courbe peut s'appliquer directement à toutes les fonctions pour lesquelles on connaît une primitive.

Ainsi le tableau des dérivées de fonctions élémentaires que nous avons établi l'année dernière (cours de première, leçon 7, page 111), nous donne immédiatement la primitive la plus simple d'une collection de fonctions. Reproduisons ce tableau ci-dessous.

Tableau 1.1 : Dérivées des fonctions élémentaires les plus simples.

y	y'	y	y'	y	y'
c	0	$\ln x$	$\frac{1}{x}$	$\tan x$	$\sec^2 x$
x^a	ax^{a-1}	$\log_a x$	$\frac{1}{x}\log_a e$	$\arcsin x$	$\frac{1}{\sqrt{1-x^2}}$
e^x	e^x	$\sin x$	$\cos x$	$\arccos x$	$-\frac{1}{\sqrt{1-x^2}}$
a^x	$a^x \ln a$	$\cos x$	$-\sin x$	$\arctan x$	$\frac{1}{1+x^2}$

Pour calculer une surface entre deux abscisses, il faudra a priori chaque fois ajuster la constante c dans la primitive, comme on l'a fait pour la parabole, mais ce sera toujours très facile. Nous verrons même qu'on pourra souvent s'en passer.

Passons à quelques exemples.

Exemple 1 : Supposons que l'on veuille calculer la surface sous la courbe de la fonction $\cos x$ entre 0 et $\pi/2$.

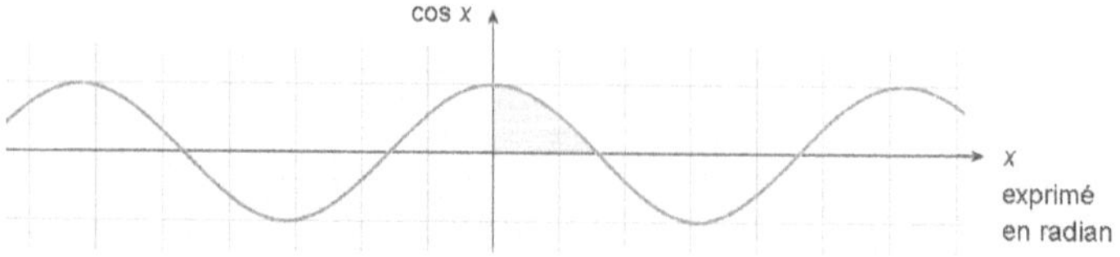

Figure 1.8 : Fonction $\cos x$. On veut calculer la surface sous la courbe entre 0 et $\frac{\pi}{2}$ (surface grisée).

La primitive de $\cos x$ est $\sin x$, voir tableau 1.1.

Note sur la terminologie : Je viens de parler de « la primitive » de $\cos x$. Strictement parlant, je devrais dire « une primitive » de $\cos x$ est $\sin x$. Mais c'est un usage répandu de parler de la primitive d'une fonction – étant entendu qu'on peut lui rajouter une constante arbitraire. Alors nous allons suivre l'usage, même si des puristes peuvent à juste titre trouver à redire.

La surface sous la courbe $\cos x$ entre 0 et x est donc $\sin x + c$. Étant donné que cette surface est égale à zéro quand $x = 0$, et que c'est vrai aussi de $\sin x$, on en déduit que la constante c est égale à zéro. Par conséquent, la surface grisée sous la courbe de $\cos x$, entre 0 et $\frac{\pi}{2}$ est égale à $\sin \frac{\pi}{2}$, c'est-à-dire 1.

Exemple 2 : Toujours sous la courbe de $\cos x$, supposons que l'on s'intéresse à la surface entre 1 radian et $\frac{\pi}{2}$ radian. On va passer par la soustraction de deux surfaces : la surface de 0 à $\frac{\pi}{2}$ radian moins la surface de 0 à 1 radian. Cela nous permettra de ne même plus nous soucier d'ajuster la constante c, car elle va s'éliminer.

En effet la surface de 0 à $\frac{\pi}{2}$ est a priori $\sin x + c$ (oublions qu'on sait que $c = 0$), et la surface de 0 à 1 radian est $\sin 1 + c$. Donc la surface entre 1 et $\frac{\pi}{2}$ est $\sin \frac{\pi}{2} - \sin 1$.

C'est une formule générale que nous rencontrerons à nouveau : quand on veut calculer la surface entre a et b sous la courbe d'une fonction f, il suffit de connaître une primitive F. On n'a pas besoin de se soucier d'ajuster la constante.

En effet, on sait que la surface entre 0 et a est $F(a)$ + une constante λ donnée, et la surface entre 0 et b est $F(b)$ + la même constante λ. Donc la surface sous la courbe de f entre a et b est $F(b) + \lambda - F(a) - \lambda$, c'est-à-dire $F(b) - F(a)$. C'est suffisamment important pour l'écrire à nouveau :

$$[\text{surface sous la courbe de } f \text{ entre } a \text{ et } b] = F(b) - F(a) \qquad (1.4)$$

Une notation habituelle pour la valeur $F(b)-F(a)$ quand il s'agit du calcul d'une surface en soustrayant la valeur d'une primitive en a à la valeur de la même primitive en b est

$$F(b) - F(a) = F(x)\Big|_a^b \qquad (1.5)$$

On voit ainsi qu'on peut souvent se dispenser d'ajuster la constante c qui apparaît en théorie dans le calcul d'une primitive de f.

Mais revenons à notre problème de la surface sous $\cos x$ entre $\pi/2$ radian et 1 radian. C'est donc

$$\sin x\Big|_1^{\pi/2}$$

On sait que $\sin\dfrac{\pi}{2} = 1$ et notre calculette nous indique que $\sin 1$ (radian) $= 0,8414709848079$. Donc la surface recherchée vaut approximativement 0,15853.

Exercice 1.4 : Sachant que $\pi/2$ radian vaut environ 3,1416 divisé par 2, c'est-à-dire approximativement 1,57 radian, et que $\cos 1$ (radian) $\approx 0,54$, en examinant la figure 1.8, expliquer pourquoi la surface sous $\cos x$ entre 1 radian et $\pi/2$ radian est approximativement 0,15853.

Aide : La courbe de $\cos x$ entre entre 1 radian et $\pi/2$ radian est approximativement une droite. Donc la surface recherchée est approximativement celle d'un triangle rectangle. Il suffit de connaître sa largeur, sa hauteur, de les multiplier, et de diviser par deux.

Exercice 1.5 : Quelle est la surface « sous la courbe » de $y = \cos x$ entre 0 et 2π ?

Aide : Attention de compter en négatif la partie sous l'axe des x.

Exemple 3 : Supposons qu'on soit intéressé par la surface sous la courbe de la fonction $y = \sin^2 x$ entre 0 et 2π. On se rappelle que la notation $\sin^2 x$ veut dire $(\sin x)^2$. Il s'agit d'une fonction toujours positive ou nulle, donc la surface recherchée est forcément un nombre positif.

Essayons d'appliquer notre nouvelle technique en utilisant une primitive.

Quelle est une primitive de $\sin^2 x$? Elle n'est pas dans notre tableau 1.1. Nous apprendrons à en trouver une. Ce n'est pas difficile en utilisant des identités trigonométriques(voir exercice ci-dessous), mais donnons-la simplement : une primitive de $\sin^2 x$ est

$$\frac{x}{2} - \frac{1}{4}\sin(2x) \tag{1.6}$$

Exercice 1.6 : Vérifier que la dérivée de

$$\frac{x}{2} - \frac{1}{4}\sin(2x)$$

est $\sin^2 x$.

Aide : Montrer puis utiliser le fait que

$$\sin^2 x = \frac{1 - \cos(2x)}{2} \tag{1.7}$$

Pour montrer (1.7), utiliser

$$\cos(2x) = \cos^2 x - \sin^2 x$$

et

$$1 = \cos^2 x + \sin^2 x$$

On dispose donc du fait qu'une primitive de $\sin^2 x$ est $F(x) = \frac{x}{2} - \frac{1}{4}\sin(2x)$.

Pour trouver la solution à notre problème, il suffit de calculer $F(2\pi) - F(0)$. On trouve immédiatement que le résultat est π.

C'est la surface sous la courbe de $\sin^2 x$ entre 0 et 2π. Nous verrons plus loin une astuce pour calculer ce résultat sans coup férir, qui ravissait Gian-Carlo Rota (1932, 1999) quand il était étudiant.

Suggestions de lecture

1) https://en.wikipedia.org/wiki/Calculus

2) Courant Richard, & Robbins Herbert, *What Is Mathematics : An Elementary Approach to Ideas and Methods*, Oxford University Press, 2nd ed., 1996.

3) Un merveilleux petit texte sur le célèbre probabiliste William Feller (1906, 1970) par Gian-Carlo Rota (1932-1999) :

https://lapasserelle.com/escem/finance1/02_probabilities/william_feller.htm

Ce texte est extrait du livre suivant :

Rota Gian-Carlo, *Indiscrete Thoughts*, Birkhäuser, 1997.

Leçon 2 :
Intégrale de Riemann, théorème de Newton et Leibniz

Dans la première leçon, nous avons montré l'essence du calcul intégral :

ramener le calcul d'une surface sous une courbe à la recherche d'une primitive.

Nous avons commencé à montrer avec quelques premiers exemples l'extraordinaire puissance de cette idée.

Nous ne l'avons pas encore nommé ainsi, mais c'est en réalité le cœur du théorème de Newton et Leibniz. Nous allons maintenant présenter celui-ci formellement, dans cette deuxième leçon, après avoir d'abord montré les clarifications apportées par Bernhard Riemann (1826, 1866), et le symbolisme de Leibniz.

Nous avons jusqu'à présent supposé évidente la notion de surface sous une courbe. Les mathématiciens géniaux de la fin du XVIIe siècle et du XVIIIe siècle ont construit toutes les bases de l'analyse, la différentiation et l'intégration, à l'aide de concepts fragiles et peu rigoureux aux yeux des mathématiciens du XIXe siècle. La notion de limite était considérée comme évidente : quelque chose tendait vers une limite « quand il s'en rapprochait de plus en plus près ». La pente d'une tangente était le ratio des deux « infiniment petits » dy et dx ; c'était un taux de variation local. La notion d'infiniment petit était particulièrement floue et peu satisfaisante : c'était « une quantité non nulle mais plus petite que n'importe quel nombre ». La surface sous une courbe entre a et b était la « somme infinie de tranches verticales infiniment fines », comme on a vu sur la figure 1.4, page 6, entre x et $x + h$, quand « h est infiniment petit », etc.

Dans le cours de première, nous avons vu comment Augustin Cauchy (1789, 1857) a commencé à mettre de l'ordre dans tout ça, en élaborant tout d'abord une définition satisfaisante de la notion de limite :

Une suite de nombres u_n tend vers une limite l, si quel que soit le nombre ϵ positif, aussi petit qu'on veut, il existe un index N tel que pour tous les n plus grands que N, on a $|u_n - l| < \epsilon$.

Et une définition analogue s'applique aux fonctions de $\mathbb{R}$ vers $\mathbb{R}$.

C'est lourd, ça a introduit l'« epsilonite » en mathématiques [1], mais c'est propre. Ça permet de donner une définition impeccable de la notion de continuité, ainsi que de celle de dérivée. Ça montre clairement qu'une fonction peut être continue en x sans y avoir de dérivée. En revanche, pour être dérivable en x une condition nécessaire est qu'elle y soit continue. Nous n'allons pas y revenir.

Cauchy a aussi commencé à élaborer une définition plus rigoureuse de la notion de surface sous une courbe entre a et b, allant plus loin que simplement « c'est une somme infinie de tranches verticales infiniment minces », que nous avons vue plus haut. Mais c'est Riemann qui a le mieux mis au propre la notion de surface sous une courbe. C'est son travail que nous allons voir.

Comme d'habitude en mathématiques, ainsi que nous l'avons souligné au début de notre cours de première, les notions d'approximation et de convergence servent non seulement à donner des solutions approximatives à des problèmes, mais jouent aussi un rôle fondamental pour *définir* des concepts, par exemple, la surface sous une courbe et d'une manière générale une intégrale.

---

1. Étant donné les progrès extraordinaires que l'analyse a fait faire dans de nombreuses branches des maths et de la physique, dans les yeux de beaucoup de mathématiciens, à partir de 1800, les mathématiques ont été identifiées à l'analyse. Et comme l'analyse présentée rigoureusement demandait beaucoup d'epsilonite, après l'apparition d'une exigence renouvelée de rigueur dans la seconde moitié du XXe siècle en France sous l'influence de Bourbaki, de nombreux manuels de mathématiques dans l'enseignement secondaire étaient bourrés à ras bord d'epsilonite.

Avec l'introduction aussi de la théorie des ensembles dans le secondaire – soi-disant car c'était bien plus clair que la géométrie et l'algèbre traditionnelles – cela a rendu les mathématiques enseignées au collège et au lycée indigestes, inintéressantes, et incapables de résoudre les problèmes d'ingénierie.

Cela a contribué à détruire l'intuition, la créativité, et l'intérêt pour la discipline de millions d'élèves – au point que pendant quelques années au XXIe siècle les maths sont devenues en France une option au lycée !, alors qu'elles jouent un rôle si important dans tous les domaines de la vie moderne, que ce soit en ingénierie, en intelligence artificielle, de plus en plus dans des domaines dits « littéraires » comme la littérature, l'histoire ou la création artistique, ou en écologie et dans la protection de l'environnement.

Les maths modernes et la méthode axiomatique, introduites dans les cursus scolaires à partir de la seconde moitié des années 60 du XXe siècle en France par la commission Lichnerowicz, plus l'epsilonite à haute dose, ont causé un désastre sur plusieurs générations dans notre pays. Et cela explique le retard pris par les élèves français dans les classements internationaux.

Surface d'une forme délimitée par une courbe

Nous sommes dans le plan. De même que la notion de longueur n'est d'abord bien définie que pour les segments de droite, et demande des précisions – un passage à la limite – quand on parle de la longueur d'une courbe (par exemple la circonférence d'un cercle), la notion de surface n'est d'abord bien définie que pour les rectangles et les figures polygonales. Pour la surface sous la courbe d'une fonction, ou d'une manière plus générale une surface délimitée par une frontière curviligne dans le plan, il faut préciser – et à vrai dire, définir – de quoi on parle. Comme d'habitude on le fait à l'aide d'un passage à la limite [2].

Soit une figure planaire bornée de forme quelconque, fig. 2.1. Sa surface est *par définition* la limite de la somme des surfaces de petits carrés (ou rectangles ou triangles) qu'on peut mettre dedans, quand leur nombre augmente et que la taille de chacun d'eux diminue.

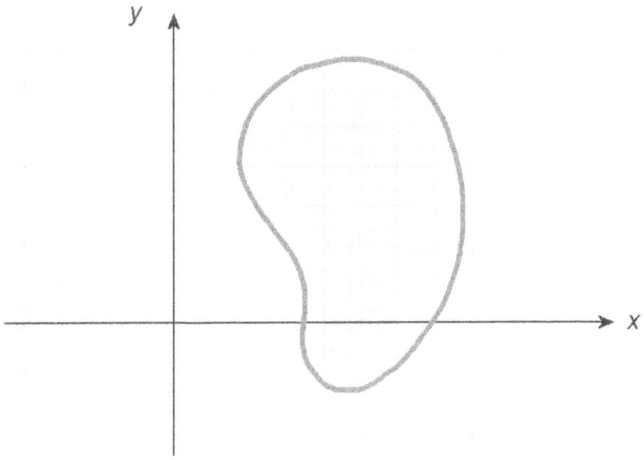

Figure 2.1 : Figure planaire bornée de forme quelconque. Première ébauche d'un remplissage de la surface avec des petits carrés.

2. Noter que, dans nos cours, nous avons commencé à le faire dès le collège. En classe de sixième nous avons montré qu'on pouvait construire une pyramide avec des faces presque lisses à l'aide d'un très grand nombre de petits cubes. Cela nous a aussi permis de montrer que le volume d'un cône est égal à la surface de sa base multipliée par sa hauteur, divisé par trois. Au collège et au lycée, nous avons de même à plusieurs reprises abordé la surface d'une figure dans le plan comme un assemblage d'un très grand nombre de petits carrés. Cela a permis, par exemple, de montrer qu'une transformation affine ne modifie pas les rapports de surface, etc.

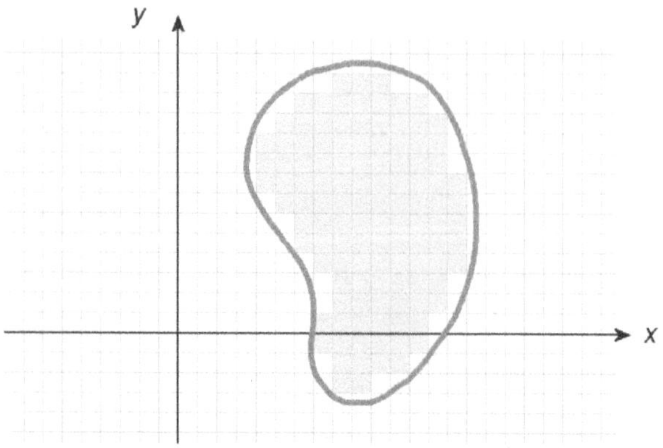

Figure 2.2 : Remplissage de la même surface avec des carrés plus petits. Ordinairement, la somme des surfaces des petits carrés s'approche d'un nombre qui va être la *définition* de la surface de la forme curviligne.

Quand on poursuit ce processus avec des carrés de plus en plus petits, ordinairement la surface de leur somme tend vers une limite, qui est visuellement la surface à l'intérieur de la courbe en trait noir épais. Cette limite est la définition de la surface enserrée par cette forme.

Cette technique n'est rien de plus qu'un exemple d'application de la méthode d'exhaustion inventée au IVe siècle av. J.-C. par Eudoxe de Cnide (-408, -355). Rien ne nous oblige, du reste, à utiliser des petits carrés, pourvu que ce soit des petites surfaces polygonales.

Exercice 2.1 : Démontrer en découpant un disque de rayon r en « parts de tarte » de plus en plus fines que sa surface est égale à πr^2.

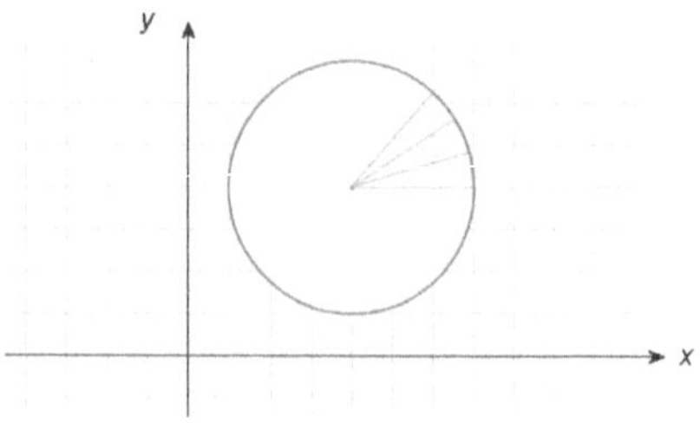

Figure 2.3 : Calcul de la surface d'un disque à l'aide d'un découpage.

Aide : La longueur de sa circonférence est $2\pi r$. Cela n'a pas besoin d'être démontré : c'est la *définition* du nombre π (après avoir correctement défini la longueur d'une courbe – processus comparable à ce qu'on est en train de faire pour une surface, et sur lequel nous ne revenons pas).

Caveat : De même qu'on peut en mathématiques construire dans le plan des lignes continues qui n'ont pas de longueur (car le passage à la limite naturel pour les mesurer ne converge pas), on peut construire des formes bizarres pour lesquelles le passage à la limite ci-dessus pour mesurer leur surface ne marche pas [3]. Ce sont des cas plus ou moins tératologiques. Quoi qu'il en soit, nous allons définir proprement ce qu'est une surface mesurable et une surface qui ne l'est pas. Et on se concentrera sur les premières :-)

3. En se limitant à la mesure d'une longueur, posons-nous le problème suivant : Quelle est la longueur de la Côte d'Azur de Marseille à Nice ? Si on prend une carte Michelin ou Google Earth, et qu'on suit plus ou moins précisément la côte, on trouve que c'est environ 200 km.

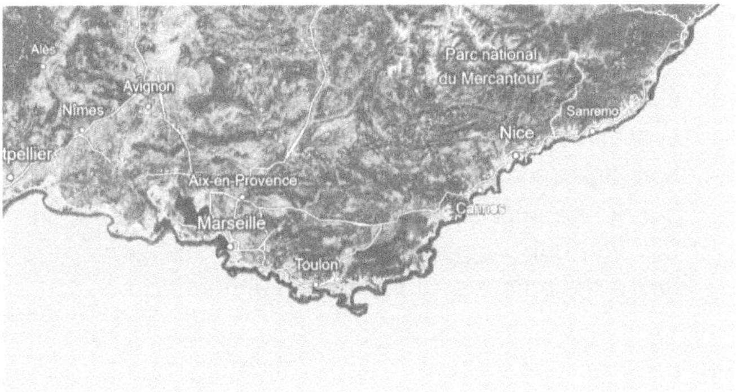

Figure 2.4 : Quelle est la longueur de la Côte d'Azur entre Marseille et Nice ?

Mais si on se dit qu'il faut suivre la forme de chaque petite anse, on peut aisément trouver dix fois plus. Et si on veut suivre chaque rocher, on arrive à une longueur de Marseille à Nice de plusieurs milliers de kilomètres. Et si on fait une mesure plus fine, c'est encore davantage. On dit que cette ligne n'est pas mesurable.

Pour ce qui concerne les surfaces, celles non mesurables sont encore plus bizarres, et nous ne les étudierons pas. Nous allons nous limiter aux *surfaces sous les courbes de fonctions continues*, et nous allons montrer que la surface sous une telle courbe continue est toujours un nombre réel bien défini.

C'est bien simple : une surface mesurable est une surface pour laquelle le processus de construction de petits carrés contenus dedans et de passage à la limite avec des carrés de plus en plus petits, fig. 2.1 et 2.2, converge vers un nombre, et, en même temps, le processus de couverture complète de la surface avec des petits carrés qui la recouvrent, et de passage à la limite avec des carrés de plus en plus petits converge aussi vers le même nombre. Autrement dit, on calcule une suite de surfaces contenues dans celle à mesurer, et une autre suite de surfaces contenant celle à mesurer ; alors la surface qui nous intéresse est dite mesurable si les deux suites (l'une croissante, et l'autre décroissante) convergent vers le même nombre.

Exercice 2.2 : Avant de quitter le domaine des fonctions un peu étranges, construisons une fonction $y = f(x)$ continue sur tout un segment fermé $[a,\ b]$, dont la longueur est infinie.

1. Montrer tout d'abord que f passe par un maximum et un minimum sur $[a,\ b]$.
2. Construire une série de nombres positifs décroissants u_n telle que

$$\sum_{n=0}^{+\infty} u_n \quad \text{diverge vers plus l'infini}$$

3. Construire une deuxième série de nombres positifs v_n dont la somme converge vers 1.
4. Soit S_n la somme partielle des v_k de $k = 0$ à $k = n$.
5. Sur le segment $[S_n,\ S_{n+1}]$ construire une fonction qui fait une boucle, positive si n est pair, négative si n est impair, comme sur la fig. 2.5, et de longueur u_n :

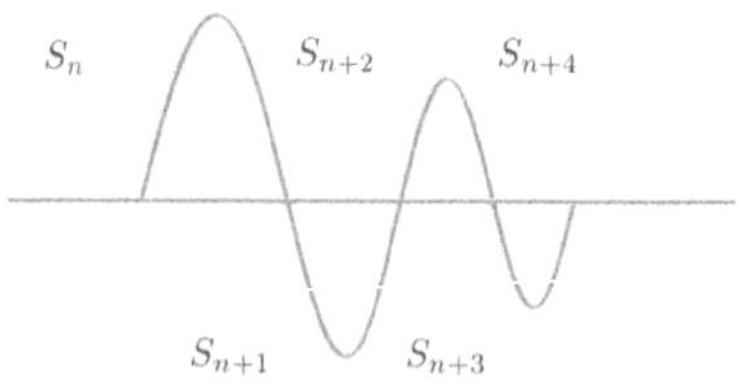

Figure 2.5 : Courbe oscillante à fréquence croissante.

6. Montrer que la courbe obtenue est continue, et même dérivable, sur le segment fermé $[0, 1]$ et de longueur infinie.

Nous nous sommes aventurés dans le domaine de la théorie de la mesure et ses difficultés et étrangetés. Revenons au problème de la mesure de la surface sous le graphe d'une fonction continue qui est le sujet de cette deuxième leçon sur l'intégration.

Intégrale de Riemann

Regardons encore une fois, la figure générale sur laquelle on veut travailler.

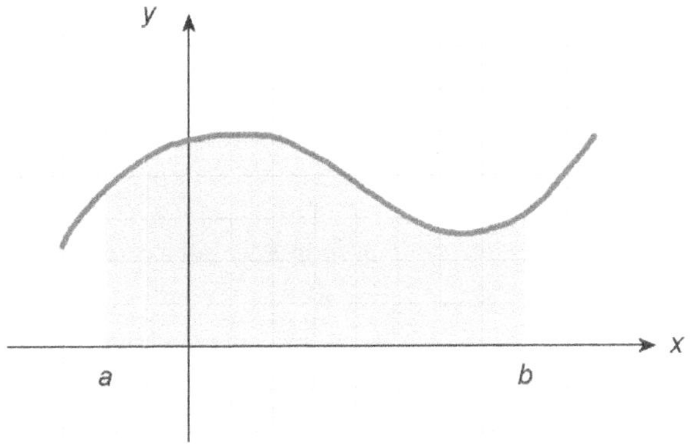

Figure 2.6 : Problème du calcul de la surface sous une courbe entre deux abscisses, quand on connaît l'équation de la courbe. Le trait épais en noir est le graphe d'une fonction $y = f(x)$. La zone grisée est la surface sous f entre les bornes a et b.

Dans la leçon précédente, on a considéré que cette surface entre les bornes a et b était une notion intuitive ne posant pas de problème. Et on a montré que quand on transforme la borne b en un point variable x, la fonction $F(x)$ définie par la surface grisée entre a et x est une primitive de la fonction f dont le trait épais en noir, sur la fig. 2.6, est le graphe. C'est-à-dire $F' = f$.

Pour ce faire on a « pelé » dans la surface grisée une mince tranche verticale sur la droite, entre x et $x + h$, voir fig. 1.4, page 6, comme une tranche de jambon. Ce faisant on a commencé à travailler avec un découpage vertical. C'est ainsi qu'on va continuer pour définir la surface grisée à l'aide de l'intégrale de Riemann, qu'on va maintenant étudier.

Avant de poursuivre, notons cependant que pour définir la surface grisée, rien ne nous oblige à utiliser un découpage vertical.

On peut utiliser des petits carreaux comme sur les figures 2.1 et 2.2, ou des petits triangles, ou des tranches minces horizontales, ou obliques, etc. [4], si on y trouve de la commodité.

Au début du XXe siècle, Henri Lebesgue (1875, 1941), dans sa thèse sous la direction d'Émile Borel (1871, 1956), a raffiné encore l'intégrale de Riemann – qu'on va étudier –, qui elle-même précisait le travail des mathématiciens des XVIIe et XVIIIe siècles. Il a utilisé des découpages horizontaux. L'intégrale de Lebesgue est un sujet appartenant à la théorie de la mesure qui est du niveau des premières années d'université, et qu'on ne va pas aborder ici.

Après ces rappels et considérations préliminaires, nous sommes maintenant à pied d'œuvre pour construire l'intégrale de Riemann d'une fonction continue sur un segment fermé $[a,\ b]$.

1) Partition du segment $[a,\ b]$: On appelle partition du segment $[a,\ b]$ une collection de $n+1$ nombres x_i entre a et b, tels que

$$x_0 = a < x_1 < x_2 < ... < x_{n-1} < x_n = b \tag{2.1}$$

Le maximum de $|x_i - x_{i-1}|$ quand i parcourt les index de 1 à n s'appelle la largeur ou l'épaisseur de la partition.

Soit une partition donnée. On la note $P(\boldsymbol{x}, n)$, où $\boldsymbol{x}$ en caractère gras fait référence à toutes les bornes de la partition. Et on note son épaisseur $\max(P(\boldsymbol{x}, n))$.

Dans quelques instants, on considérera une suite de partitions de plus en plus fines, alors on rajoutera un second index : on pourra noter la j-ième partition avec le symbole $P(\boldsymbol{x}_j, n_j)$, ou simplement P_j. La notation $\boldsymbol{x}_j$ fera référence à la collection des bornes de cette j-ième partition :

$$\boldsymbol{x}_j = \{x_{0,j},\ x_{1,j},\ ..., x_{n_j,j}\}$$

2) Somme de Riemann : Soit une partition donnée $P(\boldsymbol{x}, n)$. Dans chaque intervalle de la partition on choisit une valeur ξ_i, l'index i variant de 1 à n. Alors on appelle somme de Riemann de la fonction f sur le segment $[a,\ b]$ la quantité suivante

$$S_n = \sum_{i=1}^{n} f(\xi_i)(x_i - x_{i-1}) \tag{2.2}$$

4. Le découpage vertical entre x et $x+h$ nous a néanmoins permis de montrer très simplement que $F(x)$ est une primitive de $f(x)$. Autrement dit, le découpage vertical est très naturel. On va continuer à l'utiliser.

Un dessin valant mille mots, regardons tous ces outils sur la figure 2.7. Pour la clarté on a pris une partition avec un petit nombre de bornes, $n = 5$.

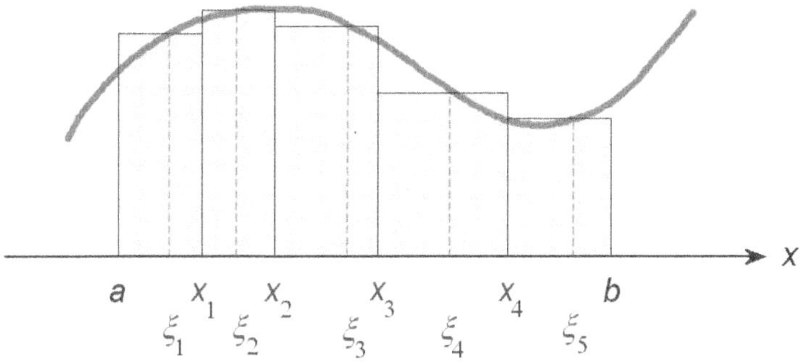

Figure 2.7 : Partition $P(\boldsymbol{x}, 5)$, avec cinq points intermédiaires ξ_1 à ξ_5, et le découpage approximatif de la surface sous la fonction f entre a et b par une somme de Riemann à cinq termes.

3) Convergence des sommes de Riemann ; Nous allons maintenant prendre une suite de partitions P_1, P_2, ..., P_j, ... de plus en plus fines. Quand on fait tendre n vers l'infini, *en s'assurant que la largeur de la partition soit de plus en plus petite*, c'est-à-dire $\max(P(\boldsymbol{x}, n))$ tende vers 0, alors la collection des sommes de Riemann S_n tend vers une limite.

Et la limite ne dépend ni du choix des points intermédiaires x_i, ni de celui des ξ_i.

Ce fait résulte d'un résultat important sur la fonctions continues sur un segment fermé :

Théorème de Heine[5] : *Une fonction continue sur un segment fermé* $[a,\ b]$ *est* uniformément continue *sur* $[a,\ b]$.

Que signifie ce théorème ? On sait ce qu'est la continuité de f : en tout point c sur $[a,\ b]$, quel que soit ϵ positif aussi petit qu'on veut, il existe η tel que

$$|x - c| < \eta \quad \Longrightarrow \quad |f(x) - f(c)| < \epsilon \tag{2.3}$$

5. Nommé en l'honneur du mathématicien prussien Eduard Heine (1821, 1881)

Dans le cas général de l'étude de la continuité sur un *ouvert*, une fois choisi le ϵ, le η assurant l'implication (2.3) dépend en général du point c où on regarde la continuité. Parfois il faut un η particulièrement petit. Par exemple la fonction $f(x) = \dfrac{1}{x-1}$ est continue sur le segment semi ouvert $[0,\ 1[$. On ne peut pas parler de f en 1, car elle a une asymptote verticale à l'abscisse 1. Pour montrer la continuité de f en un point de plus en plus proche de l'asymptote, pour un ϵ donné, il faut un η de plus en plus petit à mesure qu'on s'approche de l'asymptote. On dit que f n'est pas uniformément continue.

À l'inverse, pour une fonction continue sur un segment *fermé*, une fois choisi un ϵ, il existe un η tel que ***pour tous les points*** c entre a et b, l'implication (2.3) est vraie avec le même η. On dit alors que la continuité de f est *uniforme* sur le segment $[a,\ b]$[6].

On ne va pas démontrer le théorème de Heine. Sa démonstration utilise des idées et raisonnements de topologie élémentaire comme nous l'avons déjà fait deux fois dans nos cours de lycée. Nous avons ainsi démontré en seconde que d'une collection dénombrable de segments ouverts recouvrant un segment fermé on peut extraire une sous-collection finie qui recouvre aussi le segment fermé. En première, nous avons aussi utilisé la topologie élémentaire de la droite des réels pour démontrer le théorème de la valeur intermédiaire : une fonction continue sur un segment, qui est négative en a et positive en b prend nécessairement la valeur zéro en un point intermédiaire quelque part entre a et b (voir cours de première).

Mais la topologie élémentaire mérite un livre à elle toute seule, pour bien comprendre la droite des réels et ses subtilités, les fonctions de $\mathbb{R}$ vers $\mathbb{R}$, toutes les propriétés des ouverts et des fermés, la notion de compacité, le théorème de Bolzano-Weierstrass, etc., et préparer à l'étude d'espaces topologiques plus généraux. Ce n'est pas l'objet de ce livre présentant les mathématiques de la classe de terminale. On pourra étudier la démonstration du th. de Heine sur la page `https://fr.wikipedia.org/wiki/Theoreme_de_Heine` (mettre les accents français pour que le lien fonctionne).

Pourquoi le théorème de Heine implique que les sommes de Riemann avec une partition de plus en fine convergent ?

Considérons pour commencer, pour nous simplifier la vie, une suite de partitions telle que la partition P_{j+1} utilise les mêmes

6. Si on étudie f exclusivement sur $[a,\ b]$, elle est aussi continue à droite en a et à gauche en b. Et une fois ϵ choisi, un même η marche pour tous les points $a \leq x \leq b$ du segment fermé $[a,\ b]$.

$x_{i,j}$ intermédiaires que la partition P_j auxquelles elle a ajouté une nouvelle borne intermédiaire quelque part. On peut ainsi clairement créer une suite de partitions qu'on peut qualifier d'« imbriquées » dont la largeur maximale tend vers zéro.

Introduisons maintenant les *sommes de Darboux* qui sont une variante des sommes de Riemann. Dans chaque segment intermédiaire $[x_{i-1}, x_i]$, au lieu de prendre un point ξ_i quelconque et de regarder le rectangle de surface $f(\xi)(x_i - x_{i-1})$, on regarde le rectangle montant jusqu'à la valeur maximale de f sur $[x_{i-1}, x_i]$. Cela donne la somme de Darboux construite avec la valeur maximale sur chaque segment intermédiaire.

On construit aussi sur la même partition P_j la somme de Darboux avec la valeur minimale sur chaque segment intermédiaire, figure 2.8.

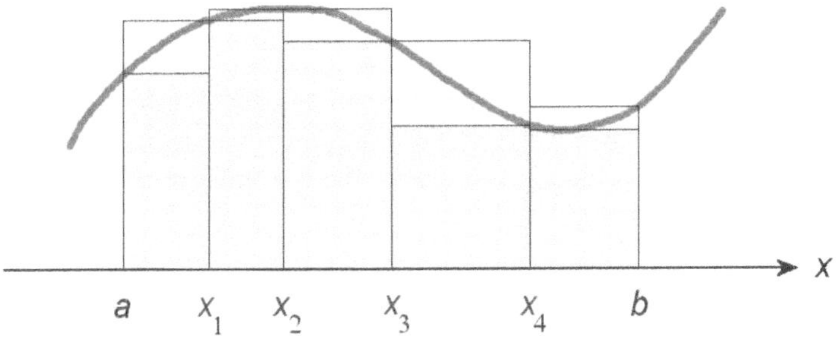

Figure 2.8 : Sommes de Darboux maximale et minimale.

Grâce au théorème de Heine, on peut faire en sorte que la somme de Darboux maximale et la somme de Darboux minimale aient une différence aussi petite que l'on veut entre elles.

En effet, choisissons un ϵ positif aussi petit que l'on veut. Alors il existe un η tel que quels que soient x_{i-1} et x_i, s'ils sont distants de moins de η alors le maximum de f et le minimum de f sur ce segment intermédiaire sont distants de moins de ϵ, car ce sont les valeurs de f à deux abscisses distantes de moins de η.

Pour cette valeur η, la somme de Darboux maximale moins la somme de Darboux minimale est plus petite que $\epsilon \times (b - a)$. La distance entre b et a étant un nombre fixe, on peut rendre cette différence aussi petite que l'on veut.

La somme de Riemann de la partition P_j est prise en sandwich entre la somme de Darboux maximale et la somme de Darboux minimale. Quand on prend une partition de plus en plus fine dans notre suite de partitions imbriquées, ces deux dernières tendent l'une vers l'autre. Étant donné qu'elles sont toutes les deux bornées, en vertu de la complétude de l'ensemble $\mathbb{R}$ on en déduit qu'elles tendent toutes deux vers une même limite. Et les sommes de Riemann correspondantes tendent aussi vers cette limite.

Cette limite est la définition de la surface sous la courbe de la fonction continue f sur le segment fermé $[a,\ b]$.

Soulignons quelques points :

- Le fait que le segment $[a,\ b]$ soit fermé a joué un rôle important, car alors la continuité de f est uniforme. On a pu utiliser le théorème de Heine, qui a permis de montrer que les sommes de Darboux maximale et minimale convergeaient l'une vers l'autre et donc vers une limite réelle.
- L'utilisation du théorème de Heine est commode, mais n'est pas une condition nécessaire (elle est seulement suffisante). Plus loin on pourra en effet définir aussi l'intégrale de Riemann sur un ouvert, y compris, dans certains cas, quand la fonction f a une asymptote verticale à une borne de l'ouvert, ou même au milieu.
- On aurait pu ne pas utiliser du tout les sommes de Riemann [7]. Nous l'avons fait seulement car il est important pour la culture mathématique du lecteur et de la lectrice de savoir ce qu'est une somme de Riemann. Cela a été un concept important dans la construction d'une théorie propre de l'intégration par Riemann. Gaston Darboux (1842, 1917) l'a ensuite un peu modifiée. Des outils proches des sommes de Riemann sont utilisés fréquemment dans de nombreux domaines des mathématiques.
- D'autres mathématiciens ont apporté leurs propres constructions ou raffinements à l'intégrale de Riemann. On entendra ainsi parler de l'intégrale de Stieltjes, de l'intégrale de Danjoy, de l'intégrale de Choquet, et de beaucoup d'autres. L'intégrale la plus importante en analyse classique étendant l'intégrale de Riemann est celle de Lebesgue que nous avons mentionnée plus haut.

7. Dans le cas de l'intégration d'une fonction continue sur un segment fermé, où elle n'a donc ni saut, ni asymptote verticale.

Nous avons construit l'intégrale de Riemann à l'aide d'une suite de partitions imbriquées les unes dans les autres. Nous n'avons pas montré qu'une suite quelconque de partitions de plus en plus fines converge forcément aussi vers la même limite. C'est un point important pour s'exercer à manipuler des partitions et des approximations de plus en plus précises, mais le démontrer n'apportera aucun éclairage fondamental sur la construction de l'intégrale de Riemann. Nous le laissons en exercice.

Exercice 2.3 : Soit une fonction continue f sur le segment fermé $[a, b]$. Montrer que deux suites différentes de partitions imbriquées convergent nécessairement vers la même limite.

Exercice 2.4 : Soit une fonction continue f sur le segment fermé $[a, b]$, et soit une suite de partitions P_1, P_2, ..., P_j, ... de plus en plus fines, mais pas nécessairement imbriquées les unes dans les autres (c'est-à-dire que la partition P_j n'incorpore pas nécessairement tous les points de la partition P_{j-1}). Montrer que la suite de partitions P_1, P_2, ..., P_j, ... converge néanmoins aussi nécessairement vers la même limite qu'une suite imbriquée.

Nous avons maintenant construit proprement l'intégrale de la fonction continue f sur le segment $[a, b]$. Cependant nous n'avons pas introduit d'idée réellement nouvelle par rapport à ce qu'on avait présenté dans le chapitre 1.

Nous allons maintenant étudier les propriétés de cette intégrale de Riemann. Tant qu'elle est construite pour une fonction f continue sur $[a, b]$, en changeant b en x (entre a et b), et en appelant l'intégrale correspondante $F(x)$, on obtient encore une fois une primitive de f.

On peut étendre l'intégrale de Riemann à des fonctions continues par morceaux, c'est-à-dire pouvant avoir un saut ici ou là sur le segment $[a, b]$. C'est une évidence sur laquelle on ne va pas s'étendre. Soulignons cependant que l'intégrale de a à x (plus petit que b), qu'on note donc encore $F(x)$, quand f fait un saut, n'aura plus partout pour dérivée f, car elle ne sera pas dérivable là où f fait un saut. Ce ne sera donc plus à proprement parler une primitive de la fonction discontinue f.

On peut aussi étendre l'intégrale de f à un segment ouvert. On peut, par exemple, dans certains cas, comme on l'a dit, encore calculer la limite de sommes de Riemann même sur un segment dans lequel f a, à une borne ou même quelque part au milieu, une asymptote verticale.

Cela nous conduit à la définition suivante :

Définition : *Une fonction f, continue ou pas, sur un domaine D, qui peut être un segment fermé, ou ouvert, ou semi ouvert, est dite* intégrable au sens de Riemann *si les sommes de Riemann construites avec une séquence de partitions de plus en plus fines sur le domaine D convergent vers une limite.*

On voit ainsi que la notion d'intégrale est plus générale que la notion de primitive.

Avant de passer au symbolisme de Leibniz, avec le célèbre signe $\int$, examinons brièvement quelques cas d'intégration possible ou impossible sur un segment.

Exercice 2.5 : Soit la fonction $y = 1/x^2$ considérée sur le segment semi ouvert $[1,\ +\infty[$.

Montrer que cette fonction est intégrable au sens de Riemann sur tout le segment $[1,\ +\infty[$.

Aide : Quelle fonction $F(x)$ est une primitive de $1/x^2$? Que vaut $F(100) - F(1)$? Que vaut $F(1000) - F(1)$? Montrer qu'on peut repousser la borne à droite jusqu'à l'infini. Et la surface sous la courbe de $1/x^2$ entre 1 et l'infini vaut 1.

Exercice 2.6 : Quelle est l'équation de la fonction inverse de $y = 1/x^2$? (On ne parle pas de la fonction $y = x^2$, mais de la fonction où y devient la variable indépendante, et x la variable dépendante.) Exprimer cette fonction inverse sous la forme habituelle $y =$ une certaine expression algébrique de x, où x est la variable indépendante, et y la variable dépendante.

On considérait la fonction $y = 1/x^2$ sur le segment semi ouvert $[1,\ +\infty[$. Montrer que cette fonction inverse est définie (au moins) sur le segment semi ouvert $]0,\ 1]$.

Montrer que son graphe est le suivant :

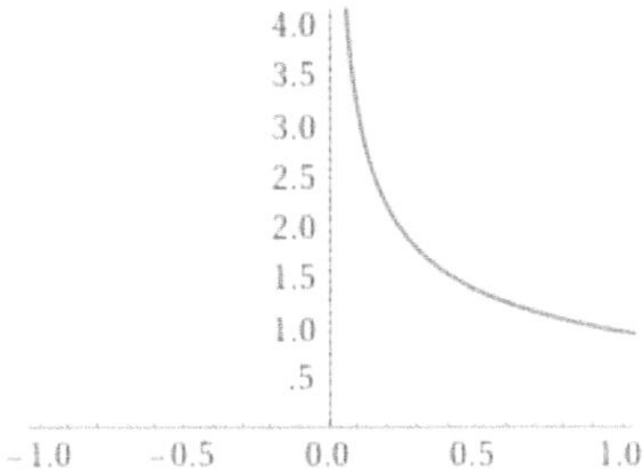

Figure 2.9 : Malgré son asymptote en $x = 0$, cette fonction est intégrable au sens de Riemann sur le segment $]0, 1]$.

Montrer que l'intégrale de cette fonction entre 0 et 1, c'est-à-dire la surface sous sa courbe entre 0 et 1, est égale à 2.

Aide : Montrer qu'une primitive de la fonction que vous devez avoir trouvée est $2\sqrt{x}$.

Exercice 2.7 : On vient de voir une fonction qui a une asymptote verticale à $x = 0$, mais qui a néanmoins une surface finie sous sa courbe entre 0 et 1.

Produire une autre fonction qui a une asymptote verticale à $x = 0$, mais dont la surface sous la courbe entre 0 et 1 n'est pas un nombre fini, mais est égale, si l'on peut dire, à plus l'infini.

Elle n'est donc pas intégrable au sens de Riemann.

Voici un autre exemple, plus radical, de fonction qui n'est pas intégrable au sens de Riemann. Soit la fonction f qui vaut 1 sur les nombres irrationnels et 0 sur les nombres rationnels. On peut la regarder sur tout $\mathbb{R}$ ou seulement sur le segment $[0, 1]$, ou même $]0, 1[$, le problème reste le même. Considérons-la sur le segment $[0, 1]$. Le problème est que dans n'importe quel segment $[x_{i-1}, x_i]$ de n'importe quelle partition du segment $[0, 1]$, il y a des ξ_i pour lesquels f vaut zéro, et d'autres pour lesquels f vaut 1.

Vous me direz « comme d'habitude, la fonction bizarre que vous proposez est terriblement tératologique ». Vous avez raison, mais elle est intéressante à deux titres : 1) elle montre l'importance du fait de pouvoir prendre des ξ_i quelconques, et 2) il se trouve qu'elle est intégrable au sens de Lebesgue. Son intégrale de Lebesgue, entre 0 et 1, vaut 1. Et entre deux nombres réels quelconques λ et μ, son intégrale vaut simplement $\mu - \lambda$.

Symbolisme de Leibniz

L'intégrale est une limite de sommes S_n données par la formule (2.2). Elle est suffisamment importante pour qu'on la reproduise ci-dessous avec un nouveau numéro. Je la modifie légèrement pour mieux faire apparaître les bornes d'intégration :

$$S_n = \sum_{x_0=a}^{x_n=b} f(\xi_i)(x_i - x_{i-1}) \tag{2.4}$$

On les appelle des sommes de Riemann, car Riemann a mis au propre l'intégrale que Newton et Leibniz ont inventée à la fin du XVIIe siècle. Mais dans l'esprit des mathématiciens de la fin du XVIIe siècle et du XVIIIe siècle, une intégrale était déjà la limite de sommes. Cependant comme la notion de limite, avant les travaux de Cauchy, était encore nébuleuse, on considérait, à la suite des travaux de Newton et Leibniz, sans trop se poser de questions [8] que c'étaient des sommes infinies de tranches infiniment minces.

Leibniz, qui avait déjà inventé pour la dérivée de $y = f(x)$ la notation dy/dx, a inventé pour l'intégrale de a à b de la fonction f la notation

$$\int_a^b f(x)dx \tag{2.5}$$

Ce n'est rien de plus que la formule (2.4) « considérée à la limite ». L'expression (2.5) se lit « intégrale de a à b de f » ou « intégrale de a à b de f de x dx ». Le signe $\int$ est un s allongé. On l'appelle « le signe somme ». Le mot « intégrale » est l'abréviation

8. Quand je dis « sans trop se poser de questions », je simplifie un peu les choses. En réalité durant tout le XVIIIe siècle, les mathématiciens européens ont eu entre eux de vives discussions pour définir ce qu'était une limite, une dérivée, une fonction même, et une intégrale. Les meilleurs d'entre eux savaient bien que le concept d'infiniment petit était flou. Mais comme c'était de grands mathématiciens, ils avaient un instinct sûr de ce qu'on pouvait faire et pas faire. Il leur arrivait de rester perplexes. Par exemple Euler, par ailleurs un immense mathématicien, était intrigué par la suite $-1, +1, -1, +1, -1, +1, \ldots$ et concluait, faute de mieux, que ça devait avoir pour limite $1/2$. Rétrospectivement, cela fait sourire. Mais il faut se représenter l'immense travail qu'a été l'élaboration de l'analyse.

de « somme intégrale », voulant dire par là « somme infinie d'éléments infiniment petits ». Et ce qu'on écrit après le signe somme (on dit aussi « sous le signe somme ») est $f(x)dx$ qui veut simplement rappeler $f(\xi_i)(x_i - x_{i-1})$.

Selon les décennies, j'aime ou je n'aime pas cette notation de Leibniz. Elle soulève de manière particulièrement aiguë tout le problème des notations. En arithmétique, les notations sont claires et se prêtent à des opérations mécaniques. Quand on écrit 57×13, on sait qu'il s'agit de cinquante plus sept multiplié par dix plus trois. On peut même poser la multiplication :

$$\begin{array}{r} 57 \\ \text{x}\ \ 13 \\ \hline 171 \\ 57\ \ \\ \hline = 741 \end{array}$$

Figure 2.10 : En système décimal positionnel, la notation des nombres est explicite, et les opérations arithmétiques s'effectuent comme de petits algorithmes.

Al-Khwarizmi nous a appris à manipuler les équations de manière mécanique. On se rappelle que le mot algèbre vient de l'arabe « al-jabr » qui veut dire « remplacement, remise en place » [9]. C'était le but de l'exercice 1.2, page 4, de nous le rappeler.

Viète a systématisé les notations algébriques pour les équations, introduisant l'inconnue x et même les paramètres a, b, c, etc. Les opérations algébriques – avec lesquelles les mathématiciens italiens du XVIe siècle sont devenus si experts – sont aussi des opérations mécaniques sur des concepts explicites.

Les notations de Leibniz pour les dérivées et les intégrales, sont encore très explicites – c'est même leur raison d'être – mais elles ne se prêtent plus à des opérations aussi simples et mécaniques que celles ci-dessus.

Newton n'utilisait pas les notations de Leibniz. Il ne cherchait pas à ce que ses notations rappellent explicitement l'origine et les calculs derrière les concepts, préférant rester plus abstrait.

9. En Espagne « algebrista » veut dire mathématicien algébriste, mais aussi rebouteux.

La dialectique entre le concret et l'abstrait est une vaste question en épistémologie. On vit dans une nature par définition concrète. Mais il ne faut pas en rajouter. Il faut se rappeler que *tous nos concepts* – y compris le ballon de foot avec lequel les enfants jouent sur la plage – sont aussi des constructions intellectuelles. Quand on est trop concret (ce qui ne veut pas du tout dire « pas assez ésotérique » ou « pas assez abscons » !) on perd sa faculté d'inventer de nouveaux concepts. Par exemple, un esprit trop concret a du mal à comprendre la relativité générale ou la physique quantique. Être à l'aise avec les abstractions est une nécessité pour faire avancer la science.

Néanmoins les notations de Leibniz sont géniales. C'est pourquoi on les utilise encore plus de trois siècles après leur invention.

Théorème de Newton et Leibniz

Nous le connaissons en réalité déjà, car il exprime la façon d'utiliser une primitive pour calculer la surface sous la courbe d'une fonction continue, et nous l'avons vu au chapitre 1. Mais écrivons-le solennellement avec les notations de Leibniz.

Théorème de Newton et Leibniz : *Soit une fonction $y = f(x)$ continue sur un segment fermé $[a, b]$. Et soit $y = F(x)$ une primitive de f. Alors on a*

$$\int_a^b f(x)dx = F(b) - F(a) \tag{2.6}$$

Nous étudierons les propriétés courantes qu'il faut connaître de l'intégrale de Riemann et ferons des exercices dans la leçon suivante.

Notons tout de suite, cependant, quelques points :

- Dans la formule (2.6), le x sous le signe somme est une variable muette. On peut aussi mettre t ou z, ou ce qu'on veut qui suggère une variable réelle muette.

  On se rappelle qu'une variable muette ne correspond pas à une quantité concrète particulière. C'est une technique de notation. Par exemple dans la formule

  $$\sum_{k=1}^{n} k = \frac{n(n+1)}{2}$$

  la variable k est une variable muette. On peut aussi bien

écrire

$$\sum_{i=1}^{n} i = \frac{n(n+1)}{2}$$

Ça veut dire la même chose. En revanche n, dans ces deux formules, n'est pas une variable muette. C'est le nombre jusqu'auquel il faut sommer k ou i.

- Compte tenu de la propriété exprimée par la formule (2.6), on écrit généralement, quand f est continue, que

$$\int f(x)dx \text{ est une primitive de } f$$

On dit qu'il s'agit d'une *intégrale indéfinie.*

Terminons cette leçon avec deux exercices : 1) le calcul du volume du cône à l'aide du calcul intégral, 2) le calcul du volume de la sphère à l'aide du calcul intégral.

Exercice 2.8 : Dans un repère orthonormé $Oxyz$, considérons un cône de révolution dont la pointe correspond à l'origine O et dont l'axe correspond à l'axe des x. Le cône devient de plus en plus large à mesure qu'on avance en x vers la droite.

Regardons le volume du cône entre $x = 0$ et $x = h$. Supposons qu'au point $x = h$ si on coupe le cône par un plan vertical, on découpe un disque de rayon R et de surface S.

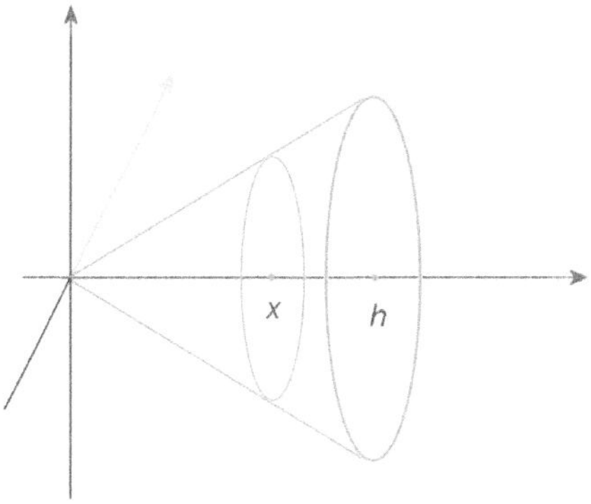

Figure 2.11 : Calcul du volume d'un cône.

Dénotons par $F(x)$ le volume du cône entre l'abscisse 0 et l'abscisse x.

Montrer que la dérivée de $F(x)$ est $f(x) = \pi \frac{R^2}{h^2} x^2$.

En déduire que $F(x) = \frac{1}{3}\pi \frac{R^2}{h^2} x^3$.

En déduire que le volume du cône juqu'à l'abscisse h est

$$\frac{1}{3} \times h \times \pi R^2 = \frac{1}{3} \times h \times S$$

c'est-à-dire le produit de sa base par sa hauteur divisé par trois.

Exercice 2.9 : Calculer à l'aide d'une méthode comparable le volume d'un hémisphère de rayon R.

Aide : Vous devez trouver la moitié de $\frac{4}{3}\pi R^3$.

Suggestions de lecture

ALEXANDROV Alexandre, KOLMOGOROV Andreï & LAVRENTIEV Mikhaïl, *Mathématiques*, volume 1, Les Éditions du Bec de l'Aigle, 2020.

CAJORI Florian, *A History of Mathematical Notations*, Dover, 2003.

HAIRER Ernst & WANNER Gerhard, *Analysis by Its History*, Springer, 1995.

Leçon 3 : Propriétés des intégrales et méthodes d'intégration

Nous avons atteint un sommet dans notre étude des mathématiques au collège et au lycée : la construction de l'intégrale d'une fonction f entre a et b, et le théorème fondamental de l'analyse, appelé aussi théorème de Newton et Leibniz car ce sont les deux mathématiciens qui l'ont découvert indépendamment, dans la deuxième moitié du XVIIe siècle.

Nous allons étudier les propriétés des intégrales, en commençant par celles élémentaires. Puis nous verrons une propriété qui est plus exigeante, mais qui est fondamentale : quand on a une série de fonctions continues qui converge *uniformément* vers une fonction donnée sur un segment $[a, b]$, la fonction limite est aussi nécessairement continue, et pour calculer l'intégrale entre a et b de cette limite on peut intégrer la série terme à terme.

Autrement dit, on peut intervertir les deux signes, somme dénombrable $\sum$ et somme intégrale $\int$:

$$\int \sum_i f_i = \sum_i \int f_i \tag{3.1}$$

C'est un résultat d'une grande utilité dans toute l'analyse, car les séries de fonctions sont un outil très commode pour représenter simplement des fonctions a priori compliquées.

Une interversion analogue est possible aussi pour l'opération de différentiation, à la condition que les dérivées soient continues et que leur série elle-même converge uniformément [1] : pour calculer la dérivée de la limite, on peut alors dériver la série terme à terme.

$$\frac{d}{dx} \sum_i f_i = \sum_i \frac{d}{dx} f_i \tag{3.2}$$

1. La série des f_i n'a alors besoin que de converger simplement.

Par exemple, nous avons signalé [2] que

$$\sin x = x - \frac{x^3}{3!} + \frac{x^5}{5!} - \frac{x^7}{7!} + \ldots \tag{3.3}$$

et

$$\cos x = 1 - \frac{x^2}{2!} + \frac{x^4}{4!} - \frac{x^6}{6!} + \ldots \tag{3.4}$$

Oublions que nous savons déjà dériver et intégrer $\sin x$ et $\cos x$ sans passer par les séries, et observons que la manipulation des membres de droite de (3.3) et (3.4) est beaucoup plus simple que celle des membres de gauche, car les membres de droite sont composés de monômes en x, qui sont particulièrement simples à dériver et à intégrer.

Les mathématiciens du XVIIIe siècle ont abondamment utilisé l'interversion des signes $\sum$ et $\int$ [3] quand ils ont commencé à résoudre un grand nombre de problèmes en mathématiques et en physique qui étaient jusqu'alors hors de portée des savants.

Nous terminerons par deux méthodes d'intégration particulièrement utiles.

Comme d'habitude nous parsemons notre texte d'exercices dont la résolution par le lecteur et la lectrice fait partie intégrante de l'étude de la leçon :-)

Propriétés élémentaires des intégrales

1) Additivité : Si f est intégrable sur le segment $[a,\ b]$ et sur le segment $[b,\ c]$, elle est intégrable sur le segment $[a,\ c]$ et on a

$$\int_a^b f(x)dx + \int_b^c f(x)dx = \int_a^c f(x)dx \tag{3.5}$$

Cela découle directement de la définition de l'intégrale de Riemann à l'aide de suites de partitions de plus en plus fines de $[a,\ b]$, $[b,\ c]$ et $[a,\ c]$.

2. Les résultats (3.3) et (3.4), qui sont des convergences uniformes sur tout l'ensemble $\mathbb{R}$, appartiennent à la théorie des séries de Taylor que nous ne traitons pas dans ce livre, car elle est du niveau de la première année d'université. Mais cela ne nous empêche pas de connaître ces séries entières et de les utiliser.

3. Souvent à la hussarde, car les notions de limite n'étaient pas encore maîtrisées. Mais, comme je l'ai déjà dit, les plus grands mathématiciens avaient un instinct sûr de ce qu'on pouvait faire et pas faire.

2) Linéarité : Si la fonction $h(x)$ est une combinaison linéaire de $f(x)$ et $g(x)$, alors l'intégrale de h sur $[a,\ b]$ est la même combinaison linéaire des intégrales de f et g :

$$\int_a^b [\alpha f(x) + \beta g(x)]dx = \alpha \int_a^b f(x)dx + \beta \int_a^b g(x)dx \qquad (3.6)$$

Cela découle tout aussi directement que le résultat précédent de la façon dont est construite l'intégrale de Riemann.

Bien que d'une grande simplicité, ce résultat permet néanmoins de démontrer des résultats qui le sont moins. Voici un exercice pour l'illustrer :

Exercice 3.1 : Considérons les fonctions $\sin x$ et $\cos x$ sur le segment $[0,\ \pi/2]$.

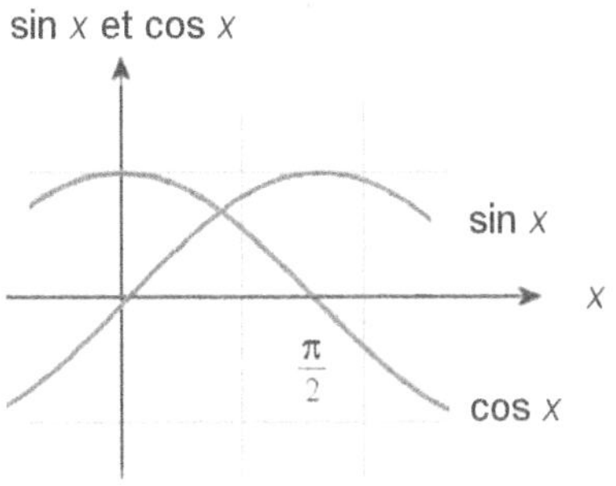

Figure 3.1 : Fonctions $\sin x$ et $\cos x$.

1. Expliquer géométriquement pourquoi

$$\int_0^{\pi/2} \sin^2 x\ dx = \int_0^{\pi/2} \cos^2 x\ dx \qquad (3.7)$$

2. Expliquer géométriquement pourquoi $\sin^2 x + \cos^2 x = 1$.
3. Quelle est l'intégrale de 0 à $\pi/2$ de la fonction constante égale à 1 ?
4. Démontrer que

$$\int_0^{\pi/2} \sin^2 x\ dx = \frac{\pi}{4} \qquad (3.8)$$

5. Pourquoi est-ce forcément un peu plus petit que 1 ?

3) Monotonicité : Soit deux fonctions f et g intégrables sur le segment $[a, b]$. Si quel que soit x entre a et b, $f(x) \leq g(x)$ alors

$$\int_a^b f(x)dx \leq \int_a^b g(x)dx \tag{3.9}$$

Cela découle toujours directement de la construction de l'intégrale de Riemann.

Il y a beaucoup d'autres propriétés élémentaires de l'intégrale. En particulier on peut énoncer des quantités de faits selon qu'on intègre sur un segment fermé ou bien sur un domaine moins restrictif, par exemple un segment ouvert quand c'est possible. La plupart des résultats continuent à être élémentaires, même s'il faut chaque fois être soigneux et entrer dans les détails.

Par exemple, si une fonction est intégrable sur tous les segments fermés contenus dans un segment ouvert, et qu'elle est bornée sur le segment ouvert, alors elle a aussi une intégrale bornée sur le segment ouvert. Mais si elle n'est pas bornée sur le segment ouvert, alors elle peut être ou ne pas être intégrable sur le segment ouvert. L'illustrer était l'un des buts des exercices 2.5 à 2.7, pp. 30-31.

Passons à des résultats plus consistants.

Quelques primitives importantes à connaître

On a déjà signalé dans le chapitre 1, p. 11, que le tableau de dérivées qu'on a établi en classe de première, est automatiquement aussi un tableau de primitives.

On a vu aussi dans la leçon précédente que l'on va désormais noter les primitives à l'aide d'une intégrale indéfinie (c'est-à-dire où on ne précise plus des bornes d'intégration) plus une constante d'intégration arbitraire. Par exemple, le fait que $\cos x$ a pour primitive $\sin x$ sera noté

$$\int \cos x \, dx = \sin x + c \tag{3.10}$$

Cette formule est équivalente à

$$\frac{d \sin x}{dx} = \cos x \tag{3.11}$$

que l'on peut aussi écrire

$$(\sin x)' = \cos x \tag{3.12}$$

Nous commençons à écrire les différentes formules du calcul intégral et différentiel sans préciser en détail dans quelles conditions c'est vrai, car on se noierait dans un océan de détails. Mais le lecteur et la lectrice doivent être en mesure chaque fois, si besoin est, de préciser les conditions de validité des formules.

Pour garder à l'esprit quelque chose de simple, rappelons-nous que la définition de l'intégrale dans sa forme la plus typique concerne une fonction continue que l'on intègre sur un segment fermé $[a,\ b]$. Alors elle est forcément bornée, n'a pas de saut, est uniformément continue, se comporte bien pour l'intégration. Ensuite on peut desserrer de diverses manières ce cadre simple.

Tableau 3.1 : Primitives importantes

$$\int x^a\,dx = \frac{x^{a+1}}{a+1} + c \quad (a \neq -1) \qquad \int \cos x\,dx = \sin x + c$$

$$\int \frac{dx}{x} = \ln x + c \qquad \int \sec^2 x\,dx = \tan x + c$$

$$\int a^x\,dx = \frac{a^x}{\ln a} + c \qquad \int \frac{dx}{\sqrt{1-x^2}} = \arcsin x + c$$

$$\int e^x\,dx = e^x + c \qquad \int \frac{dx}{1+x^2} = \arctan x + c$$

$$\int \sin x\,dx = -\cos x + c$$

Exercice 3.2 : Dans ce tableau 3.1, faire un dessin de *chaque fonction* sous le signe somme. Étudier la fonction. Et étudier la surface qui définit sa primitive.

Dans le tableau 3.1, on a écrit que la primitive de $1/x$ est le logarithme népérien de x. C'est vrai naturellement seulement si x est positif, car les logarithmes de nombres négatifs n'existent pas dans $\mathbb{R}$. Mais quand x est négatif, la fonction $1/x$ a pour primitive le logarithme népérien de $-x$. Donc on peut aussi écrire

$$\int \frac{dx}{x} = \ln|x| + c$$

qui est vraie sur tous les nombres réels non nuls.

Exercice 3.3 : Utiliser les propriétés élémentaires qu'on vient de lister pour démontrer que

$$\int \left(3x^2 + 2x - \frac{3}{\sqrt{x}} + \frac{4}{x} - 1\right) dx =$$

$$3\frac{x^3}{3} + \frac{2x^2}{2} - 3\frac{x^{-\frac{1}{2}+1}}{-\frac{1}{2}+1} + 4\ln|x| - x + c$$

Exercice 3.4 : Soit la courbe de la fonction $y = 1/x$. Quelle est la surface sous cette courbe (i.e. entre cette courbe et l'axe des x) entre les abscisses 1/2 et 1 ?

Aide : Vous devez trouver approximativement 0,693.

Convergence uniforme d'une série ou d'une suite de fonctions

Nous avons brièvement expliqué dans l'introduction que la notion de convergence *uniforme* d'une série de fonctions est un concept très important en analyse. Il permet en particulier, pour une fonction définie sur un intervalle $[a,\ b]$ comme la somme d'une série de fonctions continues convergeant uniformément, de calculer son intégrale en sommant les intégrales de chaque terme de la série. Nous allons maintenant voir cela en détail.

Nous avons vu qu'il y a une différence mince entre une suite de fonctions et une série de fonctions. Ce sont deux façons différentes de voir le même concept. Si on a une série de fonctions $f_i(x)$, on s'intéresse à la quantité

$$\sum_{i=0}^{\infty} f_i(x) \tag{3.13}$$

Pour chaque valeur de x, cette quantité est *définie* comme la limite, quand elle existe, de la suite de nombres

$$S_n(x) = \sum_{i=0}^{n} f_i(x) \tag{3.14}$$

On parle alors de la suite de fonctions $S_n(x)$.

Pour commencer, on va regarder la suite de fonctions S_n, car regarder la série des f_i ne rajoute rien (au départ) et complique les notations et raisonnements.

Convergence simple et convergence uniforme :

Il est important de bien comprendre la différence.

On est sur un segment $[a, b]$, qu'on prend fermé pour être dans le cas le plus simple. Il est facile d'étendre ensuite ce que l'on va voir à un domaine moins restrictif.

La convergence simple des fonctions S_n vers une fonction f est effectivement très simple. Pour chaque valeur de x, on a une suite de nombres, les nombres $S_n(x)$, qui convergent vers un nombre, $f(x)$. On a donc si l'on veut une collection de suites sans grand lien entre elles, à part les notations. Et il y en a une infinité. C'est même une infinité plus nombreuse que les entiers, c'est une infinité non dénombrable puisqu'il y en a une pour chaque x.

Même si les fonctions S_n sont toutes continues, la fonction f qui est leur limite n'est pas nécessairement continue. L'exemple classique est la suite des fonctions $y = x^n$ sur le segment $[0, 1]$.

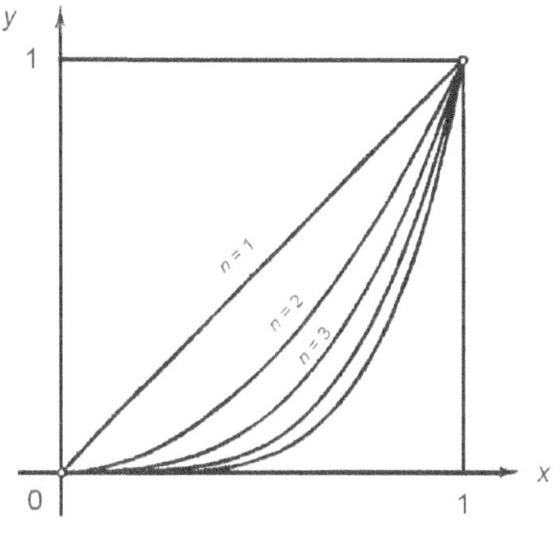

Figure 3.2 : Suite de fonctions continues dont la limite n'est pas une fonction continue.

Chaque fonction $y = x^n$ est continue sur $[0, 1]$. Mais leur limite est la fonction suivante :

$$f(x) = \begin{cases} 0 & \text{si } x \neq 1 \\ 1 & \text{si } x = 1 \end{cases}$$

qui est clairement discontinue.

Autrement dit la convergence, pour chaque valeur de x, de la suite $S_n(x)$ vers $f(x)$, bien que les fonctions S_n soient continues, n'assure pas que f le soit. On comprend ce qui se passe en examinant la définition de la convergence de $S_n(x)$ vers $f(x)$.

Définition de la convergence simple : *Pour n'importe quelle valeur de x donnée, on a l'implication*

$$\forall \epsilon > 0, \exists N \text{ tel que } n > N \implies |S_n(x) - f(x)| < \epsilon \tag{3.15}$$

Même si les fonctions $S_n(x)$ sont continues, la propriété exprimée par (3.15) n'implique pas que la fonction limite $f(x)$ soit continue. Le problème vient du fait que le N au-delà duquel $|S_n(x) - f(x)| < \epsilon$ peut dépendre de x.

Et de fait, avec la suite $y = x^n$, plus on est près de $x = 1$ (tout en n'étant pas égal à 1), plus N doit être grand pour que $|S_n(x) - f(x)|$ soit plus petit qu'un ϵ qu'on s'est donné. Noter que $f(x) = 0$.

Ainsi, tant que $x < 1$, la suite x^n tend vers 0. Mais quand $x = 1$, on reste à 1, de sorte que la fonction limite $f(x)$ n'est pas continue.

La convergence uniforme permet d'éliminer ce type de comportement.

Définition de la convergence uniforme : *Une suite de fonctions $S_n(x)$, définies sur un segment $[a, b]$, tend* uniformément *vers une fonction $f(x)$, si et seulement si*

$$\forall \epsilon > 0, \exists N \text{ tel que, } \forall x, n > N \implies |S_n(x) - f(x)| < \epsilon \tag{3.16}$$

Cette fois-ci, le N au-delà duquel on a $|S_n(x) - f(x)| < \epsilon$ ne dépend plus de x. Il y en a un qui « marche » pour tous les x.

On a interverti les quantificateurs $\forall x$ et $\forall \epsilon\ \exists N$. En effet, dans le cas de l'expression (3.15), la formule « pour n'importe quelle valeur de x donnée » est placée avant $\forall \epsilon\ \exists N$. Tandis que dans le cas de l'expression (3.16), les quantificateurs $\forall \epsilon\ \exists N$ sont placés avant $\forall x$.

Cela a l'air de couper les cheveux en quatre. C'est de l'epsilonite. Mais c'est une distinction fondamentale, car dans le cas de la convergence uniforme d'une suite de fonctions continues (et donc intégrables) sur $[a,\ b]$, leur limite est aussi continue (et donc intégrable). Et on va voir qu'on peut même calculer l'intégrale de la limite en calculant la limite des intégrales – ce qui souvent simplifie considérablement la vie [4].

Je vous concède qu'à première vue tout cela est bien compliqué. Mais d'une part ici l'epsilonite de Cauchy permet de dire les choses sans aucun flou. D'autre part, avec un peu de pratique, la convergence uniforme devient simple, intuitive, et une notion dont on perçoit naturellement l'importance.

Un exemple de suite de fonctions convergeant uniformément sur $[0, 1]$ est la suite suivante [5] :

$$S_n(x) = \frac{1}{x+n} \tag{3.17}$$

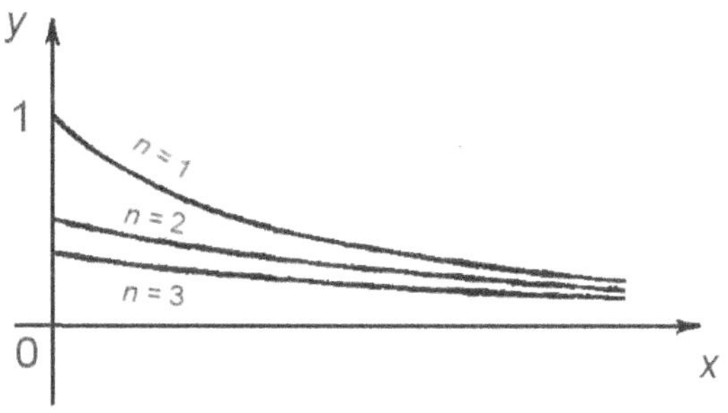

Figure 3.3 : Suite de fonctions continues convergeant uniformément vers une limite.

Elle converge vers la fonction constante égale à 0. Et cette limite est évidemment continue.

<u>Théorème</u> : *Si une suite de fonctions continues $S_n(x)$ sur un segment $[a,\ b]$ convergent* uniformément *vers une fonction $f(x)$, alors la fonction limite $f(x)$ est continue aussi.*

4. C'est le cas en particulier des fonctions représentées par des séries entières. Une série entière a un *rayon de convergence*, et tant qu'on est dans un segment fermé à l'intérieur du rayon de convergence la série entière converge uniformément et on peut l'intégrer terme à terme – voir leçon 4.

5. On omet la fonction S_0, car elle n'est pas définie quand $x = 0$. Ce n'est pas un point important. On a vu en classe de première que selon les cas, ou les goûts, on fait démarrer les suites à $n = 0$ ou $n = 1$. Ça ne change rien.

Démonstration : Cette démonstration est un exemple d'utilisation de l'« astuce des trois ϵ ».

Considérons la fonction limite $f(x)$. On se place en un point a de l'axe de la variable indépendante x. On veut montrer que $\forall\epsilon$, $\exists\eta$ tel que $|x-a|<\eta \implies |f(x)-f(a)|<\epsilon$.

Gardons en tête l'ϵ qu'on s'est donné.

Tournons-nous vers la suite de fonctions uniformément convergentes. On sait qu'il existe un N tel que pour n'importe quel x, $n \geq N$[6] implique que $|S_n(x) - f(x)| < \epsilon$. C'est vrai en particulier pour $n = N$, et cela va nous suffire.

D'autre part, la fonction $S_N(x)$ est continue. Donc il existe un η tel que $|x-a|<\eta \implies |S_N(x) - S_N(a)| < \epsilon$.

Alors on peut écrire

$$\begin{aligned} &|f(x)-f(a)| < \\ &\qquad |f(x)-S_N(x)| + |S_N(x)-S_N(a)| + |S_N(a)-f(a)| \\ &\qquad < 3\epsilon \end{aligned} \tag{3.18}$$

On peut rendre 3ϵ aussi petit qu'on veut. Par conséquent cela établit que f est bien continue.

C.Q.F.D.

Comment démontre-t-on qu'une suite de fonctions convergent uniformément ? Réponse : Il n'y a pas de méthode générale. Il faut faire une étude au cas par cas. On a une suite de fonctions $S_n(x)$ continues sur un segment $[a,\ b]$, et qui convergent simplement vers une fonction $f(x)$. Il faut trouver une suite de quantités a_n qui ne dépendent pas de x, telles que $\forall x\ |S_n(x) - f(x)| < a_n$, et la suite a_n tend vers 0.

Exercice 3.5 : On est sur le semi-ouvert $[0,\ +\infty[$. Montrer que la suite de fonctions

$$S_n(x) = \frac{1}{x+n}$$

converge uniformément vers la fonction $y = 0$.

6. L'énoncé traditionnel est avec une inégalité stricte, mais ici on utilise supérieur ou égal. Ça ne change rien.

Possibilité d'interversion des signes $\sum$ et $\int$

On l'a dit, mais répétons-le : une série et une suite sont deux concepts cousins. Si on a une suite de nombres u_n, on peut aussi travailler avec la suite des différences $v_n = u_n - u_{n-1}$. Étudier la convergence de la suite de nombre u_n ou étudier la convergence de la série de nombres v_n revient au même. Quand la suite de nombre u_n existe, on a

$$\lim_{n \to +\infty} u_n = \lim_{n \to +\infty} \sum_{k=1}^{k=n} v_k \tag{3.19}$$

Et la limite est la définition de la somme de la série infinie.

Passons donc maintenant à l'étude d'une série de fonctions, car plus loin on va surtout parler de séries entières et dans ce cas les suites correspondantes sont des concepts moins naturels.

On va dénoter notre série de fonctions $f_n(x)$.

Théorème : *Si une série de fonctions $f_n(x)$ continues sur un segment $[a,\ b]$ converge uniformément vers une fonction $f(x)$, non seulement f est aussi continue, mais l'intégrale de f sur $[a,\ b]$ est la limite de la série des intégrales des fonctions f_n.*

Autrement dit, on peut intégrer la série terme à terme pour calculer l'intégrale de f.

Démonstration : On a déjà démontré que f est continue. Regardons les intégrales. Appelons $S_n(x)$ la somme des fonctions $f_k(x)$ de $k = 1$ à n, car ça allègera les notations. On veut montrer que son intégrale tend vers l'intégrale de f.

Esquissons la démonstration sans rentrer dans toute l'epsilonite.

Considérons une seule et même suite de partitions imbriquées les unes dans les autres, $P(\boldsymbol{x}_1, m_1)$, $P(\boldsymbol{x}_2, m_2)$, ... , $P(\boldsymbol{x}_i, m_i)$, ... qui va servir à construire à la fois l'intégrale de $f(x)$ et l'intégrale de chaque fonction $S_n(x)$.

Soit une bande de largeur verticale ϵ de part et d'autre de la fonction f. Elle a donc une largeur verticale totale de 2ϵ. Voir la figure 3.4 où l'on assimile le trait noir à f.

Étant donné que la suite des fonctions $S_n(x)$ converge uniformément vers $f(x)$, on peut trouver un index N au-delà duquel toutes les fonctions $S_n(x)$ sont dans cette bande autour de f.

Étant donné que l'intégrale de S_n est définie par une suite de sommes de Darboux de plus en plus fines, on peut même faire en sorte qu'en allant suffisamment loin dans l'index n, plus loin encore que N, et aussi en utilisant une partition suffisamment fine, les figures de toutes les sommes de Darboux maximales moins les sommes de Darboux minimales (correspondant à S_n) soient incluses dans la bande de largeur 2ϵ autour de f.

On en déduit qu'en allant suffisamment loin avec l'index n de la suite des fonctions S_n, on peut rendre l'intégrale de S_n aussi proche que l'on veut de celle de f. Le fait que $b - a$ est un nombre fini joue un rôle.

Par ailleurs l'intégrale de S_n est l'intégrale d'une somme finie de termes, donc c'est aussi la somme des intégrales de chaque terme.

En conclusion la série des intégrales des f_n converge vers l'intégrale de f.

C.Q.F.D.

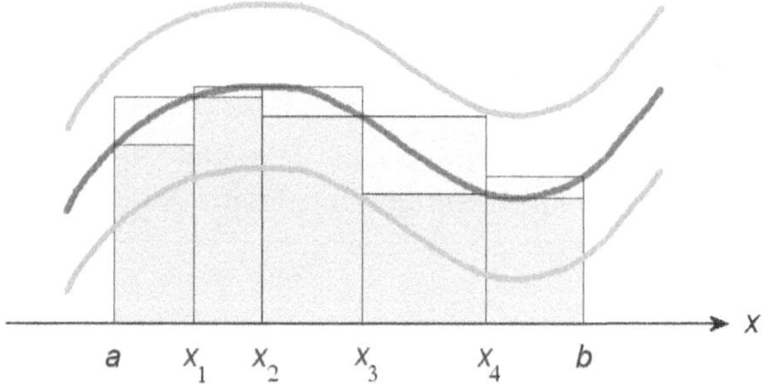

Figure 3.4 : Approximation de l'intégrale d'une fonction continue g (trait noir) sur un segment fermé $[a,\ b]$ à l'aide de ses sommes de Darboux. Avec une partition suffisamment fine, on peut faire tenir les rectangles gris clair dans une bande aussi mince que l'on veut autour de g[7].

Exercice 3.6 : On admet que les fonctions $\sin x$ et $\cos x$ peuvent être représentées par les séries entières (3.3) et (3.4) reproduites ci-dessous

$$\sin x = x - \frac{x^3}{3!} + \frac{x^5}{5!} - \frac{x^7}{7!} + ...$$

$$\cos x = 1 - \frac{x^2}{2!} + \frac{x^4}{4!} - \frac{x^6}{6!} + ...$$

7. C'est une conséquence du théorème de Heine, p. 25.

On admet aussi que ces deux séries convergent uniformément sur tout $\mathbb{R}$.

Démontrer que la primitive de $\cos x$ est $\sin x$ en intégrant terme à terme la seconde série.

Démontrer que la primitive de $\sin x$ est $-\cos x$.

La possibilité d'interversion de l'opération de différentiation avec le signe $\sum$ est similaire, mais un peu plus délicate à démontrer que ce que nous venons de faire, et nous allons la laisser de côté.

Le thème important suivant est les méthodes d'intégration.

Méthodes d'intégration

On a amplement expliqué ce qu'était une intégrale, comment on la définissait comme la limite d'une suite de sommes de Riemann, ou de Darboux, construites avec des partitions de plus en plus fines. Mais on a été bref sur la façon de la calculer. On a simplement démontré que si on disposait d'une primitive de la fonction à intégrer alors

$$\int_a^b f(x)\, dx = F(b) - F(a) \tag{3.20}$$

Exercice 3.6 : Cas où on doit savoir immédiatement calculer l'intégrale. Calculer

$$\int_0^1 e^x\, dx \tag{3.21}$$

Aide : Vous devez trouver environ 1,72.

Mais supposons que nous voulions calculer

$$\int_0^1 xe^x\, dx \tag{3.22}$$

La fonction xe^x n'est pas dans notre tableau de primitives (tableau 3.1, page 41).

Il existe cependant des méthodes pour trouver toutes sortes de primitives à partir de celles qu'on connaît. Nous allons en étudier deux :

- La méthode du changement de variable d'intégration.
- La méthode de l'intégration par parties.

Méthode du changement de variable

Quand on étudie la fonction $y = f(x)$, on étudie la relation entre les valeurs de la variable indépendante x et les valeurs y qui leur correspondent par la fonction f.

Parfois la variable x est elle-même la variable dépendante dans une fonction ϕ, d'une autre variable avec laquelle il est plus commode de travailler dans un problème de physique ou de mathématiques. On peut avoir $x = \phi(t)$. Ce sera le cas, par exemple, quand on connaît la dépendance de x à la variable temps t. Autrement dit, supposons que $x = \phi(t)$. Alors y devient aussi une variable dépendant du temps. On peut écrire la dépendance de y au temps sous la forme d'une fonction composée

$$y = f(\phi(t)) \tag{3.23}$$

Supposons qu'on soit intéressé par la fonction de x

$$F(x) = \int f(x)dx \tag{3.24}$$

La fonction $F(x)$ est aussi une fonction de t. On peut écrire

$$F(x) = F(\phi(t)) \tag{3.25}$$

Avant de poursuivre, faisons quelques remarques sur les notations de Leibniz. La formule (3.24) peut laisser le néophyte perplexe ou en tout cas un peu confus. À gauche, c'est quelque chose de clair : c'est une fonction de x. Mais à droite, l'intégrale indéfinie, où on utilise la variable muette x aussi, est moins explicite. Voici comment il faut la comprendre. L'expression (3.24) veut simplement dire que F est une primitive de f. C'est-à-dire, encore plus explicitement, la dérivée de $F(x)$ est $f(x)$. On se rappelle qu'une dérivée est un taux de variation local. Donc $dF(x)/dx$ n'est rien de plus que la variation locale $dF(x)$ divisée par dx quand on fait « un peu bouger la variable x ».

Dans la formule (3.24), à droite on a une somme, et on a utilisé la variable muette x pour signifier qu'on calcule une intégrale quand x varie. On fait la somme de petits éléments $f(x_i + h_i) - f(x_i)$ multipliés par h_i depuis une borne initiale non spécifiée jusqu'à x.

Et on sait que cette somme jusqu'à x est une primitive de f. C'est la signification de (3.24).

Mais on peut faire varier x en faisant varier t. Alors la fonction $F(x)$ devient une fonction de t : $F(x) = F(\phi(t))$. La fonction $F(\phi(t))$ est encore la primitive d'une fonction de t. C'est la primitive de la dérivée par rapport à t de $F(\phi(t))$. Nous avons appris l'année dernière que la dérivée par rapport à t de $F(\phi(t))$ est

$$\frac{d}{dt}F(\phi(t)) = F'(\phi(t))\phi'(t) = f(\phi(t))\phi'(t) \tag{3.26}$$

où $\phi'(t)$ est la dérivée de ϕ par rapport à t. En d'autres termes $\phi'(t)$ est le taux de variation de $x(t)$ quand on fait un peu bouger la variable t.

Finalement on peut aussi écrire

$$\int f(x)dx = \int f(\phi(t))\phi'(t)dt \tag{3.27}$$

On a changé de variable sous le signe somme. On a exprimé une primitive d'une fonction de x sous la forme d'une primitive d'une fonction de t.

Ces manipulations paraissent, la première fois qu'on les rencontre, bien compliquées. Mais rapidement elles deviennent très naturelles. Elles sont simplement la conséquence du fait que si y est une fonction de x et x est une fonction de t, alors y est aussi une fonction de t.

Et si on est intéressé par le taux de variation de y en fonction de x, on peut fréquemment être intéressé par le taux de variation de y en fonction de t.

Exercice 3.7 : Supposons que $y = x^2$ et $x = \sin t$ où t est le temps. Quel est le taux de variation de y en fonction de x ? Et quel est le taux de variation de y en fonction du temps ?

Aide : Vous devez trouver $dy/dt = 2 \sin t \cos t$.

On peut aussi être intéressé par l'intégrale de y entre $x = a$ et $x = b$, mais calculée en passant par la variable t. On est alors tout simplement intéressé par la primitive de la fonction qui exprime y comme une variable dépendant de t.

Passons à des exemples et des exercices.

Exemple 1 : On veut connaître la primitive

$$\int e^{kx} dx \tag{3.28}$$

Changeons de variable et utilisons $t = kx$. On a donc aussi $kdx = dt$. En vertu de la formule (3.27), la primitive (3.28) se réécrit

$$\int e^{kx} dx = \int e^t \frac{1}{k} dt = \frac{1}{k} \int e^t dt = \frac{1}{k} e^t + c = \frac{e^{kx}}{k} + c \tag{3.29}$$

Exemple 2 : On veut connaître la primitive

$$\int \frac{xdx}{\sqrt{a^2 - x^2}} \tag{3.30}$$

Substituons $t = \sqrt{a^2 - x^2}$ à x sous le signe somme. On a donc aussi

$$dt = -\frac{xdx}{\sqrt{a^2 - x^2}}$$

Alors la formule (3.30) devient

$$\int \frac{xdx}{\sqrt{a^2 - x^2}} = -\int dt = -t + c = -\sqrt{a^2 - x^2} + c \tag{3.31}$$

ce qui ne doit pas nous surprendre, car cela exprime simplement que la dérivée de $-\sqrt{a^2 - x^2}$ est $x/\sqrt{a^2 - x^2}$.

Exemple 3 : On veut connaître la primitive

$$\int \sqrt{a^2 - x^2} dx \tag{3.32}$$

Utilisons le changement de variable $x = a\sin u$. Alors on a

$$\begin{aligned}\int \sqrt{a^2 - x^2}\, dx &= \int \sqrt{a^2 - a^2\sin^2 u}\; a\cos u\, du \\ &= a^2 \int \cos^2 u\, du = a^2 \int \frac{1+\cos 2u}{2}\, du \\ &= \frac{a^2}{2}\left(u + \frac{\sin 2u}{2}\right) + c \\ &= \frac{a^2}{2}(u + \sin u \cos u) + c \\ &= \frac{a^2}{2}\left(\arcsin\frac{x}{a} + \frac{x}{a^2}\sqrt{a^2 - x^2}\right) + c\end{aligned}$$

Citons l'ouvrage d'Alexandrov, Kolmogorov et Lavrentiev, dont nous nous sommes inspirés pour présenter la méthode du changement de variable.

Comme le montrent ces exemples, la technique du changement de variable permet d'étendre significativement la classe des fonctions élémentaires que nous pouvons maintenant intégrer, c'est-à-dire pour lesquelles on peut aisément trouver la primitive et celle-ci est encore une fonction élémentaire. Cependant, il faut garder à l'esprit que l'intégration, quand elle est possible, nécessite en règle générale plus de calculs que la différentiation.

On a vu que la dérivée de n'importe quelle fonction élémentaire était encore une fonction élémentaire, et qu'on pouvait effectivement complètement la calculer en utilisant les règles de différentiation. Mais ce n'est pas vrai en général pour l'inverse, c'est-à-dire pour l'intégration. Il existe en effet des fonctions élémentaires dont les intégrales indéfinies ne sont pas des fonctions élémentaires. C'est le cas par exemple de fonctions comme e^{-x^2}, $\frac{1}{\ln x}$, $\frac{\sin x}{x}$, etc. Pour obtenir leurs intégrales, il faut utiliser des méthodes d'approximation ou introduire de nouvelles fonctions qui ne sont pas réductibles à des fonctions élémentaires. Nous n'allons pas nous attarder sur cette question, notant seulement que déjà en mathématiques élémentaires il est possible de trouver beaucoup d'exemples où une opération directe est faisable au sein d'une certaine classe de nombres tandis que l'opération inverse, en restant dans la même classe, n'est pas possible [8] ; ainsi le carré de n'importe quel nombre

8. Par exemple la multiplication des nombres entiers.

rationnel est encore un nombre rationnel, tandis que la racine carrée d'un nombre rationnel l'est rarement. De manière analogue, la différentiation des fonctions élémentaires donne des fonctions élémentaires, mais l'intégration peut nous faire sortir de cette classe de fonctions.

Certaines intégrales qui ne peuvent pas être calculées à l'aide de fonctions élémentaires jouent un très grand rôle en mathématiques théoriques et appliquées. C'est le cas par exemple de

$$\int_0^x e^{-t^2}\, dt$$

qui joue un rôle très important en théorie des probabilités [9] (chapitre XI tome 2 de l'ouvrage en trois volumes d'Alexandrov, Kolmogorov et Lavrentiev). Fin de citation.

On vient de voir l'utilisation de la formule (3.27) reproduite cidessous

$$\int f(x)dx = \int f(\phi(t))\phi'(t)dt \tag{3.33}$$

Quand on a beaucoup utilisé cette technique, elle devient une seconde nature. Et on écrit plus simplement

$$\int f(x)dx = \int f(x(t))\frac{dx}{dt}dt \tag{3.34}$$

ce qui est « formellement » évident. C'est-à-dire qu'on a écrit $x(t)$ au lieu de x comme argument de la fonction f. Et on a remplacé dx par $\frac{dx}{dt}dt$, puisque « rajouter dt en haut et en bas ne change rien ».

C'est le genre de manipulation que les physiciens font tout le temps, et qui hérisse les mathématiciens. Ils ont tous les deux raison. Les mathématiciens veulent que les manipulations soient proprement justifiées, car ils peuvent produire des manips, qui ont l'air formellement correctes, conduisant à des résultats absurdes. Les physiciens ont besoin d'utiliser les formules et méthodes d'intégration sans écrire deux pages d'epsilonite avant chaque formule. Noter que le calcul différentiel et intégral a été inventé par des savants qui étaient à la fois mathématiciens et physiciens.

9. L'intégrande, recalibré pour que son intégrale de $-\infty$ à $+\infty$ vaille 1, est le prototype de la « courbe en cloche » ou « courbe de Gauss » qui pour des raisons théoriques que nous verrons se rencontre partout en théorie des probabilités.

Méthode de l'intégration par parties

De même que la méthode de changement de variable repose sur la formule pour la dérivée d'une fonction composée, la méthode de l'intégration par parties repose sur la formule pour la dérivée d'un produit.

On se rappelle que

$$(fg)' = f'g + fg' \tag{3.35}$$

On peut donc écrire

$$\int (fg)'dx = \int f'gdx + \int fg'dx$$

ou encore

$$fg = \int f'gdx + \int fg'dx \tag{3.36}$$

Il se trouve que parfois une intégrale qu'on veut calculer peut être vue comme ayant la forme

$$\int f'gdx$$

qui n'est pas facile à calculer, alors que

$$\int fg'dx$$

l'est.

Alors l'astuce merveilleusement simple est d'utiliser la formule

$$\int f'gdx = fg - \int fg'dx \tag{3.37}$$

C'est le cas par exemple du calcul (3.22) page 49. Il n'est pas évident à première vue de calculer

$$\int_0^1 xe^x dx$$

Mais on peut voir l'intégrande (le nom de la fonction sous le signe somme), comme $f'g$ où $f' = e^x$ et $g = x$. Alors la formule (3.37) nous donne immédiatement

$$\int xe^x dx = xe^x - \int e^x dx \tag{3.38}$$

Ensuite, pour calculer l'intégrale définie (c'est-à-dire avec des bornes) on écrit simplement

$$\int_0^1 xe^x dx = xe^x\Big|_0^1 - \int_0^1 e^x dx \tag{3.38}$$

On trouve

$$\int_0^1 xe^x dx = e - (e-1) = 1 \tag{3.39}$$

Exercice 3.8 : Calculez xe^x pour tous les nombres de $0,01$ jusqu'à 1 avec un pas de $0,01$. Par exemple, les cinq premiers sont

0,01	0,010100502
0,02	0,020404027
0,03	0,030913636
0,04	0,041632431
0,05	0,052563555

Sommez les cent nombres que vous obtenez, et multipliez par le pas, c'est-à-dire divisez par cent.

Quel résultat obtenez-vous ?

Faites un dessin de la courbe $y = xe^x$.

Empruntons deux autres exemples aux auteurs russes.

Dans l'intégrale $\int \ln x \, dx$, si l'on prend $u = \ln x$ et $v' = 1$, alors $u' = \frac{1}{x}$ et $v = x$, d'où

$$\int \ln x \, dx = x \ln x - \int dx = x \ln x - x + c$$

Voici un autre exemple typique où il faut intégrer par partie deux fois, puis on trouve l'intégrale à partir de l'équation obtenue :

$$\begin{aligned}\int e^x \sin x \, dx &= e^x \sin x - \int e^x \cos x \, dx \\ &= e^x \sin x - e^x \cos x - \int e^x \sin x \, dx\end{aligned}$$

d'où

$$\int e^x \sin x \, dx = \frac{e^x}{2}(\sin x - \cos x) + c$$

Intégration des fractions rationnelles

On a étudié en classe de première les fractions rationnelles, c'est-à-dire les fonctions qui sont un ratio de deux polynômes. On a vu qu'il existait une sorte de division euclidienne au sein des polynômes à coefficients réels. Nous vous invitons à consulter notre livre de première pour rafraîchir vos connaissances si nécessaire.

J'ai signalé que la division euclidienne des polynômes était très utile en particulier pour intégrer les fractions rationnelles.

Par exemple, supposons que nous devions calculer

$$\int \frac{x^3 + x^2 + 1}{x^2 - 1} dx \tag{3.40}$$

On peut commencer par effectuer la division euclidienne de $x^3 + x^2 + 1$ par $x^2 - 1$. On trouve

$$\frac{x^3 + x^2 + 1}{x^2 - 1} = x + 1 + \frac{x + 2}{x^2 - 1} \tag{3.41}$$

On peut encore simplifier davantage la fraction rationnelle qui reste dans le membre de droite, car son dénominateur n'est pas un polynôme irréductible (voir notre livre de première). La formule (3.41) se transforme finalement en

$$\frac{x^3 + x^2 + 1}{x^2 - 1} = x + 1 - \frac{1}{2(x + 1)} + \frac{3}{2(x - 1)} \tag{3.42}$$

Après ces simplifications, l'intégration de la fraction rationnelle dans l'expression (3.40) est aisée avec les divers outils que nous avons appris.

Suggestions de lecture

ALEXANDROV Alexandre, KOLMOGOROV Andreï & LAVRENTIEV Mikhaïl, *Mathématiques*, volume 1, Les Éditions du Bec de l'Aigle, 2020.

KLAF A. A., *Calculus refresher*, Dover, 1944.

Leçon 4 :

Séries de fonctions, séries entières

Nous avons commencé à étudier les suites, et leurs cousines les séries, en classe de première. C'est un concept très simple : une suite mathématique est une collection d'objets mathématiques indexés par les nombres entiers.

$$O_0,\ O_1,\ O_2,\ O_3,\ \dots,\ O_n,\ \dots \tag{4.1}$$

En préliminaire à la présente leçon, la lectrice et le lecteur sont invités à lire ou relire le chapitre que nous avons consacré aux suites et séries dans notre livre de première.

On va se focaliser plus spécialement sur les suites numériques, notées généralement

$$u_0,\ u_1,\ u_2,\ u_3,\ \dots,\ u_n,\ \dots$$

On va étudier dans quels cas elles convergent.

Enfin nous nous intéresserons aux suites de fonctions réelles notées

$$f_0(x),\ f_1(x),\ f_2(x),\ f_3(x),\ \dots,\ f_n(x),\ \dots$$

Commençons par les suites et séries de nombres.

Suites et séries de nombres : 1) rappel historique

Depuis l'Antiquité, et vraisemblablement avant, les hommes se sont intéressés aux suites et séries. C'est en effet un concept qui vient tout de suite à l'esprit quand on observe le monde. Il vient juste après celui d'ensemble.

Un ensemble est une collection d'objets sans organisation particulière. Tandis qu'une suite est un ensemble d'objets numérotés. C'est une première organisation [1]. Il y a un premier élément, un deuxième, un troisième, etc.

1. Il y a aussi les ensembles structurés par une opération, mais c'est une autre histoire. Nous en parlons dans une autre leçon de ce livre.

Parfois ils ont clairement une limite. Parfois c'est même leurs sommes partielles qui ont une limite, auquel cas ils tendent eux-mêmes évidemment vers zéro.

Le philosophe grec Zénon d'Élée[2] (-490, -430) a fait un certain nombre d'observations se voulant paradoxales. Son paradoxe le plus célèbre est celui d'une flèche tirée vers une cible mobile. Supposons qu'un archer soit situé au point A et qu'au moment où il tire sa flèche, la cible mobile qu'il veut atteindre soit au point C_0. Même si la flèche va beaucoup plus vite que la cible, quand la flèche arrive en C_0 la cible a bougé. Elle est maintenant au point C_1, tel que la distance C_0C_1 est, mettons, un dixième de la distance AC_0. Donc quand elle est arrivée à C_0, la flèche est encore à la distance C_0C_1 de la cible. Quand un peu plus tard la flèche arrive à C_1, le cible est en C_2. Donc, en C_1, la flèche n'a toujours pas atteint la cible. Il faut maintenant qu'elle couvre la distance, C_1C_2, etc. « Cela démontre, en concluait Zénon, que la flèche ne peut jamais atteindre la cible. »

Avant de commenter l'erreur que faisait Zénon avec son paradoxe, rappelons qu'il avait été élève de Parménide à Élée, et que ce dernier avait introduit en philosophie des raisonnements sur le monde fondés sur le langage. Il soutenait par exemple qu'on ne pouvait parler que de ce qui existait. Et comme le passé et l'avenir n'existent pas – seul le présent « existe » – le mouvement est impossible, car il implique de considérer une position dans le passé ou une autre position dans l'avenir.

J'ai signalé que les philosophes grecs faisaient un usage abusif du mot « exister«». La plupart avaient une perception très concrète du monde. Au risque de choquer, on peut dire que la notion d'abstraction en un certain sens leur était étrangère. Même Platon disait que les droites idéales existaient dans le monde parfait des idées[3].

Tout cela ferait sourire s'il n'y avait encore des professeurs de philosophie en France, au XXIe siècle, qui invitaient leurs élèves à méditer sur la profondeur des idées de Zénon ou de Platon, et s'il n'y en avait pas invités à donner des cours au Collège de France sur les universaux des Grecs et de la scolastique, en prenant soin de prétendre qu'il s'agissait de cours d'histoire – de même qu'une astrologue célèbre, pour décrocher un doctorat dans sa discipline, a écrit en 2001 une thèse sur l'*histoire* de l'astrologie.

2. Élée était situé sur la côte Tyrrhénienne en Italie, à une vingtaine de km au sud de Naples.

3. Il se heurtait d'ailleurs au problème de savoir s'il y avait une ou plusieurs droites idéales dans ce monde idéal. A priori il n'avait besoin que d'une seule. Mais alors les triangles idéaux étaient faits avec la même droite ?

Faisons quelques commentaires *non critiques* sur les Grecs, car ce que dit Zénon, même si évidemment on l'écarte, n'est pas dénué d'intérêt :

1. Tout d'abord expliquons comment on décrit le problème de Zénon aujourd'hui. Soit v_f la vitesse de la flèche, v_c la vitesse de la cible, et d_0 la distance entre A et C_0. Alors la flèche met un temps t_0 pour aller de A à C_0. On a

$$t_0 = \frac{d_0}{v_f} \tag{4.2}$$

Puis la flèche met un temps t_1 pour aller de C_0 à C_1, etc. Appelons t la somme de la série des temps. Alors on a

$$t = t_0 \times (1 + 0,1 + 0,01 + 0,001 + ...) \tag{4.3}$$

Exercice 4.1 : Exprimer sous la forme d'une fraction $\frac{n}{m}$ la somme de la série avec laquelle on multiplie t_0, dans la formule (4.3), pour obtenir le temps que met la flèche pour atteindre sa cible. Montrer qu'on a aussi $t = d_0/(v_f - v_c)$.

Exercice 4.2 : Quelle est la distance entre A et le point – qu'on peut appeler $C_{+\infty}$ pour faire plaisir à Zénon – où la flèche rencontre sa cible ?

2. Ce que nous avons fait dans le commentaire ci-dessus s'appelle une *mathématisation du problème* à l'aide d'un modèle se prêtant à des quantifications claires de diverses variables dans le problème.

   Le lecteur et la lectrice pourront relire, dans notre livre de sixième et cinquième, la section I.22 Transformer un problème réel en calcul, où nous posions le problème suivant :

   Kévin part de Paris en voiture et roule sur l'autoroute du Sud vers Marseille à la vitesse de 130 km à heure. Son grand-père part d'Auxerre au même moment et roule sur l'autoroute du Sud vers Marseille à 90 km/h. Auxerre est à 150 km de Paris vers Marseille. Question : Où et quand se rencontreront-ils ?

Nous avons souligné qu'on pouvait aborder le problème avec deux modèles légèrement différents dans leur forme (mais conduisant aux mêmes conclusions) : le premier construit par un observateur fixe qui prend en compte deux vitesses, le second construit « vu du grand-père » qui ne prend en compte que la vitesse de Kévin par rapport à son grand-père.

Kévin va à 40 km/h du point de vue du grand-père, et donc le rattrape en un temps égal à $150/40 = 3{,}75$ heures (c'est-à-dire 3 heures et 45 minutes, car nous utilisons encore le découpage babylonien du temps.).

3. Zénon a construit un modèle du mouvement de la flèche et de la cible mobile, qui l'a conduit à conclure que la flèche n'atteignait jamais sa cible. En gros, Zénon considère que le temps que met la flèche pour atteindre sa cible est

$$t = 1 + 1 + 1 + 1 + 1 + ... \qquad (4.4)$$

c'est-à-dire un temps infini [4].

Ce modèle clairement correspond mal à la réalité. Donc on l'élimine et on passe à un autre modèle.

Figure 4.1 : Où termine le modèle de Zénon. Noter qu'il n'y a aucune honte à avoir construit un modèle qui ne marche pas. Cela arrive tout le temps. On en essaie alors un autre.

Notre modèle, exposé dans le point 1, marche bien. Donc on le considère comme correct.

C'est ainsi que procède la science.

Noter que ce n'est qu'un *modèle de la réalité*. Ce « qu'est la réalité elle-même », laissons cela aux Grecs et aux profs de philo. Dans certaines assertions, le verbe « être » est aussi spécieux que le verbe « exister ».

4. Curieusement, je n'ai jamais entendu un professeur de philosophie expliquer que la cible est donc à une distance infinie de l'archer.

> Du reste, même les modèles de la réalité les plus sûrs, efficaces, « indiscutablement corrects », sont parfois remis en question et modifiés. C'est ce qui est arrivé au modèle du monde construit par Newton vers 1665, et qu'Einstein a modifié de manière stupéfiante 250 ans plus tard avec la théorie de la relativité générale.

Nous espérons que cet aperçu historique a apporté un éclairage d'une part sur les suites, et d'autre part sur ce qu'est un modèle construit pour mathématiser un problème.

Cependant nous ne sommes pas dans un cours d'histoire, ni de physique ou de philosophie – les trois disciplines comme on le voit étant liées –, mais dans un cours de mathématiques.

Un cours de mathématiques, c'est un cours dont l'objectif est d'expliquer les outils dans la boîte à outil du mathématicien, leur origine, leur fonctionnement, leur utilisation dans un modèle après qu'on a mathématisé une situation issue de la réalité (ou bien quand on investigue un problème déjà d'origine mathématique [5]), sans trop s'occuper de leurs applications à la physique.

Certains trouvent les mathématiques trop abstraites et arides. D'autres au contraire se plaisent dans l'univers pur, d'une grande beauté à leurs yeux, et dégagé de tout souci lié à la réalité.

Notre approche est hybride : nous aimons les mathématiques, leur pureté, leur beauté, mais aussi leur puissance pour expliquer le monde – ce que le physicien Eugène Wigner (1902, 1995) a appelé leur « efficacité déraisonnable » [6].

Donc retournons à nos suites et séries mathématiques sans nous occuper de leurs applications, excepté dans des problèmes de mathématiques :-)

Suites et séries de nombres : 2) mathématiques

L'objectif de cette leçon n'est pas de prouver beaucoup de résultats, seulement de montrer les grands résultats du domaine des suites et séries, de montrer une discipline vivante, et comment elle s'applique à beaucoup d'autres domaines des mathématiques, en particulier ce qu'on appelle l'analyse fonctionnelle dont nous donnons un bref aperçu.

---

5. L'hypothèse de Riemann qui se demande si les zéros de la fonction zéta ont une partie réelle égale à 1/2 n'est pas issue d'une contemplation de la réalité – alors que c'était le cas du théorème de Pythagore.

6. `https://lapasserelle.com/documents/wigner.pdf`

L'analyse fonctionnelle est le domaine des mathématiques où les inconnues dans des problèmes sont des fonctions toutes entières. Par exemple, dans un plan vertical, quelle est la courbe allant d'un point A à un point B telle qu'une particule qui glisse sans frottement, comme un skieur sur une piste de ski, aille le plus vite possible de A à B. Cette courbe porte le nom de courbe brachistochrone.

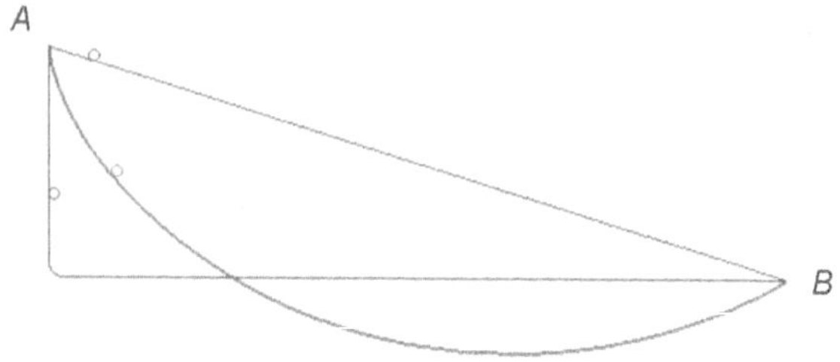

Figure 4.2 : Courbe brachistochrone. Les trois billes sont parties au même moment du point A avec une vitesse initiale nulle. Laquelle atteindra le plus rapidement le point B ? Galilée pensait que c'était un arc de cercle qui assurait la descente la plus rapide. Mais les mathématiciens de la fin du XVIIe siècle montrèrent que c'était une autre courbe. Source : wikipedia.

Deux des techniques pour trouver les fonctions solutions dans les problèmes d'analyse fonctionnelle sont d'une part le calcul des variations, et d'autre part la manipulation des fonctions sous forme de séries de fonctions plus simples, par exemple des fonctions trigonométriques comme $a_n \sin nx$ ou $b_n \cos nx$ ou des monômes comme $a_n x^n$. On appelle les séries de monômes des *séries entières*.

Tout cela pour dire que l'étude des suites et séries, qui peut paraître à première vue un jeu un peu vain, aussi éloigné de toute application que, par exemple, l'étude des nombres premiers ou la théorie des pavages du plan, joue en réalité un rôle très important dans de nombreux domaines des mathématiques (et donc des applications de ces dernières).

Commençons par quelques propriétés générales élémentaires des suites et séries.

1. Si une suite u_n est monotone croissante et bornée, alors elle tend vers une limite. C'est la propriété que l'ensemble $\mathbb{R}$ est complet. Nous l'avons signalée, mais non démontrée en classe de première.

Elle résulte de l'étude de la topologie de $\mathbb{R}$ qui est plutôt simple. Mais exposer ce genre de démonstration fait souvent perdre de vue ce que sont les nombres et l'analyse. Déjà l'epsilonite peut faire perdre de vue la nature fort simple et intuitive des nombres. C'est encore plus vrai de la topologie qui peut obscurcir la nature fort simple et intuitive des espaces généralement géométriques dans lesquels on travaille. Aussi est-ce une discipline un peu particulière enseignée à l'université, et il faut bien la maîtriser pour voir que ce n'est qu'un développement rigoureux de certains aspects de la géométrie qui nous est familière.

2. Si la série formée par les valeurs absolues des termes u_n converge alors la série des termes u_n converge.
3. Si une série de termes positifs v_n converge et les termes de la série u_n sont tous positifs et inférieurs à leurs homologues v_n, alors la série u_n converge.
4. Rappelons aussi qu'une suite peut ne pas converger, mais si elle converge, elle ne peut avoir qu'une seule limite.

Les séries ressemblent à certains égards à des intégrales. Quand on regarde

$$u_0 + u_1 + u_2 + \ldots + u_n$$

on peut considérer qu'on regarde une sorte de somme de Riemann où la partition est constituée d'éléments tous de largeur 1. C'est pourquoi la propriété 3 ci-dessus est l'analogue pour les séries de la propriété de monotonicité pour les intégrales (cf. page 40).

En dépit de ce que nous venons dire sur la topologie, il y a un résultat de topologie élémentaire qu'il convient de connaître.

Théorème de Bolzano-Weierstrass : *Si u_n est une suite de nombres réels tous compris entre deux nombres réels a et b, alors on peut en extraire une suite qui converge vers une limite c entre a et b.*

Le point c s'appelle un point d'accumulation de la suite u_n. Elle peut en avoir plusieurs. Ce théorème se prête à des extensions importantes dans des espaces topologiques plus généraux que $\mathbb{R}$. Il est lié à la notion de compacité. Dans $\mathbb{R}$, il permet de montrer que les segments fermés sont compacts.

Le théorème de Bolzano-Weierstrass est « évident » dans $\mathbb{R}$ compte tenu du fait que $\mathbb{R}$ est complet. C'est d'ailleurs en fait tout simplement équivalent à la complétude de $\mathbb{R}$. Il est évident aussi dans $\mathbb{R}^2$: si on a une collection infinie dénombrable de points dans un rectangle, il y a forcément au moins un point d'accumulation.

Nous n'allons pas creuser ces questions. Elles sont abordées en première année d'université.

Listons quelques autres propriétés élémentaires des suites.

5. Si la suite u_n tend vers le nombre p et la suite v_n tend vers q (p et q étant des nombres réels quelconques), alors
   - $u_n + v_n$ tend vers $p + q$
   - $u_n v_n$ tend vers pq
   - et, si $q \neq 0$, le ratio u_n/v_n tend vers p/q
6. Si u_n et v_n tendent toutes deux vers 0, alors on ne peut pas dire a priori si leur ratio tend vers quelque chose ou pas. Tous les cas sont possibles. Cela joue un rôle important dans la théorie de la dérivée. On a vu cela en première et on ne va pas y revenir. Le lecteur et la lectrice sont invités à construire des exemples où le ratio tend vers 0, tend vers l'infini, ou oscille sans tendre vers une limite.

Tournons-nous vers des critères classiques de convergence d'une série.

Critères de convergence

On considère une suite de nombres réels u_n tendant vers 0 et la série qu'on peut construire avec eux. Généralement, la première question qui nous intéresse est : est-ce que la série $u_0 + u_1 + u_2 + ... + u_n + ...$ converge ou pas ?

Il existe deux critères qu'il est important de connaître au minimum pour sa culture mathématique.

<u>Critère de d'Alembert</u> : *Soit une suite u_n de nombres réels non nuls. Si le ratio*

$$\frac{|u_{n+1}|}{|u_n|} \quad \textit{tend vers une limite } l \tag{4.5}$$

où l est forcément un nombre positif ou nul, alors de trois choses l'une :

1. *Si $l < 1$, la série converge, et même la série des* valeurs absolues *converge.*
2. *Si $l > 1$, la série ne converge pas.*
3. *Si $l = 1$, même si u_n tend vers 0, on ne peut pas dire a priori si la série converge ou pas. Il faut faire une étude spécifique.*

Noter qu'une série peut converger sans que la série de ses valeurs absolues converge. Par exemple, on démontrera plus loin (page 74) que

$$1 - \frac{1}{2} + \frac{1}{3} - \frac{1}{4} + \frac{1}{5} - .... \text{ tend vers } \ln 2 \tag{4.6}$$

$\ln 2$ veut dire logarithme népérien de 2. Cela vaut environ 0,693. Mais on sait bien sûr que la série des valeurs absolues diverge.

Critère de Cauchy : *Soit une suite u_n de nombres réels. Si la suite*

$$|u_n|^{1/n} \text{ tend vers } l \tag{4.7}$$

où l est forcément un nombre positif ou nul, alors de trois choses l'une :

1. *Si $l < 1$, la série converge, et même la série des* valeurs absolues *converge.*
2. *Si $l > 1$, la série ne converge pas.*
3. *Si $l = 1$, on ne peut pas dire a priori si la série converge ou pas. Il faut faire une étude spécifique.*

Quand la règle de d'Alembert permet de conclure, alors celle de Cauchy aussi. Mais il existe des cas où d'Alembert ne permet pas de conclure, mais Cauchy le permet.

Les critères de d'Alembert et de Cauchy ne sont pas difficiles à démontrer. Dans les deux cas, on utilise classiquement la convergence vers 0 de la suite géométrique $v_n = k^n$ quand $|k| < 1$. Nous laisserons le lecteur et la lectrice les étudier dans un manuel ou les démontrer par eux-mêmes.

Exercice 4.3 : Soit un nombre réel x plus grand que 1. Montrer que la série

$$\sum_{n=1}^{+\infty} \frac{n}{x^n} \tag{4.8}$$

converge, et que la série

$$\sum_{n=1}^{+\infty} \frac{x^n}{n} \tag{4.9}$$

diverge.

Exercice 4.4 : Considérons la série

$$\sum_{n=1}^{+\infty} \frac{1}{n^2} \tag{4.10}$$

Que disent les critères de d'Alembert et de Cauchy ?

Démontrer que la série converge.

Aide : Utiliser le calcul intégral pour montrer que la série est croissante et bornée. Considérer la formule (4.10) comme un sorte de somme de Riemann sous une courbe intégrable.

Passons aux suites et séries de fonctions, où les résultats précédents vont nous servir.

Suites et séries de fonctions

Maintenant, au lieu d'une suite ou une série de nombres

$$u_0, \quad u_1, \quad u_2, \; ... \; , \quad u_n, \; ... \tag{4.11}$$

on s'intéresse à une suite ou une série de *fonctions*

$$f_0(x), \quad f_1(x), \quad f_2(x), \; ... \; , \quad f_n(x), \; ... \tag{4.12}$$

Nous avons déjà largement entamé le sujet des suites et séries de fonctions dans le chapitre précédent. Pour ne pas répéter tout le temps « suite ou série » de fonctions, parlons d'une série de fonctions.

Une série de fonctions $f_n(x)$, en tous les points x où $\sum_{n=0}^{+\infty} f_n(x)$ converge, définit encore une fonction.

Nous avons considéré une série de fonctions définies et convergentes sur tout un segment fermé $[a, \; b]$. Nous avons introduit les deux concepts importants de *convergence simple* et de *convergence uniforme*. Retourner au chapitre précédent, si le concept de convergence uniforme n'est pas encore totalement clair pour vous.

Nous avons montré qu'une série de fonctions continues $f_n(x)$ sur un segment fermé $[a, \; b]$, si elle est uniformément convergente, a une limite $f(x)$ qui est aussi continue.

Enfin, comme nous voulions en parler dès le chapitre sur les propriétés de l'intégrale, car c'est une propriété très importante du calcul intégral, nous avons montré que si une série de fonctions continues est uniformément convergente sur $[a,\ b]$ alors, pour calculer l'intégrale sur $[a,\ b]$ de la fonction limite $f(x)$, on peut simplement sommer la série des intégrales sur $[a,\ b]$ de chaque $f_n(x)$.

Les séries de fonctions sont un outil très important pour représenter certaines fonctions, car parfois la fonction limite $f(x)$ elle-même n'est pas aisée à manipuler, mais la série de fonctions avec laquelle on peut la représenter est facile à manipuler.

Les fonctions $f_n(x)$ servant à la construction de $f(x)$ peuvent appartenir à une classe quelconque. Tout ce qu'on veut est qu'elles permettent de construire des séries convergentes

$$f(x) = \sum_{n=0}^{+\infty} f_n(x) \tag{4.13}$$

Les séries de fonctions les plus simples sont les séries de monômes, appelées séries entières,

$$f(x) = \sum_{n=0}^{+\infty} a_n x^n \tag{4.14}$$

On peut les voir comme une extension des polynômes puisque (4.14) est clairement une extension de

$$f(x) = a_0 + a_1 x + a_2 x^2 + a_3 x^3$$

La première question importante est de savoir pour quelles valeurs de x le membre de droite de (4.14) converge.

Il existe d'autres séries de fonctions. Les plus importantes sont les séries trigonométriques. Les fonctions périodiques définies sur le segment $[0,\ 2\pi]$ peuvent généralement être représentées par une série comme ceci

$$f(x) = a_0 + \sum_{n=1}^{\infty} a_n \cos nx + b_n \sin nx \tag{4.15}$$

Ces développements en séries trigonométriques ont des propriétés très importantes. L'une d'entre elles est qu'on peut calculer facilement les coefficients a_n et b_n avec les formules

$$\left\{ \begin{aligned} a_n &= \frac{1}{\pi} \int_0^{2\pi} f(x) \cos nx \ dx \\ b_n &= \frac{1}{\pi} \int_0^{2\pi} f(x) \sin nx \ dx \end{aligned} \right. \tag{4.16}$$

Ces formules (4.15) et (4.16) s'étendent à des fonctions non périodiques définies sur tout $\mathbb{R}$. Pour calculer les coefficients, l'intégration sur $[0,\ 2\pi]$ est remplacée par une intégration sur l'ensemble $\mathbb{R}$.

Les séries trigonométriques font partie du domaine de l'analyse appelé analyse de Fourier [7]. L'analyse de Fourier s'étudie de façon beaucoup plus simple et naturelle dans l'ensemble des nombres complexes, noté $\mathbb{C}$, que dans l'ensemble des nombres réels, noté $\mathbb{R}$. La prochaine leçon est consacrée aux nombres complexes, mais nous n'aborderons pas les fonctions complexes [8].

Nous allons nous focaliser sur les séries entières servant à représenter de nombreuses fonctions de $\mathbb{R}$ vers $\mathbb{R}$, c'est-à-dire des fonctions réelles.

Un dernier point avant de rentrer dans le détail des séries entières : beaucoup de fonctions sont « développables en une série entière » autour de la valeur $x = 0$ avec la formule (4.14) reproduite ci-dessous de manière plus explicite

$$f(x) = a_0 + a_1x + a_2x^2 + ... + a_nx^n + ... \tag{4.17}$$

En particulier $f(0) = a_0$.

Elles sont aussi fréquemment développables autour d'un point a quelconque avec une formule comparable à (4.17) :

$$f(x) = a_0 + a_1(x-a) + a_2(x-a)^2 + ... + a_n(x-a)^n + ... \tag{4.18}$$

Caveat : ce ne sont pas les mêmes coefficients a_i que dans (4.17).

Dans (4.18), $f(a) = a_0$.

Étant donné qu'en effectuant un changement de variable, consistant en une translation de la variable x, la formule (4.18) se ramène à un développement autour de la nouvelle variable x, là où elle prend la valeur 0, on ne perd pas en généralité à ne considérer que les développements en série de la forme (4.17).

7. Nommée en l'honneur de Jean Baptiste Joseph Fourier (1768, 1830) qui, sans les avoir inventées, les a beaucoup utilisées au début du XIXe siècle pour étudier des phénomènes physiques comme, par exemple, la diffusion de la chaleur dans un corps à l'aide d'une équation célèbre en physique mathématique appelée équation de la chaleur.

8. Pour les lecteurs et lectrices aimant jeter un œil à des sujets plus avancés, les fonctions complexes sont présentées dans le chapitre IX du volume 2 de l'ouvrage de mathématiques en trois volumes, par Alexandrov, Kolmogorov, et Lavrentiev, *Mathématiques*, Les Éditions du Bec de l'Aigle, 2020-2021. Nous donnons gratuitement ce chapitre ici : `https://www.lapasserelle.com/documents/kolmogorov_IX_fonctions_d_une_variable_complexe.pdf`

Séries entières

La plupart des fonctions réelles $y = f(x)$ qu'on utilise en mathématiques et en physique ont une représentation en série entière de la forme

$$f(x) = a_0 + a_1x + a_2x^2 + ... + a_nx^n + ... \tag{4.19}$$

Cela est lié au fait – que nous connaissons maintenant depuis longtemps – que si la fonction $f(x)$ est dérivable au point $x = 0$, alors elle est bien approximée au point $x = 0$, au moins sur un petit intervalle autour de 0, par une fonction linéaire de la forme

$$y = a_0 + a_1x \tag{4.20}$$

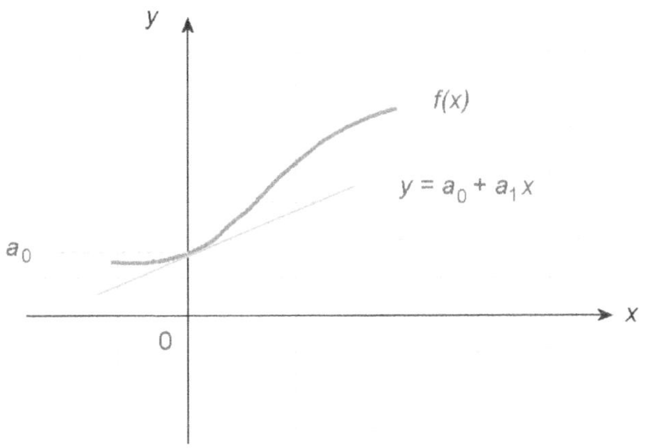

Figure 4.3 : Approximation de $f(x)$ au point $x = 0$ par la fonction linéaire $y = a_0 + a_1x$.

On sait même que $a_0 = f(0)$ et $a_1 = f'(0)$, c'est-à-dire que a_0 est évidemment simplement la valeur de f au point 0, et a_1 est la pente de la tangente à f au point 0. Autrement dit, f est bien approximée dans un petit voisinage autour de 0 par

$$f(x) \approx f(0) + f'(0)x \tag{4.21}$$

Cette approximation avec une fonction linéaire, c'est-à-dire une droite, est l'approximation la plus simple de f autour du point

$x = 0$. On peut la raffiner en allant jusqu'à la dérivée seconde. On a alors

$$f(x) \approx f(0) + f'(0)x + f''(0)\frac{x^2}{2!} \qquad (4.22)$$

En règle générale, on obtient une approximation qui est de meilleure qualité que l'approximation linéaire sur le même voisinage autour de $x = 0$, et qui reste de bonne qualité sur un voisinage un peu plus large autour de $x = 0$.

Cela appartient à la théorie des développements de Taylor, appelés aussi séries de Taylor, qui utilisent la suite des dérivées d'ordre croissant. Nous n'allons pas la présenter ici ; elle du niveau de la première année d'université. Retenons qu'elle permet d'écrire[9]

$$f(x) \approx f(0) + f'(0)x + f''(0)\frac{x^2}{2!} + ... + f^{(n)}(0)\frac{x^n}{n!} \qquad (4.23)$$

Quand la fonction f est dérivable jusqu'à un ordre quelconque on dit qu'elle est *analytique*.

On peut alors écrire

$$f(x) = f(0) + f'(0)x + f''(0)\frac{x^2}{2!} + ... + f^{(n)}(0)\frac{x^n}{n!} + ... \qquad (4.24)$$

C'est au moins vrai pour $x = 0$. C'est généralement vrai pour toutes les valeurs de x dans un voisinage autour de 0, c'est-à-dire sur un segment ouvert de la forme $0 \leq |x| < R$. Le nombre R s'appelle le *rayon de convergence* de la série (4.24).

Il y a plusieurs résultats importants à retenir pour nous concernant les fonctions analytiques :

1. Si une fonction f est analytique au point $x = 0$ alors elle a un développement en série entière avec un rayon de convergence qui peut être un nombre positif non nul, ou seulement $R = 0$, ou à l'inverse « R égale plus l'infini », c'est-à-dire que la série (4.19) converge sur tout $\mathbb{R}$.
2. Si une fonction f est analytique au point 0, elle n'y a qu'un seul développement en série entière. C'est sa série de Taylor donnée par la formule (4.24).

9. Autour d'un point a quelconque la formule (4.23) devient

$$f(x) \approx f(a) + f'(a)(x-a) + f''(a)\frac{(x-a)^2}{2!} + ... + f^{(n)}(a)\frac{(x-a)^n}{n!}$$

mais, comme on l'a dit, on va se limiter au développement autour de zéro, car on s'intéresse à la série entière formée avec des monômes $a_n x^n$.

3. Si le rayon de convergence d'une série entière est un nombre positif R non nul, alors en chacun des deux points $x = R$ et $x = -R$ la série peut converger ou pas.
4. Résultat particulièrement important : Si le rayon de convergence d'une série entière est un nombre positif R non nul, alors sur n'importe quel segment fermé $[a,\ b]$ inclus dans $]-R,\ +R[$ la série entière représentant $f(x)$ est uniformément convergente.

On a vu dans le chapitre précédent et on a rappelé plus haut que si une série entière converge uniformément alors on peut l'intégrer terme et à terme. En outre, sur un segment où la série de ses dérivées converge uniformément, on peut la dériver terme à terme.

Exemples de séries entières

Commençons par trois exemples pour éclairer la notion de rayon de convergence

$$1 + \frac{x}{1!} + \frac{x^2}{2!} + \frac{x^3}{3!} + \ldots$$

$$1 + x + 2!x^2 + 3!x^3 + \ldots$$

$$1 + x + \frac{x^2}{2} + \frac{x^3}{3} + \ldots$$

Le premier exemple est le développement en série de la fonction exponentielle e^x. Le rayon de convergence est infini, i.e. la série converge sur tout $\mathbb{R}$. Elle converge uniformément sur tout segment fermé de $\mathbb{R}$.

Le deuxième exemple est une série qui ne converge que pour $x = 0$. Son rayon de convergence est nul.

Le rayon de convergence du troisième exemple est égal à 1. La série converge pour n'importe quel x dont la valeur absolue est strictement inférieure à 1. Elle converge pour $x = -1$; elle diverge pour $x = 1$. Et elle diverge pour n'importe quel x dont la valeur absolue est strictement supérieure à 1. C'est le développement en série entière de $1 - \ln(1 - x)$, voir ci-dessous.

Fonction sinus : La fonction $f(x) = \sin x$ est analytique sur tout son domaine. Ses dérivées successives sont

$$f' = \cos x \quad f'' = -\sin x \quad f^{(3)} = -\cos x \quad f^{(4)} = \sin x \quad \ldots$$

Au point 0, elles ont pour valeurs

$$1 \quad 0 \quad -1 \quad 0 \quad 1 \quad 0 \quad -1 \quad \ldots$$

Le développement de Taylor de $\sin x$ est donc

$$\sin x = x - \frac{x^3}{3!} + \frac{x^5}{5!} - \frac{x^7}{7!} + \frac{x^9}{9!} - ... \tag{4.25}$$

Cette série est uniformément convergente sur n'importe quel segment borné de $\mathbb{R}$. On peut donc l'intégrer terme à terme.

En outre la série formée par ses dérivées est aussi uniformément convergente. On peut donc la dériver terme à terme.

Cela nous conduit par différents chemins vers le développement de la fonction $\cos x$.

<u>Fonction cosinus</u> : Le développement de Taylor de $\cos x$ est donc

$$\cos x = 1 - \frac{x^2}{2!} + \frac{x^4}{4!} - \frac{x^6}{6!} + \frac{x^8}{8!} - ... \tag{4.26}$$

Elle a un rayon de convergence infini.

<u>Fonction $f(x) = 1/(1-x)$</u> : C'est la série géométrique

$$\frac{1}{1-x} = 1 + x + x^2 + x^3 + ... \tag{4.27}$$

Son rayon de convergence est 1. Mais la série ne converge ni pour $x = 1$ ni pour $x = -1$.

<u>Fonction $\ln(1+x)$</u> : Le domaine de définition de la fonction logarithme népérien est $]0, +\infty[$. En 0 elle a une asymptote verticale (elle plonge vers moins l'infini), donc ça n'a pas de sens de développer $\ln x$ au point $x = 0$. Et revanche on peut tout à fait le faire en $x = 1$. Voilà pourquoi on regarde la fonction $\ln(1+x)$ en $x = 0$.

Ses dérivées successives sont

$$f' = \frac{1}{1+x} \quad f'' = -\frac{1}{(1+x)^2} \quad f^{(3)} = \frac{2!}{(1+x)^3} \quad f^{(4)} = -\frac{3!}{(1+x)^4} \quad \cdots$$

Au point 0, elles ont pour valeurs

$$1 \quad -1 \quad 2! \quad -3! \quad 4! \quad ...$$

Le développement de Taylor de $\ln(1+x)$ est donc

$$\ln(1+x) = x - \frac{x^2}{2} + \frac{x^3}{3} - \frac{x^4}{4} + ... \tag{4.28}$$

Son domaine de convergence est $]-1, +1]$. Pour $x = +1$ on obtient $\ln 2$. Pour $x = -1$, la série naturellement diverge.

Terminons par une fonction qui surprend la première fois qu'on la rencontre. C'est la fonction binomiale avec un exposant qui peut être nombre réel quelconque.

Fonction binomiale avec un exposant quelconque :

$$f(x) = (1+x)^\alpha \tag{4.29}$$

Son développement en série est

$$(1+x)^\alpha = 1 + \alpha x + \frac{\alpha(\alpha-1)}{2!}x^2 + \frac{\alpha(\alpha-1)(\alpha-2)}{3!}x^3 + ... \tag{4.30}$$

Cela surprend la première fois qu'on rencontre cette formule car on pensait peut-être que les coefficients binomiaux se limitaient aux nombres entiers positifs. Mais on peut très bien les définir avec un nombre réel quelconque (positif ou négatif) en haut :

$$\binom{\alpha}{k} = \frac{\alpha(\alpha-1)(\alpha-2)...(\alpha-k+1)}{k!} \tag{4.31}$$

Le rayon de convergence de (4.30) est 1.

Exercice 4.5 : Montrer que le développement en série entière de la fonction $\arctan x$ est

$$\arctan x = x - \frac{x^3}{3} + \frac{x^5}{5} - \frac{x^7}{7} + \frac{x^9}{9} - ... \tag{4.32}$$

Quel est son rayon de convergence ?

Note : Ne pas confondre ce développement (4.32) avec celui de $\ln(1+x)$ donné par la formule (4.28).

Illustration de la convergence d'une série entière

C'est une chose de connaître les formules des séries entières comme

$$f(x) = a_0 + a_1 x + a_2 x^2 + ... + a_n x^n + ... \tag{4.33}$$

leur rayon de convergence, éventuellement les résultats et critères qui leur donnent un sens, et maîtriser l'epsilonite pour les manier rigoureusement.

Ça en est une autre de sentir concrètement comment la suite des sommes partielles d'une série entière approxime de mieux en mieux la fonction définie par la série entière sur le domaine de convergence de la série.

L'objectif de cette section est de montrer cela pour la fonction $\ln(1+x)$ dont la série entière est donnée par la formule (4.28).

Regardons la fonction $\ln(1+x)$ et les trois polynômes

$$p_1(x) = x$$

$$p_3(x) = x - \frac{x^2}{2} + \frac{x^3}{3}$$

$$p_6(x) = x - \frac{x^2}{2} + \frac{x^3}{3} - \frac{x^4}{4} + \frac{x^5}{5} - \frac{x^6}{6}$$

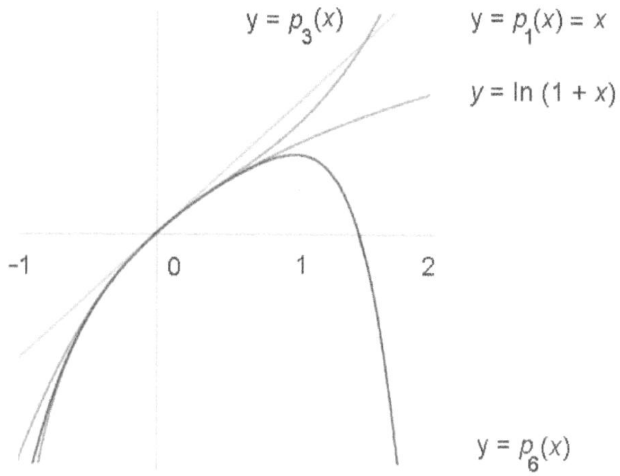

Figure 4.4 : Approximation de $\ln(1+x)$ sur son domaine de convergence par $p_1(x)$, $p_3(x)$ et $p_6(x)$.

Le polynôme $p_1(x)$ est simplement la tangente à $\ln(1+x)$ en $x = 0$. Le polynôme $p_3(x)$, comme tous les polynômes du 3e degré va de moins l'infini à plus l'infini ; il approxime $\ln(1+x)$ relativement bien. Le polynôme $p_6(x)$ est une excellente approximation de $\ln(1+x)$ sur tout le domaine de convergence de la série de Taylor de $\ln(1+x)$, c'est-à-dire entre -1 et $+1$.

Exercice 4.6 : On considère les fonctions dont les séries entières sont données par les formules (4.25), (4.27) et (4.30). Faire une étude graphique comparable à ce qu'on a fait plus haut de l'approximation par les polynômes égaux aux premières sommes partielles des séries entières.

Aide : On pourra reprendre en le modifiant le tableur utilisé pour la figure 4.4, disponible ici : `https://lapasserelle.com/documents/etude_ln_1_plus_x.ods`, ou n'importe quel logiciel de graphisme mathématique plus évolué.

Exercice 4.7 : Quelle est la surface sous la courbe de

$$y = \ln(1+x)$$

entre 0 et 1 ?

Et quelle est la surface sous la courbe du polynôme

$$y = x - \frac{x^2}{2} + \frac{x^3}{3} - \frac{x^4}{4} + \frac{x^5}{5} - \frac{x^6}{6}$$

entre les mêmes bornes ?

Aide : Montrer que la primitive de $\ln(1+x)$ est

$$(1+x)(\ln(1+x) - 1) + c$$

Il y a encore beaucoup d'autres choses à savoir sur les séries de fonctions. Le lecteur et la lectrice les apprendront s'ils continuent à faire des mathématiques à l'université ou dans les grandes écoles pour devenir ingénieur, physicien ou mathématicien.

Suggestions de lecture

ALEXANDROV Alexandre, KOLMOGOROV Andreï & LAVRENTIEV Mikhaïl, *Mathématiques*, volumes 1, 2 et 3, Les Éditions du Bec de l'Aigle, 2020-2021.

Cours d'Alain CAMANES, chapitre sur les séries entières (niveau maths sup) :
`https://acamanes.github.io/psi/psi_doc/chap_e09.pdf`

Leçon 5 :
Nombres complexes

Avant de présenter les nombres complexes dans le style de nos ouvrages (histoire, découverte, manipulations, propriétés), pour mettre un peu de fantaisie dans notre livre amusons-nous à les présenter à la manière d'un livre d'algèbre moderne et aride.

Définition de l'ensemble des nombres complexes et ses opérations

La structure algébrique des nombres complexes consiste en l'ensemble produit $\mathbb{R} \times \mathbb{R}$, c'est-à-dire l'ensemble des paires (a, b) où a et b sont des nombres réels, muni de deux opérations :

1. La première opération, notée avec le signe $+$, est appelée l'addition :
$$(a, b) + (c, d) = (a + c, b + d) \tag{5.1}$$
2. La deuxième opération, notée avec le signe $\times$, est appelée la multiplication ou le produit :
$$(a, b) \times (c, d) = (ac - bd, bc + ad) \tag{5.2}$$

Observons que le produit de l'élément $(0, 1)$ par lui-même donne

$$(0, 1) \times (0, 1) = (-1, 0) \tag{5.3}$$

Cette propriété jouera un rôle important dans la suite, etc.

Certains livres démarrent effectivement leur présentation des nombres complexes comme cela :-)

Il est laissé au soin des lecteurs et des lectrices de se forger une conception plus concrète de ces nombres. Parfois une bonne âme leur a parlé de la notation $a + ib$, et ils traduisent les paires (a, b) en les nombres $a + ib$, avec $i^2 = -1$.

Les mathématiciens qui suivent la présentation ci-dessus le font du reste aussi – sans le dire.

Alors passons maintenant à notre style de présentation.

Histoire de la découverte des nombres complexes

Les hommes et les femmes utilisent les nombres entiers naturels positifs depuis au moins le paléolithique supérieur (-50 000 ans). Sans l'exprimer sous cette forme moderne, qui date du XVIe siècle, ils savaient résoudre des équations comme

$$3 + x = 8$$

et aussi

$$8 - x = 3$$

quand le nombre auquel il fallait arriver était plus petit que le nombre auquel il fallait soustraire une quantité inconnue.

Ils savaient faire des multiplications

$$5 \times 9 = 45$$

encore une fois, pas du tout notées comme ça.

De même que l'addition conduit naturellement à l'opération inverse, la soustraction, la multiplication conduit à l'opération inverse, la division.

Dès la Haute Antiquité, en Babylonie et en Égypte, on avait élaboré le concept de nombre fractionnaire, d'abord des fractions de l'unité. Par exemple en divisant 1 par 5 on obtenait un nombre qu'on appelait un cinquième. On le notait de diverses manières. C'est seulement au cours du deuxième millénaire de notre ère qu'on s'est mis à le noter $\frac{1}{5}$.

Les fractions ont la particularité qu'elles ont pour nom et pour notation le résultat d'une opération. Le nombre $\frac{35}{6}$ est le résultat de la division de 35 par 6. Mais, après tout, quatre-vingt-dix-huit est aussi un nombre nommé par le résultat d'une opération. Il est en revanche noté comme tous les autres nombres avec la représentation décimale positionnelle qui obéit à des règles strictes.

Les nombres négatifs sont apparus progressivement à partir du XIIIe siècle, quand les chiffres indo-arabes et la notation décimale ont commencé, très lentement, à se répandre en Occident. C'était la conséquence en particulier du début de l'utilisation de la comptabilité en partie double [1] en Europe.

C'est le moment de rouvrir notre livre de sixième et cinquième pour réviser les nombres entiers et les fractions, leurs noms, leurs notations et les opérations arithmétiques.

1. Voir le livre de François Lebon, *Comptabilité générale*, Les Éditions du Bec de l'Aigle, 2021.

Résumons où nous en étions vers 1500.

On savait résoudre l'équation

$$a + x = b \tag{5.4}$$

et l'équation

$$ax = b \tag{5.5}$$

où a et b étaient n'importe quels nombres entiers, relatifs ou rationnels, c'est-à-dire en notation moderne $\mathbb{N}$, $\mathbb{Z}$ et $\mathbb{Q}$, avec

$$\mathbb{N} \subset \mathbb{Z} \subset \mathbb{Q}$$

On savait aussi résoudre depuis longtemps des équations du second degré. Rappelons brièvement l'histoire.

Vers la fin du VIe siècle av. J.-C., l'école de Pythagore, à Crotone dans le sud de l'Italie, avait découvert le théorème de Pythagore, qui énonce que dans un triangle rectangle le carré de l'hypoténuse est égal à la somme des carrés des deux autres côtés. Ce faisant elle avait aussi découvert les irrationnels. Nous en avons souvent parlé et nous n'allons pas y revenir.

L'ensemble $\mathbb{Q}$ avait donc été élargi à l'ensemble $\mathbb{R}$.

$$\mathbb{Q} \subset \mathbb{R}$$

À vrai dire les Babyloniens connaissaient déjà, de manière plus ou moins claire, depuis un millier d'années le théorème de Pythagore. On trouve aussi des références aux « triplets pythagoriciens »[2], sinon au théorème de Pythagore dans sa forme parlant de surfaces, en Égypte au deuxième millénaire avant notre ère.

Les Babyloniens de l'Ancien Empire (c. -1900, c. - 1600) savaient même résoudre des équations du second degré comme

$$x^2 + x = \frac{3}{4}$$

Et ils donnaient la méthode pour calculer la solution sous une forme étonnamment proche de celle moderne pour l'équation trinôme générale

$$ax^2 + bx + c = 0 \tag{5.6}$$

à savoir

$$x = \frac{-b \pm \sqrt{b^2 - 4ac}}{2a} \tag{5.7}$$

2. Ce sont les triplets de nombres entiers n, m, p, tels que $n^2 + m^2 = p^2$.

En 1500 on savait donc aussi résoudre les équations du second degré. On savait qu'elles avaient des solutions ou pas selon que le discriminant $\sqrt{b^2 - 4ac}$ était positif ou nul, ou négatif. S'il était positif, il y avait deux solutions distinctes. S'il était nul, il y avait une seule solution double. S'il était négatif il n'y avait pas de solution.

Au début du XVIIe siècle, la géométrie analytique de Descartes donna une interprétation lumineuse de ce fait à l'aide de la position de la parabole $y = ax^2 + bx + c$ par rapport à l'axe des x.

Au début du XVIe siècle, les mathématiciens italiens cherchaient à résoudre de la même manière l'équation du troisième degré

$$ax^3 + bx^2 + cx + d = 0 \tag{5.8}$$

À l'aide d'un changement de variable élémentaire de la forme $z = x - \alpha$, c'est-à-dire une translation, et d'une division par a, ils la transformaient en l'équation réduite

$$z^3 + pz + q = 0 \tag{5.9}$$

Le mathématicien Scipione del Ferro (1465, 1526) sut la résoudre, mais ne publia pas sa solution. La solution ci-dessous est due à Niccolò Tartaglia (1499, 1557) qui vraisemblablement retrouva la méthode de del Ferro.

Tartaglia introduisit une astuce géniale : il remplaça l'inconnue unique z, par *deux inconnues* u et v telles que $z = u+v$. Cela paraît absurde, mais cela permet d'ajuster une contrainte supplémentaire sur u et v à notre convenance. Tartaglia imposa ainsi $uv = -\frac{p}{3}$. Cela lui permit, avec un peu d'algèbre sur l'équation (5.9), de parvenir au système

$$\begin{cases} u^3 + v^3 = -q \\ u^3v^3 = -\dfrac{p^3}{27} \end{cases} \tag{5.10}$$

C'est un résultat élémentaire de montrer que x_1 et x_2 satisfont

$$\begin{cases} x_1 + x_2 = -b \\ x_1x_2 = c \end{cases} \tag{5.11}$$

si et seulement si ce sont les deux solutions de l'équation trinôme

$$x^2 + bx + c = 0$$

Tartaglia en déduisit que u^3 et v^3 devaient être les deux solutions de

$$x^2 + qx - \frac{p^3}{27} = 0$$

c'est-à-dire

$$u^3 = -\frac{q}{2} + \sqrt{\frac{q^2}{4} + \frac{p^3}{27}}, \quad v^3 = -\frac{q}{2} - \sqrt{\frac{q^2}{4} + \frac{p^3}{27}} \tag{5.12}$$

Finalement, puisque $z = u + v$, on obtient comme solution de (5.9)

$$z = \sqrt[3]{-\frac{q}{2} + \sqrt{\frac{q^2}{4} + \frac{p^3}{27}}} + \sqrt[3]{-\frac{q}{2} - \sqrt{\frac{q^2}{4} + \frac{p^3}{27}}} \tag{5.13}$$

Cette formule porte le nom de formule de Cardan, car il l'a publiée dans son livre *Ars magna* en 1545, après que Tartaglia la lui eut expliquée – à la condition que Cardan la garde secrète...

Le formule (5.13) a clairement un sens quand $\frac{q^2}{4} + \frac{p^3}{27} \geq 0$, car on peut alors prendre sa racine carrée. Celle-ci apparaît dans les deux racines cubiques. Les racines cubiques ne posent pas de problème, car on peut toujours prendre la racine cubique d'un nombre même négatif. En revanche dans $\mathbb{R}$ on ne peut prendre que les racines carrées de nombres positifs ou nuls, car le carré d'un nombre réel est toujours positif ou nul.

Par exemple, résolvons l'équation

$$z^3 + 9z + 12 = 0 \tag{5.14}$$

On a $\frac{q^2}{4} + \frac{p^3}{27} = 63$. La formule (5.13) donne $z \approx -1,16$. Le graphe de $y = z^3 + 9z + 12$ est

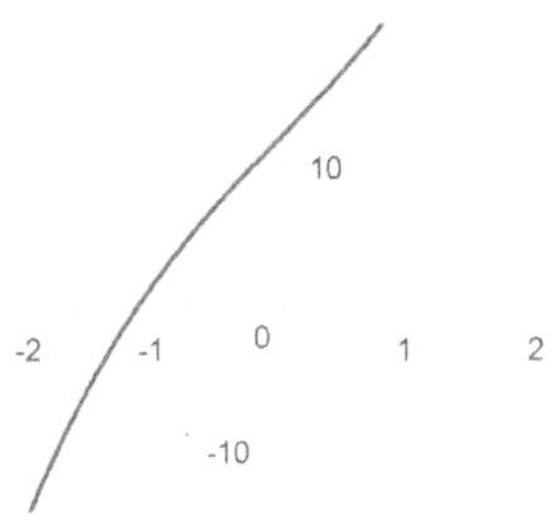

Figure 5.1 : Graphe de $y = z^3 + 9z + 12$, échelle des ordonnées dix fois plus petite que celles des abscisses.

Les mathématiciens du XVIe siècle avaient diverses méthodes pour savoir que l'équation (5.14) n'avait pas d'autres solutions. Avec la représentation cartésienne, on voit que le point d'inflexion de la courbe, i.e. l'endroit à partir duquel sa pente recommence à croître est aux alentours de $z = 0$.

> **Exercice 5.1** : En utilisant le calcul différentiel qu'on a appris l'année dernière, montrer que l'abscisse du point d'inflexion est exactement $z = 0$.

Donc l'équation (5.14) n'a qu'une seule racine. On l'a trouvée. Tout va bien.

Problème avec la formule de Cardan

En fait, tout ne va pas aussi bien que ça. En effet, les mathématiciens italiens ont essayé la formule (5.13) avec beaucoup d'équations. Et ils se sont rendu compte qu'elle marchait même quand elle ne devrait pas ! Par exemple, ils l'ont utilisée pour l'équation

$$x^3 - 15x - 4 = 0 \tag{5.15}$$

Dans ce cas, on a $\frac{q^2}{4} + \frac{p^3}{27} = -121$. A priori la formule de Cardan ne peut pas être utilisée. On avait l'habitude avec les équations du second degré que parfois les formules (5.7) ne pussent pas être utilisées. Mais c'était quand l'équation trinôme (5.6) n'avait pas de solution du tout. Quand la géométrie analytique fut mise au point, cela correspondait au cas où la parabole $y = ax^2 + bx + c$ ne coupait pas l'axe des x. Tout était encore clair.

Cependant la courbe $y = x^3 - 15x - 4$ coupe l'axe des x en trois points. Autrement dit l'équation $x^3 - 15x - 4 = 0$ a trois solutions.

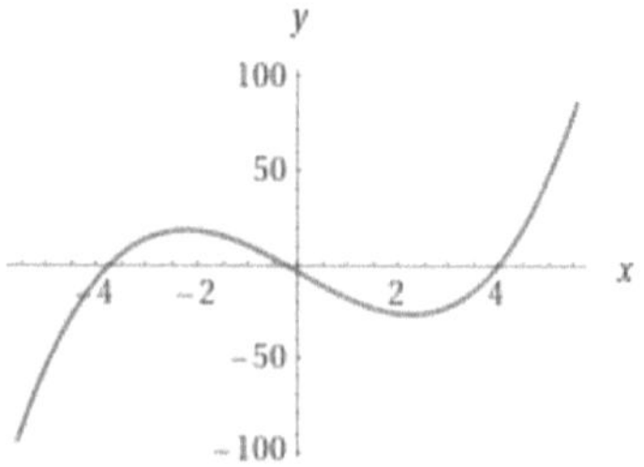

Figure 5.2 : Graphe de $y = x^3 - 15x - 4$.

Se pourrait-il que la formule de Cardan ne s'applique pas ? Mais sa construction est algébriquement impeccable. On peut d'ailleurs l'introduire dans l'équation (5.9). En faisant tous les calculs algébriques formellement, en considérant que le carré de $\sqrt{-1}$ vaut -1, on peut voir que $z^3 + pz + q$ vaut bien zéro.

Se pourrait-il, à l'inverse, que la formule de Cardan marche ? En la simplifiant un peu, toujours formellement, elle vaut

$$\sqrt[3]{2 + 11 \times \sqrt{-1}} + \sqrt[3]{2 - 11 \times \sqrt{-1}} \tag{5.16}$$

Le problème, c'est la racine carrée de -1. Le nombre donné par (5.16) pourrait-il être égal à l'une des trois racines réelles qu'on voit sur la fig. 5.2 ? Les mathématiciens n'avaient pas cette courbe, mais ils savaient – c'est facile à vérifier – que l'équation avait trois racines

$$\begin{aligned} x_1 &= -2 - \sqrt{3} \\ x_2 &= -2 + \sqrt{3} \\ x_3 &= 4 \end{aligned}$$

Tout cela laissait perplexe. C'est Raffaele Bombelli (1526, 1572) qui déclara le plus clairement, en substance : « Considérons que la formule (5.13) est vraie même quand $\frac{q^2}{4} + \frac{p^3}{27} < 0$. Faisons, désormais, tous nos calculs algébriques en incorporant quand c'est nécessaire le nombre $\sqrt{-1}$ qui a la propriété que son carré est égal à -1. »

Bombelli est ainsi parfois crédité de l'invention des nombres complexes dont nous allons voir que la forme générale est

$$z = x + y\sqrt{-1} \tag{5.17}$$

où x et y sont des nombres réels. On montra en particulier que l'expression (5.16) valait 4.

Au vrai les mathématiciens restèrent très circonspects avec ces nouveaux nombres pendant des décennies. Mais l'utilisation du nombre $\sqrt{-1}$ – que rapidement on dénota simplement i pour « imaginaire » – permettait de faire toutes sortes de calculs qui ne débouchaient sur aucune contradiction. Mieux que cela, les nombres complexes se révélaient très utiles.

L'histoire de l'introduction des nombres complexes est exactement parallèle à celle de l'introduction des nombres négatifs dans les calculs trois siècles plus tôt. Les praticiens se sont mis à utiliser les nombres négatifs de manière pragmatique [3]. Les mathématiciens sont restés très circonspects pendant des siècles. Encore à la fin du XVIe siècle, Viète utilisait les nombres négatifs dans ses calculs intermédiaires, mais s'arrangeait pour qu'ils disparaissent des résultats finaux. En 1600 on ne donnait ordinairement que les racines positives des équations.

Mais l'acceptation des nombres complexes fut relativement rapide. À la fin du XVIIe siècle, on avait compris qu'ils permettaient de représenter toutes les solutions de toutes les équations algébriques, même si on ne comprenait pas encore bien pourquoi. La clarification complète des nombres complexes prit un siècle, grosso modo entre 1700 et 1800. Mais leur utilisation pour résoudre toutes sortes de problèmes de mathématiques et de physique n'attendit pas aussi longtemps, et ils étaient d'usage courant au XVIIIe siècle.

Avant de passer à la présentation des propriétés des nombres complexes, concluons cette section historique en disant que dès 1600, les différents types de nombres qu'on connaissait permettaient de résoudre toutes les équations ci-dessous :

$$\begin{aligned} a + x &= b \\ ax &= b \\ x^2 &= b \end{aligned}$$

quels que soient les nombres réels a et b.

On comprit rapidement, vers 1700, qu'on pouvait résoudre n'importe quelle équation algébrique avec des coefficients réels ou complexes,

$$a_0 + a_1x + a_2x^2 + ... + a_nx^n = 0 \tag{5.18}$$

même si encore une fois la théorie des nombres complexes dût attendre environ 1800 pour devenir propre, impeccable et ne comportant plus aucune obscurité.

Les hommes s'étaient dotés de nouveaux nombres, comme ils l'avaient déjà fait avec les nombres entiers naturels au paléolithique, les fractions sous les Babyloniens, les nombres irrationnels avec Pythagore, et les nombres négatifs au début du second millénaire de notre ère.

3. En ce qui concerne les nombres négatifs, on peut dire que ce sont même les praticiens qui les ont inventés dans la comptabilité en partie double. Tandis que les nombres complexes ont indiscutablement été inventés par des mathématiciens avant de servir à quoi que ce soit.

L'ensemble des nombres complexes, comme l'on sait, est dénoté $\mathbb{C}$ et on peut encore étendre les inclusions présentées page 81 :

$$\mathbb{N} \subset \mathbb{Z} \subset \mathbb{Q} \subset \mathbb{R} \subset \mathbb{C}$$

Définition et propriétés des nombres complexes

Un nombre complexe est un objet de la forme

$$x + iy \tag{5.19}$$

où i est une création ayant la propriété que

$$i^2 = -1 \tag{5.20}$$

et x et y sont des nombres réels.

De même que les nombres réels sont souvent notés avec les lettres x ou y, les nombres complexes sont souvent notés avec les lettres z ou w. On utilisera aussi les lettres a, b, c, etc. Le contexte permettra de savoir si on parle de nombres réels ou de nombres complexes.

Les nombres complexes, on l'a dit, ont longtemps laissé les mathématiciens intrigués, voire suspicieux que ce n'étaient pas de vrais objets mathématiques[4]. Ce n'est qu'au XIXe siècle qu'on a clairement compris que la notion de « vrai objet mathématique », par opposition à je ne sais quoi, faux objet, objet qui n'existe pas, objet dénué de sens, était une notion inutile. En effet jusqu'au XVIIe siècle inclus les mathématiciens pensaient que les objets avec lesquels ils travaillaient étaient des représentations idéalisées, épurées, de choses concrètes qu'on pouvait voir dans la nature, des lignes droites, des triangles, des cercles, ou des nombres clairs comme les nombres entiers et ceux qui en dérivaient directement.

On a suffisamment dit que les nombres irrationnels avaient déstabilisé les membres de l'école de Pythagore.

Un premier pas vers l'abstraction avait été franchi avec les relations et les fonctions qui étaient devenues des objets mathématiques légitimes, alors qu'on ne peut pas « voir » une relation. Mais ça restait quand même relativement concret ou en tout cas compréhensible – ne serait-ce qu'avec l'invention de la géométrie analytique qui permettait de dessiner une relation.

---

4. On trouvait encore il y a quelques années des livres se voulant sérieux avec un titre du genre *Les nombres complexes n'existent pas*. Ils étaient de la même farine que ceux prétendant donner une démonstration de la quadrature du cercle, ou présentant les aspects magiques du nombre d'or.

Les nombres complexes furent un saut dans l'abstraction et l'inconnu bien plus important. D'ailleurs même les appeler des *nombres* semblait contestable.

Les nombres complexes n'ont pas peu contribué à conduire les mathématiciens vers la compréhension que ce sur quoi ils travaillaient d'une manière générale était des *structures* d'objets avec des axiomes et des règles. Les mathématiciens se sont éloignés au XIXe siècle du souci de parler de la nature. Paradoxalement, c'est aussi le siècle où les physiciens employant les nouveaux outils très abstraits de la boîte à outils mathématique, les nombres complexes, la géométrie non euclidienne, les espaces vectoriels construits sur les complexes, les structures non commutatives, ont fait des découvertes stupéfiantes : l'électricité, le magnétisme, la thermodynamique, et un peu plus tard la relativité et la mécanique quantique.

C'est d'ailleurs parce que les mathématiques étaient devenues très abstraites qu'Eugène Wigner a pu en 1960 s'étonner qu'elles marchent si bien pour décrire et agir sur la nature, aient « une efficacité déraisonnable » a-t-il dit.

Les nombres complexes étaient donc dès le départ des créatures incompréhensibles, et certainement pas des nombres ordinaires. On les a d'abord appelés « nombres imaginaires ». C'est Carl Friedrich Gauss (1777, 1855) qui a proposé le nom « nombre complexe » car il avait bien compris qu'ils n'étaient en réalité (sic) pas plus imaginaires que 1, 2 ou 3. C'était ni plus ni moins des objets servant à décrire le monde, comme les nombres entiers. Ils étaient simplement plus complexes.

Comme on les appelait des nombres, ne serait-ce qu'à cause de la façon dont on les avait découverts, on chercha longtemps, pendant les deux siècles et demi entre leur invention ou découverte et la fin du XVIIIe siècle, à les représenter, à leur trouver une description géométrique comme les nombres ordinaires de $\mathbb{N}$ à $\mathbb{R}$ sont tous disposés sur la droite des nombres. On en trouva une, comme le lecteur et la lectrice le savent sans doute. Nous allons y venir.

Opérations algébriques

Il y a au sein de l'ensemble des nombres complexes les deux opérations que sont l'addition et la multiplication. Les nombres complexes obéissent pour l'addition et la multiplication aux mêmes règles algébriques que les nombres ordinaires de $\mathbb{N}$ à $\mathbb{R}$.

Le nombre i est traité comme un autre nombre, ou un paramètre, et l'expression $x + iy$ est traitée comme le serait $a + bc$, où a, b et c sont réels.

En particulier le nombre i est traité par l'associativité et la commutativité de l'addition et de la multiplication, et la distributivité de la multiplication sur l'addition, comme un autre nombre. Ainsi on a

$$x + iy + u + iv = x + u + i(y + v) \tag{5.21}$$

et

$$(x + iy) \times (u + iv) = xu - yv + i(yu + xv) \tag{5.22}$$

On a vu que par définition $i^2 = -1$. Noter qu'on a aussi $(-i)^2 = -1$. De même que les nombres réels, les nombres complexes ont deux racines carrées opposées l'une de l'autre.

Il y a un nombre complexe nul, noté 0. On aurait pu aussi le noter $0 + i0$, mais on a sagement jugé que c'eût été ridicule.

Deux nombres complexes $x + iy$ et $u + iv$ sont égaux si et seulement si $x = u$ et $y = v$. Cela se démontre en observant que si $x + iy = u + iv$ alors $x - u = i(v - y)$. On peut prendre le carré de chaque côté puis faire passer le membre de droite vers la gauche, on obtient $(x - u)^2 + (v - y)^2 = 0$. Cette expression, qui ne fait intervenir que des nombres réels, est égale à zéro si et seulement $x - u = 0$ et $y - v = 0$.

Quand on ajoute le nombre complexe nul à un nombre complexe $x + iy$ on obtient encore $x + iy$. Et quand on multiplie le nombre complexe nul, c'est-à-dire 0, par $x + iy$ on obtient 0.

Dans le langage de la théorie des groupes, 0 est encore l'élément neutre pour l'addition. De même 1 est encore l'élément neutre pour la multiplication. Nous parlerons des structures algébriques dans deux leçons. Nous verrons que, comme l'ensemble des réels $\mathbb{R}$, l'ensemble des complexes $\mathbb{C}$ est un groupe pour l'addition et aussi pour la multiplication. Tous deux sont des corps algébriques. C'est aussi le cas de $\mathbb{Q}$, alors que ce n'est pas le cas de $\mathbb{N}$ ni $\mathbb{Z}$.

Le corps $\mathbb{C}$ est en outre un corps complet au sens algébrique du terme, c'est-à-dire que toute équation polynomiale y a une solution. L'équation polynomiale emblématique de $\mathbb{C}$ est $z^2 + 1 = 0$, qui a deux solutions dans $\mathbb{C}$, alors qu'elle n'en a pas dans $\mathbb{R}$.

Étant donné que $\mathbb{C}$ est un groupe pour la multiplication, on peut toujours diviser un nombre complexe par un nombre complexe non nul, on obtient un autre nombre complexe. On peut le vérifier de la manière suivante :

$$\frac{x + iy}{u + iv} = \frac{(x + iy)(u - iv)}{(u + iv)(u - iv)} = \frac{xu + yv}{u^2 + v^2} + i\,\frac{yu - xv}{u^2 + v^2} \tag{5.23}$$

Terminologie : Soit le nombre complexe $z = x + iy$.

Le nombre réel x s'appelle la partie réelle de z, et iy s'appelle sa partie imaginaire.

Le nombre $\sqrt{x^2 + y^2}$ s'appelle le module ou la norme de z. On l'appelle aussi parfois sa valeur absolue, et on note $|z| = \sqrt{x^2 + y^2}$.

Le nombre $x - iy$ s'appelle le complexe conjugué de z. Les mathématiciens le notent souvent $\bar{z}$. Les physiciens emploient surtout la notation z^*.

Propriété : le produit zz^* est le carré du module de z. C'est aussi le carré du module de z^*.

Représentation des nombres complexes

En 1799, le mathématicien danois Caspar Wessel (1745, 1818) a suggéré d'utiliser une représentation dans le plan quadrillé : à chaque complexe $a + ib$, on associe tout simplement le point de coordonnées (a, b), ou si l'on préfère le vecteur de composantes (a, b). L'article dans lequel il a exposé cette idée est passé inaperçu de la communauté des mathématiciens. Gauss y avait pensé aussi mais ne l'avait pas publié. Le mathématicien Jean-Robert Argand (1768, 1822) a eu la même idée peu après Wessel, et aujourd'hui on parle du « plan d'Argand » pour la représentation dans le plan des nombres complexes.

Par exemple, le nombre complexe $4 + 3i$ est représenté par le point M ci-dessous :

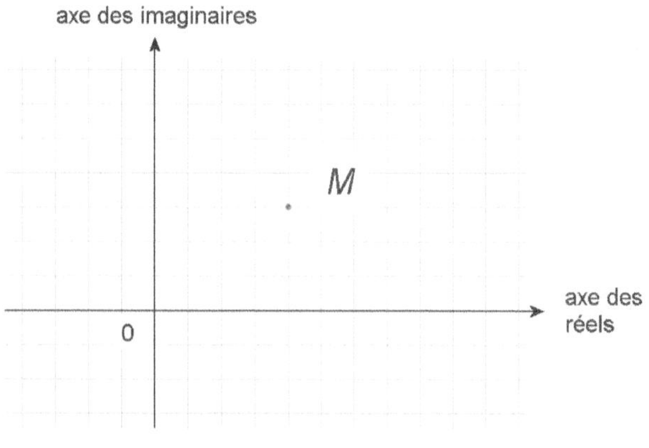

Figure 5.3 : Représentation du nombre complexe $4 + 3i$ par le point M dans le plan d'Argand.

Une partie des propriétés des nombres complexes sont simplement des propriétés banales des vecteurs dans le plan, et d'autres propriétés sont inattendues.

L'addition de deux nombres complexes correspond à l'addition de deux vecteurs. Il n'y a pas grand-chose de plus à en dire. Retourner étudier les espaces vectoriels que nous avons présentés dans nos livres de seconde et de première si nécessaire.

La multiplication de deux nombres complexes est plus intéressante.

Interprétation géométrique de la multiplication de deux nombres complexes

La multiplication de deux nombres complexes est une fonction qui à tout couple de nombres complexes associe un troisième nombre complexe. Mais la similitude avec les opérations sur les vecteurs s'arrête là.

Pour les vecteurs on a défini un produit, nommé produit scalaire (voir notre leçon sur le produit scalaire en première) qui à tout couple de vecteurs associe un nombre réel (c'est-à-dire un scalaire). Il existe aussi une autre fonction qui à tout couple de vecteurs associe un troisième vecteur, mais il est dans l'espace à trois dimensions, perpendiculaire aux deux premiers vecteurs. Cette fonction est appelée produit vectoriel. Elle sert beaucoup en physique, en particulier en mécanique et en électromagnétisme. Ni l'une ni l'autre cependant ne correspond au produit des nombres complexes.

Le produit de deux nombres complexes, d'un point de vue algébrique, n'a pas de mystère. On a vu plus haut mais répétons-le pour nous familiariser avec les diverses notations :

$$(a + ib)(c + id) = ac - bd + i(bc + ad)$$

Il n'a pas de mystère, mais il a une interprétation géométrique admirable.

Pour la comprendre, commençons par un lemme.

Lemme : *Soit u et v deux nombres complexes*[5]*. Alors le module du produit uv est égal au produit des modules de u et de v :*

$$|uv| = |u|.|v| \tag{5.24}$$

5. Attention, ici u et v ne sont plus respectivement la partie réelle et la partie imaginaire d'un nombre complexe. Ce sont chacun un nombre complexe avec une partie réelle et une partie imaginaire.

Démonstration : Soit $u = a + ib$ et $v = c + id$. Alors on a

$$uv = ac - bd + i(bc + ad)$$

Donc on a aussi

$$\begin{aligned}|uv|^2 &= (ac - bd)^2 + (ad + bc)^2 \\ &= (ac)^2 - 2acbd + (bd)^2 + (ad)^2 + 2adbc + (bc)^2\end{aligned}$$

Les termes $-2acbd$ et $+2adbc$ s'éliminent. On arrive à

$$\begin{aligned}|uv|^2 &= (a^2 + b^2)(c^2 + d^2) \\ &= |u|^2|v|^2\end{aligned}$$

C.Q.F.D.

On notera au passage que ça démontre aussi que si deux nombres entiers A et B sont chacun somme de deux carrés (prendre $A = a^2 + b^2$ et $B = c^2 + d^2$), alors leur produit est aussi un entier somme de deux carrés : $AB = (ac - bd)^2 + (ad + bc)^2$. C'est une observation qu'avait faite le mathématicien grec Diophante, qui vivait à Alexandrie au nord de l'Égypte au IIIe siècle après J.-C. Quant à nous, nous utilisons cette identité pour des réels positifs quelconques. Mais l'invention des nombres complexes devait attendre encore quelques siècles après Diophante.

Regardons la multiplication de $m = 3,2 + i0,8$ par $u = 1,5 + i0,5$.

$$\begin{aligned}um &= 3,2 \times 1,5 - 0,8 \times 0,5 + i(3,2 \times 0,5 + 1,5 \times 0,8) \\ &= 4,4 + i2,8\end{aligned}$$

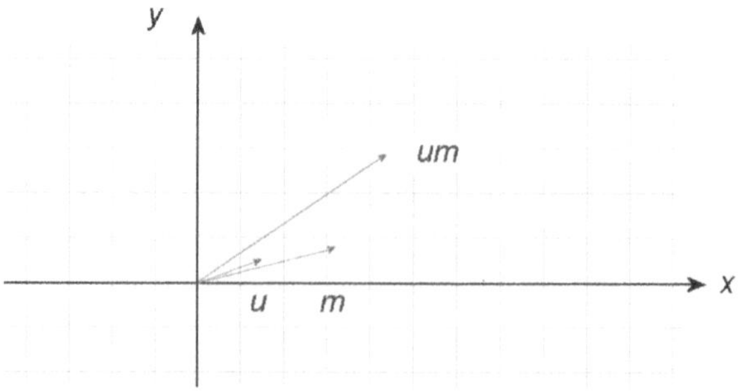

Figure 5.4 : Produit de $m = 3,2 + i0,8$ par $u = 1,5 + i0,5$.

On voit que le produit um, qui est égal à $4,4+i2,8$, a un module plus long que m et fait un angle plus grand avec l'axe des réels.

> **Exercice 5.2** : Quels sont les modules de u, m et um ?
>
> En utilisant la trigonométrie, trouver quels sont les angles que font avec l'axe des x les nombres u, m et um ?
>
> *Aide* : Utiliser la fonction arcsin, ou arccos ou arctan.

Dans la seconde moitié du XVIe siècle, le mathématicien François Viète (1540, 1603) étudiait l'identité établie par Diophante. Et il l'interprétait comme une sorte de « produit de triangles rectangles » :

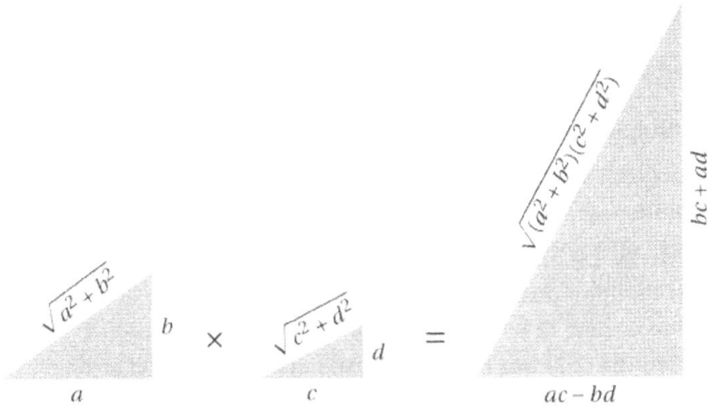

Figure 5.5 : Étude du « produit de triangles rectangles » par Viète. Source : John Stillwell, *Yearning for the Impossible*, A.K. Peters, Ltd, 2006, page 36.

Viète s'aperçut et démontra que l'angle en bas à gauche du grand triangle est la somme des angles en bas à gauche des deux petits triangles.

Démonstration (avec des méthodes modernes) du résultat de Viète :

Considérons un nombre complexe u quelconque fixé, non nul, et étudions la multiplication par u.

Soit deux nombres complexes n et m. Appelons n' et m' les résultats de la multiplication de n et de m par u. Alors on a montré que

$$|n' - m'| = |u(n-m)| = |u|.|n-m| \tag{5.25}$$

C'est-à-dire que le vecteur correspondant à $n - m$ est transformé en un vecteur dont la norme a été multipliée par $|u|$.

Regardons le cas où le module de u est 1, ce que l'on note $|u| = 1$.

Dans ce cas, la transformation dans le plan qui consiste à multiplier par u préserve toutes les distances. De plus le point $(0,0)$, ou de manière équivalente le nombre complexe 0, reste invariant.

Une transformation qui maintient tout le plan rigide, et un point fixe, est une rotation (combinée éventuellement avec un retournement du plan par une symétrie axiale).

Il est facile de voir ici, en choisissant deux complexes n et m particuliers, qu'il n'y a pas de symétrie axiale, qui inverserait le sens des figures.

Donc *la multiplication par u est une rotation autour du point O.*

Quelle rotation ?

Eh bien, observons que le vecteur $(1,0)$, qui correspond au nombre complexe 1, est transformé en le vecteur correspondant à u. Donc il s'agit d'une rotation d'un angle égal à l'angle que fait u avec l'axe des réels.

C.Q.F.D.

Résumé : Théorème sur la multiplication des nombres complexes

La multiplication d'un nombre complexe $u = a + ib$ par un autre nombre complexe $v = c + id$, produit un troisième nombre complexe qui a pour module le produit des modules de u et v, et pour angle avec l'axe des réels la somme des angles avec l'axe des réels de $a+ib$ et de $c + id$.

Cas particuliers :

1. Quand $u = i$, la multiplication par u opère une rotation de 90° dans le sens positif (= sens contraire des aiguilles d'une montre) dans le plan d'Argand.
2. Quand $u = 1 + i$, la multiplication par u opère une rotation de 45° combinée avec une élongation de $\sqrt{2}$.

Exercice 5.3 : Multiplier $1/2 + i\sqrt{3}/2$ par $\sqrt{3}/2 + i/2$. Vérifier que le résultat est purement « imaginaire » (c.-à-d. de partie réelle nulle) et de module 1.

Expliquer pourquoi à l'aide de la géométrie des triangles équilatéraux et du résultat de Viète.

Représentation trigonométrique des nombres complexes

On dit aussi représentation *polaire* des nombres complexes.

Soit un nombre complexe

$$u = a + ib \tag{5.26}$$

Notons r son module, et θ l'angle qu'il fait avec l'axe des réels.

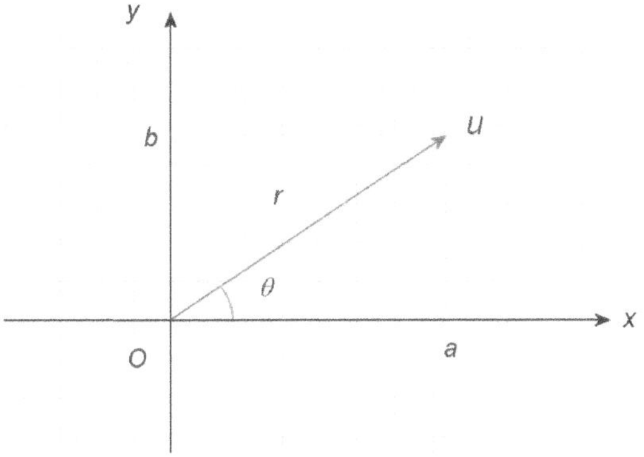

Figure 5.6 : Nombre complexe avec composantes trigonométriques : partie réelle $= r\cos\theta$, partie imaginaire $= r\sin\theta$ [6].

La formule (5.26) peut aussi s'écrire

$$u = r(\cos\theta + i\sin\theta) \tag{5.27}$$

Terminologie : on a vu que r s'appelle le module de u. L'angle θ s'appelle son argument.

6. Parfois on appelle « partie imaginaire » le nombre $ir\sin\theta$, parfois simplement le nombre $r\sin\theta$. Ça ne devrait pas créer de confusion.

Formules trigonométriques pour la somme de deux angles

Prenons deux nombres complexes u et v chacun de module 1. Alors si θ est l'argument de u, et ϕ l'argument de v, on a

$$\begin{aligned} u &= \cos\theta + i\sin\theta \\ v &= \cos\phi + i\sin\phi \end{aligned} \tag{5.28}$$

On dispose maintenant de deux façons d'écrire le produit de u et v, avec l'algèbre élémentaire des nombres complexes, et avec le résultat de Viète.

Par l'algèbre élémentaire on a

$$uv = \cos\theta\cos\phi - \sin\theta\sin\phi + i(\cos\theta\sin\phi + \sin\theta\cos\phi) \tag{5.29}$$

Et par le résultat de Viète on a

$$uv = \cos(\theta + \phi) + i\sin(\theta + \phi) \tag{5.30}$$

Étant donné qu'un nombre complexe ne peut pas avoir deux parties réelles différentes, ni deux parties imaginaires différentes, on a démontré en trois coups de cuiller à pot que

$$\begin{cases} \cos(\theta + \phi) = \cos\theta\cos\phi - \sin\theta\sin\phi \\ \sin(\theta + \phi) = \cos\theta\sin\phi + \sin\theta\cos\phi \end{cases} \tag{5.31}$$

Conclusion

L'une des raisons pour lesquelles les physiciens et les mathématiciens ont tout de suite beaucoup utilisé les nombres complexes, dès le XVIIe siècle, bien avant d'avoir complètement élucidé tous leurs mystères, est, comme la démonstration ci-dessus l'illustre, qu'ils simplifient considérablement la vie.

On va voir aussi en algèbre que l'équation $ax^2 + bx + c = 0$ a toujours deux solutions. On n'a plus à se soucier de discriminant. Et toute équation polynomiale de degré n a n racines.

Paradoxalement l'étude des fonctions et plus généralement l'analyse est plus simple avec les nombres complexes qu'avec les nombres réels. On verra que les fonctions $z \to f(z)$ de l'ensemble $\mathbb{C}$ des nombres complexes vers $\mathbb{C}$, même si elles sont plus difficiles à visualiser, sont plutôt plus simples que les fonctions de $\mathbb{R}$ vers $\mathbb{R}$.

Les nombres complexes jouent un rôle fondamental aussi en physique. En physique classique ils sont indispensables en électromagnétisme En physique quantique les états d'un système sont des éléments d'un espace vectoriel sur le corps des complexes.

Et bien d'autres merveilles nous attendent dans les années qui viennent.

Suggestions de lecture

`https://en.wikipedia.org/wiki/Complex_number#History` et

`https://en.wikipedia.org/wiki/History_of_mathematical_notation`

STILLWELL John, *Yearning for the Impossible*, A.K. Peters, Ltd, 2006.

Leçon 6 :
Première visite de $\mathbb{C}$, théorème de d'Alembert

Nous sommes comme des personnes qui viennent d'acquérir un vaste nouveau domaine.

Rappelons-nous ce que nous avons dit dans la leçon précédente : $\mathbb{C}$ est à de nombreux égards la première *vraie abstraction mathématique* que nous rencontrons depuis que nous sommes entrés à l'école, il y a une douzaine d'années pour les lecteurs et les lectrices qui sont en classe de terminale.

Cette leçon a pour but de faire une sorte de premier rapide tour du propriétaire.

Nous ne verrons qu'une toute partie partie de notre nouveau domaine. Mais cela donnera, nous l'espérons, une première idée de ce qu'on pourra y faire.

Représentation géométrique

Nous étions habitués à étudier des nombres à l'aide de la droite des réels, et des fonctions de $\mathbb{R}$ vers $\mathbb{R}$ à l'aide du plan. Par exemple, dans le chapitre précédent nous avons vu la fonction $y = x^3+9x+12$ et la fonction $y = x^3 - 15x - 4$. Les voici représentées à nouveau :

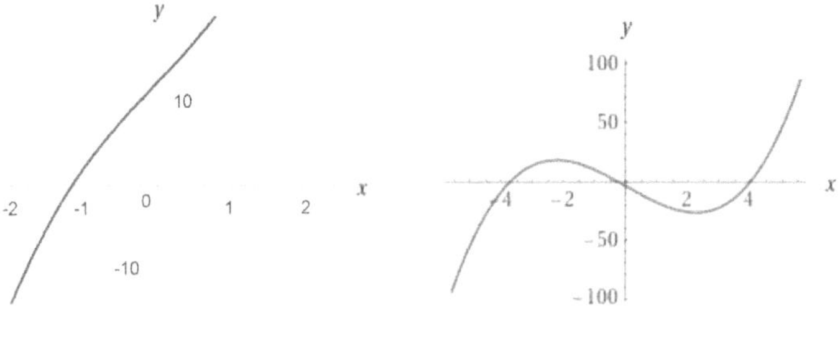

Figure 6.1 : Fonctions $y = x^3 + 9x + 12$ et $y = x^3 - 15x - 4$

À droite on voit les trois racines réelles de l'équation $x^3 - 15x - 4 = 0$. À gauche on voit la racine réelle unique de $x^3 + 9x + 12 = 0$.

Mais l'équation $x^3 + 9x + 12 = 0$ a aussi des racines complexes qu'on ne voit pas, tandis que l'équation $x^3 - 15x - 4 = 0$ n'a pas d'autres racines que les trois réelles qu'on voit grâce au graphe de $y = x^3 - 15x - 4$.

Dans cette leçon, nous allons montrer que toute équation polynomiale

$$a_n x^n + a_{n-1} x^{n-1} + ... + a_1 x + a_0 = 0 \qquad (6.1)$$

où les coefficients a_i sont réels ou complexes, a toujours exactement n racines dans $\mathbb{C}$, en comptant au besoin plusieurs fois les racines multiples. Sans faire référence encore à ce théorème, il est facile de montrer que l'équation $x^3 + 9x + 12 = 0$ a trois racines dont deux que la figure 6.1 ne révèle pas. On connaît sa racine réelle $x_1 \approx -1,16$ grâce à la formule de Cardan. Alors le théorème de Descartes (voir la leçon II.10 de notre livre de mathématiques de 4e et 3e) nous dit qu'on peut écrire

$$x^3 + 9x + 12 = (x - x_1)(ax^2 + bx + c) \qquad (6.2)$$

On sait même que le trinôme $ax^2 + bx + c$ n'a pas de racines réelles. Donc $b^2 - 4ac < 0$. Cela ne nous empêche plus d'écrire que les deux autres racines de $x^3 + 9x + 12$ sont

$$x_2 = \frac{-b + \sqrt{b^2 - 4ac}}{2a}$$

et

$$x_3 = \frac{-b - \sqrt{b^2 - 4ac}}{2a}$$

Ce sont deux racines complexes. Elles sont même conjuguées.

Exercice 6.1 : Montrer que

$$x_2 \approx 0,58 + i3,16$$

et

$$x_3 \approx 0,58 - i3,16$$

Maintenant pour représenter visuellement les trois racines de $x^3 + 9x + 12 = 0$ nous avons besoin de tout le plan complexe.

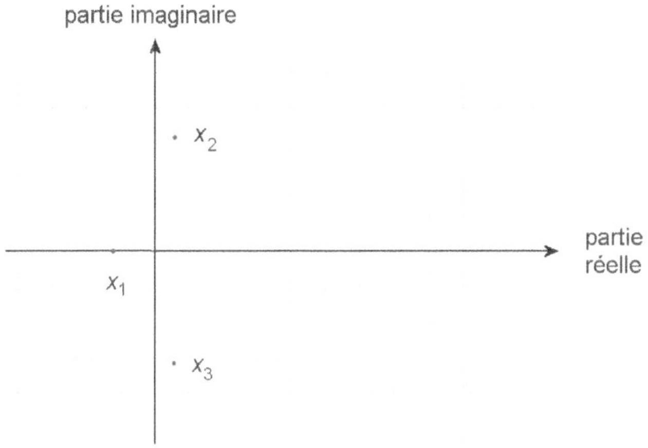

Figure 6.2 : Les trois racines de $x^3 + 9x + 12 = 0$ représentées dans le plan complexe, appelé aussi plan d'Argand.

Et nous ne pouvons plus représenter simplement à l'aide de la géométrie analytique de Descartes une fonction de $\mathbb{C}$ vers $\mathbb{C}$. Parfois pour « montrer » une fonction de $\mathbb{C}$ vers $\mathbb{C}$, nous utiliserons le schéma suivant

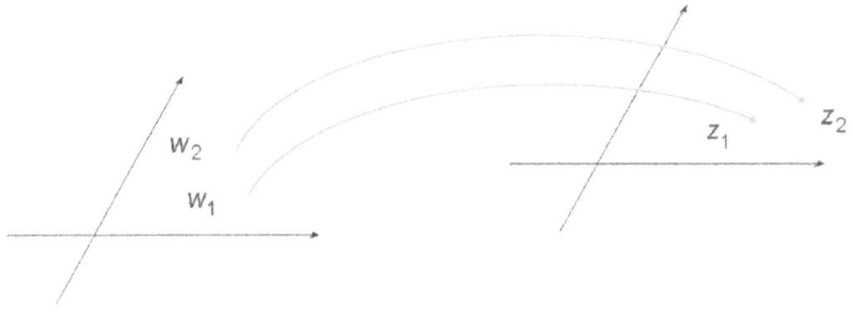

Figure 6.3 : Schéma pour suggérer une fonction de $\mathbb{C}$ vers $\mathbb{C}$. Pour une fonction f, il montre des valeurs dans le plan complexe d'origine et les valeurs par f dans le plan complexe image.

Sur la figure 6.3 on montre que $w_1 = 7 + 2i$ a pour image $z_1 = f(w_1) = 7 + 2i$, et $w_2 = 5 + 4i$ pour image $z_2 = f(w_2) = 9 + 3i$.

C'est suggestif, mais ça n'a plus du tout la structure géométrique qu'avait par exemple la parabole $y = x^2$ représentée dans $\mathbb{R}^2$ qui permettait de faire directement des constructions et raisonnements géométriques sur les coniques.

On pourra toutefois encore faire des raisonnements géométriques, mais dans le plan complexe d'origine d'un côté, et dans le plan complexe image de l'autre. Il faudra s'y habituer.

Alors pour commencer à s'y habituer, examinons de premières équations complexes dans le plan complexe.

Racines de l'unité

Par le terme un peu elliptique de « racines de l'unité », nous voulons dire les racines dans $\mathbb{C}$ de l'équation

$$z^n = 1 \tag{6.3}$$

où n est un paramètre entier.

Quand $n = 2$, l'équation a deux racines, toutes deux réelles : $z_1 = 1$ et $z_2 = -1$. Il n'est pas nécessaire de passer dans $\mathbb{C}$ pour étudier l'équation (6.3).

Mais ce n'est plus vrai quand $n \geq 3$.

Quelles sont dans $\mathbb{C}$ les racines de l'équation suivante ?

$$z^3 = 1 \tag{6.4}$$

On sait qu'il y a une racine réelle. C'est évidemment $z_1 = 1$. Par le théorème de Descartes, on peut donc factoriser le polynôme $z^3 - 1$ en

$$z^3 - 1 = (z - 1)(az^2 + bz + c) \tag{6.5}$$

Nous sommes maintenant dans le plan complexe, mais la démonstration du théorème de Descartes s'applique encore. La nature des objets avec lesquels on construit des polynômes ne joue en effet aucun rôle tant qu'on peut effectuer des additions et des multiplications avec ces objets.

On touche là à un des aspects étranges des mathématiques abstraites dans lesquelles on a pénétré pour de bon avec les nombres complexes : les mathématiques consistent en des raisonnements et des résultats sur des *structures d'objets* au sein desquelles on effectue des *opérations*.

De manière naturelle, ou par commodité, on appelle souvent une opération l'addition, une autre la multiplication. Mais c'est plus ou moins arbitraire. On peut faire des opérations sur des objets qui ne sont pas des nombres : des fonctions, des vecteurs, des matrices, etc. Les nombres complexes sont encore appelés des nombres, à cause de leur origine clairement numérique, mais c'est déjà davantage une convention que quelque chose d'indiscutable. En tout cas ils sont indiscutablement abstraits, on ne peut pas voir des complexes aussi clairement que des réels, même si le plan d'Argand nous aide.

Pour conclure ce commentaire sur la vraie abstraction en mathématiques, rappelons que la seule chose qu'on demande aux mathématiques, c'est de représenter des phénomènes issus de la nature. Ça peut être une position ; c'est assez concret tant que c'est une position repérée par un nombre réel. Ça peut être une température ; c'est encore relativement concret – quand on met par mégarde sa main sur une plaque chauffante allumée à la cuisine :-) Ça peut être une énergie ; mais qui a déjà « vu » une énergie ?

Revenons à notre polynôme exprimé par la formule (6.5). On sait sans faire de longs calculs quelles sont les valeurs de a, b et c :

$$z^3 - 1 = (z-1)(z^2+z+1) \tag{6.6}$$

Examinons le polynôme $z^2 + z + 1$. Il n'a pas de racines réelles. C'est ce qu'on appelle un polynôme irréductible dans $\mathbb{R}$.

On va être capable de trouver ses deux racines complexes sans faire le moindre calcul, en appliquant simplement le résultat de Viète qu'on a établi dans la leçon précédente :

Le produit de deux nombres complexes de modules respectifs r_1 et r_2 et d'arguments θ_1 et θ_2 est le nombre complexe de module $r_1 r_2$ et d'argument $\theta_1 + \theta_2$.

Considérons le cercle trigonométrique dans le plan complexe

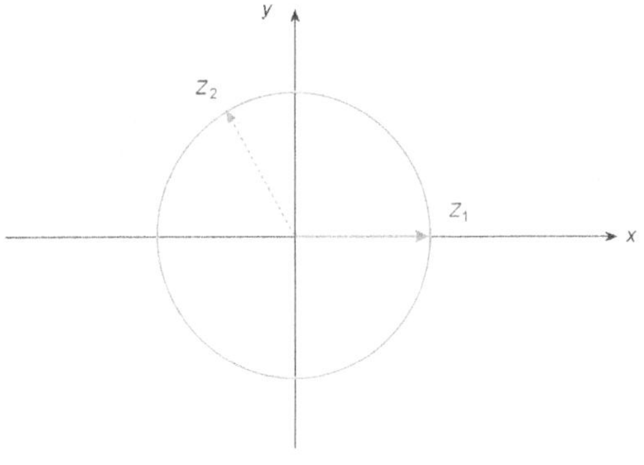

Figure 6.4 : Cercle trigonométrique dans le plan complexe.

On a dessiné $z_1 = 1$ et $z_2 = \cos\frac{2\pi}{3} + i\sin\frac{2\pi}{3}$. Alors il est clair que $(z_2)^2$ produit son symétrique par rapport à l'axe des réels. Et $(z_2)^3$ donne à nouveau z_1, c'est-à-dire 1.

On voit que les deux racines complexes de l'équation (6.4) sont

$$\begin{aligned} z_2 &= -\frac{1}{2} + i\frac{\sqrt{3}}{2} \\ z_3 &= -\frac{1}{2} - i\frac{\sqrt{3}}{2} \end{aligned} \tag{6.7}$$

Exercice 6.2 : Quelles sont les quatre racines de l'équation

$$z^4 - 1 = 0 \tag{6.8}$$

Exercice 6.3 : Quelles sont les six racines de l'équation

$$z^6 - 1 = 0 \tag{6.9}$$

Exercice 6.4 : Construisez une équation dans l'ensemble des complexes dont vous pouvez trouver les solutions par inspection visuelle dans le plan d'Argand.

Géométrie et topologie dans $\mathbb{C}$

Une bonne partie de ce que l'on connaît de $\mathbb{R}$ se généralise directement à $\mathbb{C}$:

- Il y a des points, des distances entre points.
- On peut étudier des suites et des séries de nombres.
- La notion de convergence est comparable dans $\mathbb{R}$ et dans $\mathbb{C}$.
- On peut étudier des suites et des séries de fonctions dans $\mathbb{C}$.
- La notion de continuité est comparable.

En revanche la notion de dérivée présente un caractère particulier. La définition de la dérivabilité d'une fonction dans $\mathbb{C}$ est à première vue la même que dans $\mathbb{R}$:

Une fonction f de $\mathbb{C}$ vers $\mathbb{C}$ est dérivable au point z_0, si la limite suivante existe

$$\lim_{z \to z_0} \frac{f(z) - f(z_0}{z - z_o} \tag{6.10}$$

On l'appelle alors $f'(z_0)$.

Il y a en réalité une différence importante avec la définition de la dérivabilité d'une fonction réelle (voir la leçon 5 de notre livre de première). Dans $\mathbb{R}$ il n'y a que deux façons de s'approcher d'un point x_0 : par la droite ou par la gauche. Tandis que dans $\mathbb{C}$ on peut prendre toutes sortes de chemins pour s'approcher d'un point donné z_0. Or on veut que $f'(z_0)$ ne dépende pas du chemin qu'on prend.

Dans $\mathbb{R}$ une fonction est dérivable en x_0 si elle est continue et « lisse » en x_0, fig. 6.5.

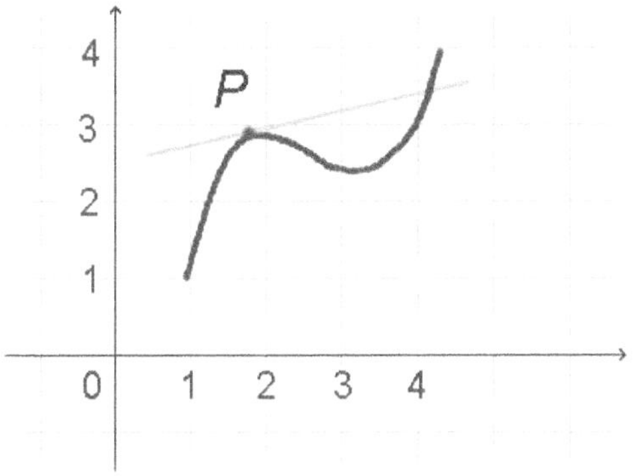

Figure 6.5 : Soit un point P de coordonnées $(x_0, f(x_0))$. Pour être dérivable en x_0 la fonction réelle f a simplement besoin d'être continue et « lisse » en x_0.

Cela ne se traduit pas simplement par une propriété comparable dans $\mathbb{C}$.

Dans $\mathbb{C}$, la dérivabilité de f au point z_0 impose des contraintes « géométriques » nettement plus fortes sur f au point où on veut la dériver.

On les appelle les *conditions de Cauchy-Riemann*. Elles font intervenir les dérivées partielles en x et en y (si $z = x + iy$) des parties réelle et imaginaire P et Q de f (c'est-à-dire si $f = P + iQ$).

Nous n'avons pas parlé l'année dernière des dérivées partielles. Le concept est simple, si une fonction réelle f dépend de plusieurs variables réelles, par exemple x et y, alors le taux de variation local en $(x_0,\ y_0)$ quand on fait varier x tout en maintenant $y = y_0$ s'appelle la dérivée partielle de f par rapport à x en $(x_0,\ y_0)$.

On note ce taux de variation en (x_0, y_0) :

$$\frac{\partial f}{\partial x}(x_0, y_0) \quad \text{ou} \quad f'_x(x_0, y_0)$$

et on définit ainsi une nouvelle fonction « dérivée partielle par rapport à x » de deux variables réelles x et y. Il y a la même chose quand on dérive seulement par rapport à y. On peut d'ailleurs étudier une dérivée partielle dans une direction linéaire quelconque dans $\mathbb{R}^2$ de la fonction réelle $f(x, y)$ au point $(x_0,\ y_0)$.

Mais tout cela n'est pas la même chose que la dérivée d'une fonction complexe dans $\mathbb{C}$. Nous n'allons pas étudier la dérivabilité d'une fonction complexe. C'est un sujet pour l'université.

On peut aussi calculer des intégrales avec des fonctions complexes. Elles sont définies sur un chemin. La théorie de l'intégration des fonctions complexes a été développée au départ par Cauchy. C'est une théorie très intéressante, très belle et très puissante. Par exemple, le calcul de la portance d'une aile d'avion dans un écoulement d'air se fait à l'aide de l'analyse complexe (différentiation et intégration complexe) [1].

Terminons cette section sur ce qui se généralise et ce qui ne se généralise pas directement à $\mathbb{C}$, en parlant des séries entières.

Exactement comme dans $\mathbb{R}$, les séries entières dans $\mathbb{C}$ ont un rayon de convergence. Sur un domaine fermé (l'analogue d'un segment fermé) à l'intérieur du rayon de convergence, la série entière converge uniformément.

Cela nous conduit naturellement à parler de la fonction exponentielle complexe.

---

1. On en trouvera une présentation dans le livre d'Alexandrov, Kolmogorov et Lavrentiev, *Mathématiques*, volume 2, Les Éditions du Bec de l'Aigle, 2021, chapitre IX. Ce chapitre a été écrit par Mstislav V. Keldych (1911, 1978), qui était le chef scientifique du programme spatial soviétique au milieu du XXe siècle quand les Soviétiques ont lancé le satellite Spoutnik (1957) puis réalisé le premier vol habité dans l'espace (1961) – poussant les Américains à se lancer le défi d'aller sur la Lune et lançant la conquête spatiale. Le point important à noter est qu'en Union soviétique à cette époque les grands professeurs étaient aussi de grands scientifiques qui participaient concrètement à des programmes appliqués. Cela rend leurs cours très clairs et sans pédanterie.

Fonction exponentielle complexe

On a vu que la fonction exponentielle réelle a le développement en série entière

$$e^x = 1 + \frac{x}{1!} + \frac{x^2}{2!} + \frac{x^3}{3!} + ... \tag{6.11}$$

C'est même sa définition principale. La série (6.11) est convergente sur tout $\mathbb{R}$, et uniformément convergente sur n'importe quel segment fermé $[a,\ b]$.

Il y a d'autres définitions de e^x. L'une d'elles est que c'est la solution de l'équation différentielle

$$f' = f \tag{6.12}$$

qui satisfait aussi $f(0) = 1$. Les équations différentielles sont un sujet pour l'université.

Une autre définition est

$$e^x = \lim_{n\to\infty} \left(1 + \frac{x}{n}\right)^n \tag{6.13}$$

On peut de même définir l'exponentielle d'un nombre complexe. La définition la plus courante est l'extension à $\mathbb{C}$ de (6.11) :

$$e^z = 1 + \frac{z}{1!} + \frac{z^2}{2!} + \frac{z^3}{3!} + ... \tag{6.14}$$

Cette fonction a les propriétés habituelles de la fonction exponentielle. En particulier elle a celle fondamentale

$$e^{z_1} e^{z_2} = e^{z_1 + z_2} \tag{6.15}$$

C'est un exercice de manipulation des séries entières uniformément convergentes de le démontrer. Cela n'a rien de particulièrement difficile, mais c'est un peu « messy » sur le plan des notations et calculs, et nous allons l'omettre [2].

La fonction exponentielle complexe conduit naturellement à la fonction logarithme complexe. Cette dernière est plus compliquée que la fonction logarithme réelle. Elle est notée Ln z ou L(z) au

2. La propriété (6.15) est démontrée dans le chapitre cité dans la note de bas de page précédente.

lieu de $\ln x$. Sa principale caractéristique est qu'elle est multivaluée. Cela résulte du fait que la fonction exponentielle complexe est périodique avec la période complexe $2\pi i$, c'est-à-dire que

$$e^{z+2\pi i} = e^z \tag{6.16}$$

Nous n'allons pas étudier cela en détail, mais nous allons montrer un résultat fondamental de la fonction exponentielle complexe qu'à notre avis il est bon de connaître dès la classe de terminale, au moins pour la culture.

Si le nombre complexe z a pour partie réelle x et pour partie imaginaire y, c'est-à-dire si $z = x + iy$, alors

$$\begin{cases} e^z = e^{x+iy} = e^x e^{iy} \\ e^{iy} = \cos y + i \sin y \end{cases} \tag{6.17}$$

On démontre la deuxième formule en développant en série entière e^{iy}. D'après la définition (6.14), on a

$$e^{iy} = 1 + iy + \frac{(iy)^2}{2!} + \frac{(iy)^3}{3!} + \frac{(iy)^4}{4!} + \frac{(iy)^5}{5!} + ...$$

Compte tenu du fait que $i^2 = -1$, cela donne une série de termes alternant la présence de i ou pas, et le signe + ou le signe − :

$$e^{iy} = 1 + iy - \frac{y^2}{2!} - i\frac{y^3}{3!} + \frac{y^4}{4!} + i\frac{y^5}{5!} + ...$$

La convergence uniforme de la série entière nous permet de ranger les termes en deux séries infinies qu'on additionne.

$$e^{iy} = \left(1 - \frac{y^2}{2!} + \frac{y^4}{4!} + ...\right) + i\left(y - \frac{y^3}{3!} + \frac{y^5}{5!} + ...\right) \tag{6.18}$$

La partie réelle de (6.18) est égale à $\cos y$ et la partie imaginaire à $\sin y$. Donc

$$e^{iy} = \cos y + i \sin y \tag{6.19}$$

C.Q.F.D.

Terminons cette section d'initiation à l'exponentielle complexe par un résultat à connaître. Si on prend $z = 0 + i\pi$, autrement dit $y = \pi$, la formule (6.19) devient

$$e^{i\pi} = -1 \tag{6.20}$$

qui ravissait les mathématiciens du XVIIIe siècle.

Théorème de d'Alembert

Il porte aussi le nom de théorème fondamental de l'algèbre, car il est effectivement fondamental.

Théorème de d'Alembert : *On considère une fonction polynomiale de $\mathbb{C}$ vers $\mathbb{C}$, à coefficients complexes quelconques, de degré n*

$$p(z) = a_n z^n + a_{n-1} z^{n-1} + ... + a_1 z + a_0 \tag{6.21}$$

Alors l'équation $p(z) = 0$ a au moins une racine complexe z_0. Et on peut écrire

$$p(z) = (z - z_0)q(z) \tag{6.22}$$

où $q(z)$ est un polynôme de degré $n - 1$.

À première vue, on pourrait croire que c'est simplement le théorème de Descartes reformulé dans l'ensemble des complexes. Mais c'est beaucoup plus puissant. Le théorème de Descartes dit que *si on a une racine*, alors on peut factoriser le polynôme. Mais il ne dit pas qu'on a toujours une racine. Du reste dans $\mathbb{R}$ on sait bien qu'un polynôme de degré pair peut ne pas avoir de racine réelle. Le théorème de d'Alembert, lui, dit qu'un polynôme a toujours une racine complexe. Et il y en a même forcément exactement n, certaines pouvant éventuellement être multiples.

Comme c'est un théorème fondamental, les mathématiciens ont particulièrement travaillé dessus. Et comme pour le théorème de Pythagore, ils en ont donné de nombreuses démonstrations [3].

3. J'en profite pour donner une démonstration particulièrement simple du théorème de Pythagore que je n'ai pas mentionnée dans le livre de 4e et 3e, et qui me plaît beaucoup. Soit un triangle ABC rectangle en C quelconque.

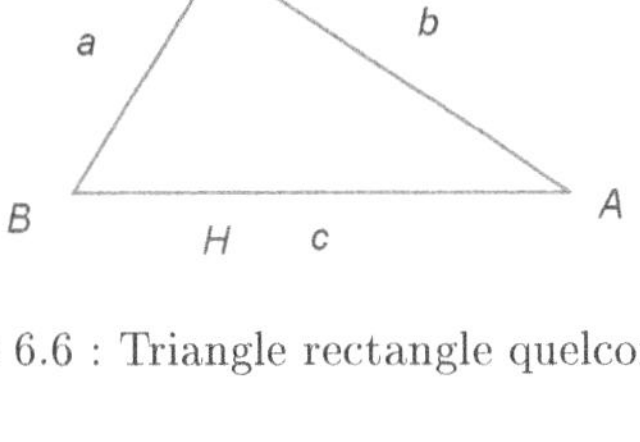

Figure 6.6 : Triangle rectangle quelconque.

Appelons S sa surface, S_1 celle de BCH et S_2 celle de HCA. On a $S = S_1 + S_2$. Observons que S est une certaine proportion du carré de côté BA, mettons $S = \lambda c^2$. Étant donné qu'ils ont la même forme que ABC, les triangles BCH et HCA satisfont aussi $S_1 = \lambda a^2$ et $S_2 = \lambda b^2$. Il en résulte que $a^2 + b^2 = c^2$.

Démonstration du théorème de d'Alembert[4] :

Nous en donnons les étapes principales sans rentrer dans tous les détails d'epsilonite et de topologie élémentaire.

1. On considère la fonction $y = |p(z)|$, c'est-à-dire le module du polynôme (6.21). Il s'agit d'une fonction de $\mathbb{C}$ vers $\mathbb{R}$ et elle est toujours positive. Elle définit donc une surface au-dessus du plan complexe.
2. Cette surface est continue : quand z tend vers z_0, $y(z)$ tend vers $y(z_0)$.
3. Quand $|z|$ devient très grand, le module de $p(z)$ aussi. Pour une fonction de $\mathbb{R}$ vers $\mathbb{R}$ on verrait cela comme la croissance vers plus l'infini par exemple de $y = x^2$ quand $|x|$ devient très grand. Pour une fonction de $\mathbb{C}$ vers $\mathbb{R}$, qu'on peut visualiser comme une fonction de $\mathbb{R}^2$ vers $\mathbb{R}$, c'est comme une nappe qui se lève vers plus l'infini quand on s'éloigne du point $z = 0$ dans n'importe quelle direction, voir fig. 6.8 p. 112.
4. Il existe donc un disque de rayon R autour de $z = 0$ et un nombre positif k tels que $|z| > R$ implique $y > k$ et $|z| \leq R$ implique $y \leq k$.
5. À l'intérieur du disque de rayon R, la fonction $y = |p(z)|$ a un minimum quelque part, qui n'est pas sur le bord du disque (si on a pris R suffisamment grand). Appelons z_0 le point à l'intérieur du disque correspondant à ce minimum.
6. Alors, en vertu du lemme de d'Alembert qu'on va démontrer ci-dessous, $p(z_0) = 0$.

Lemme de d'Alembert : *Soit une fonction polynomiale $p(z)$ de $\mathbb{C}$ vers $\mathbb{C}$. Supposons qu'en un point α, $p(z)$ soit différent de zéro. Alors il existe une direction telle qu'en s'éloignant de α dans cette direction $|p(z)|$ commence par diminuer.*

Le lemme est vrai pour une classe de fonctions plus vaste que les polynômes. Il porte en anglais le nom de Minimum modulus principle. Soit une fonction analytique sur un domaine ouvert connexe de $\mathbb{C}$. Son module ne peut pas avoir de minimum local qui ne soit pas égal à zéro.

Démonstration du lemme de l'Alembert : C'est de l'analyse minutieuse de ce qui se passe autour de α. Reproduisons la démonstration donnée par Boris Delaunay dans le chapitre IV, intitulé Théorie des équations algébriques, du volume 1 de l'ouvrage *Mathématiques* d'Alexandrov, Kolmogorov et Lavrentiev déjà mentionné.

4. Elle peut être omise par les élèves en terminale.

Considérons le polynôme [5]

$$f(\alpha+h) = a_0(\alpha+h)^n + a_1(\alpha+h)^{n-1} + ... + a_{n-1}(\alpha+h) + a_n$$

On peut le voir comme un polynôme des deux variables α et h. Réarrangeons-le en puissances croissantes de h. Dans ce polynôme il y aura un terme qui ne contient aucune puissance de h. C'est

$$a_0\alpha^n + a_1\alpha^{n-1} + ... + a_{n-1}\alpha + a_n = f(\alpha) \neq 0$$

puisqu'on a supposé que $f(\alpha)$ était non nul. Il y aura aussi un terme en h^n. C'est le terme a_0h^n, puisqu'on suppose naturellement que $a_0 \neq 0$. En ce qui concerne les termes de puissances intermédiaires en h, quelques-unes, parfois toutes, peuvent disparaître. Soit m la plus petite puissance non nulle de h présente dans son polynôme ; on a $1 \leq m \leq n$. On peut donc écrire le polynôme en h sous la forme suivante

$$f(\alpha+h) = f(\alpha) + Ah^m + Bh^{m+1} + Ch^{m+2} + ... + a_0h^n$$

Réécrivons-le comme ceci :

$$f(\alpha+h) = f(\alpha) + Ah^m + Ah^m\left(\frac{B}{A}h + \frac{C}{A}h^2 + ... + \frac{a_0}{A}h^{n-m}\right)$$

où $A \neq 0$, mais B, C, etc., peuvent être nuls (mais pas a_0).

Après cette préparation, le lemme de d'Alembert – sans rentrer dans toute l'epsilonite – se démontre selon le schéma suivant. On choisit un nombre complexe h, suffisamment petit en module, tel que la longueur du vecteur Ah^m soit plus petite que celle du vecteur $f(\alpha)$, et on le prend aussi tel que l'argument du vecteur Ah^m aille dans le sens opposé à celui du vecteur $f(\alpha)$. Alors le vecteur $f(\alpha) + Ah^m$ sera plus court que le vecteur $f(\alpha)$.

De plus pour tous les h suffisamment petits le module du terme $\left(\frac{B}{A}h + \frac{C}{A}h^2 + ... + \frac{a_0}{A}h^{n-m}\right)$ peut être rendu aussi petit qu'on veut, par exemple plus petit que un. Par conséquent, la longueur du vecteur $\Delta = Ah^m\left(\frac{B}{A}h + \frac{C}{A}h^2 + ... + \frac{a_0}{A}h^{n-m}\right)$ sera plus courte que celle de Ah^m.

5. Delaunay se limite à un polynôme car c'est tout ce dont on a besoin. Pour l'extension du lemme de d'Alembert à n'importe quelle fonction complexe suffisamment lisse (c'est-à-dire analytique), on prend son développement de Taylor, et la démonstration est essentiellement la même.

Il s'ensuit que le vecteur $f(\alpha+h) = f(\alpha) + Ah^m + \Delta$, comme on le voit sur la figure 6.7, sera aussi plus court que le vecteur $f(\alpha)$, même si la direction du vecteur Δ peut éventuellement repartir en s'éloignant de l'origine.

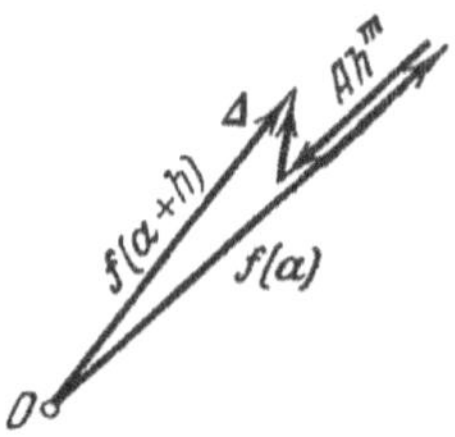

Figure 6.7 : Vecteurs intervenant dans la démonstration du lemme de d'Alembert.

Fin de la citation de Delaunay.

La démonstration paraît compliquée, mais l'idée de d'Alembert est simple : tout près de α, qui est un nombre complexe, la fonction $f(\alpha+h)$ est approximée par $f(\alpha)+Ah^m$, où h est aussi un nombre complexe. L'effet du reste Δ peut être rendu négligeable comparé à celui de Ah^m. Alors en se déplaçant d'une petite quantité h^m dans la direction opposée à celle de $f(\alpha)$ [6], on peut faire en sorte que le module de $f(\alpha)+Ah^m$ diminue encore par rapport à celui de $f(\alpha)$.

Voici l'allure générale de la fonction $|p(z)|$ au-dessus du plan complexe :

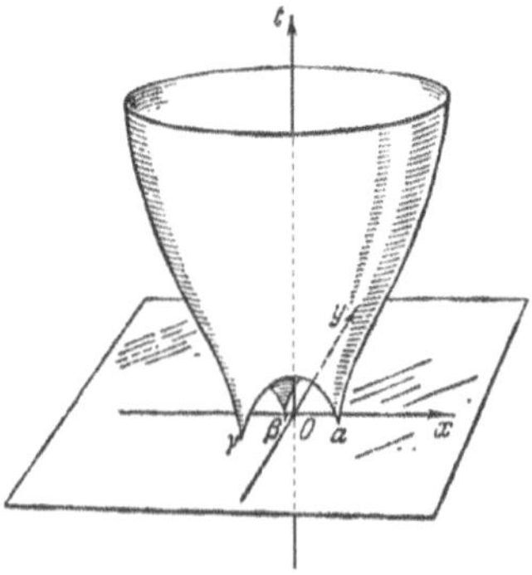

Figure 6.8 : Fonction $|p(z)|$ et les racines de $p(z) = 0$.

6. Noter – c'est un détail – que la direction de h et la direction de h^m ne sont pas les mêmes, car h est complexe.

Exercice 6.5 : Expliquer pourquoi le lemme de d'Alembert n'est pas vrai pour une fonction de $\mathbb{R}$ vers $\mathbb{R}$. C'est-à-dire, si on a une fonction continue et lisse f de $\mathbb{R}$ vers $\mathbb{R}$ qui, en un point x différent de zéro prend une valeur positive non nulle, on ne peut pas être sûr qu'en se déplaçant un peu autour de x on peut faire diminuer $f(x)$.

Expliquer pourquoi il ne marche pas dans $\mathbb{R}$, mais il marche dans $\mathbb{C}$.

Exercice 6.6 : Démontrer le théorème que nous avons utilisé l'année dernière (leçon 9 page 141 de notre livre de première) disant que tout polynôme réel est décomposable en polynômes réels du premier degré et du second degré irréductibles.

Aide : Montrer que si un polynôme réel a une racine complexe (avec une partie imaginaire non nulle), il a aussi sa conjuguée.

Suggestions de lecture

`https://en.wikipedia.org/wiki/Exponential_function`

`https://en.wikipedia.org/wiki/Maximum_modulus_principle`

Alexandrov Alexandre, Kolmogorov Andreï & Lavrentiev Mikhaïl, *Mathématiques*, volumes 1, 2 et 3, Les Éditions du Bec de l'Aigle, 2020-2021.

Stillwell John, *Mathematics and Its History*, Springer, 2010.

Leçon 7 :
Structures algébriques

Après le fabuleux développement de l'analyse au XVIIIe siècle, qui a permis de résoudre des quantités de problèmes de physique, en mécanique et en hydrodynamique pour commencer, les mathématiciens du XIXe siècle se sont beaucoup intéressés aux structures algébriques, c'est-à-dire aux ensembles d'objets (nombres ou autres) munis d'opérations.

Cela a même influencé l'enseignement des mathématiques en France dans la deuxième moitié du XXe siècle avec ce qu'on a appelé les « maths modernes », en particulier la théorie des ensembles. Nous avons dit comme cela avait été une idée néfaste d'enseigner les maths modernes et la théorie des ensembles *au collège et au lycée*[1]. Nous n'allons pas y revenir.

Posons-nous plutôt les deux questions suivantes :

1. Pourquoi les mathématiciens du XIXe se sont-ils tournés, parmi d'autres centres d'intérêt, vers la théorie des ensembles et les structures algébriques ?
2. Au fond, c'est quoi les maths ? En quoi ça consiste ? À quoi ça sert ?

Nous avons dit dès la sixième que les nombres servent à décrire et agir sur le monde. Conjointement avec la géométrie élémentaire, c'était les mathématiques depuis l'Antiquité jusque vers 1500.

Ensuite sont arrivés l'algèbre plus développée, les nombres complexes, l'analyse, etc. En 1800 on pouvait dire que les maths c'était l'analyse, plus de l'algèbre et de la géométrie.

Pourquoi avoir, à partir de cette époque, fait évoluer les mathématiques vers les structures algébriques ? En un mot, c'est parce qu'on s'est rendu compte que dans chaque domaine des mathématiques, il y avait des ensembles et des structures plus ou moins comparables qui semblaient jouer un rôle fondamental.

---

1. Les maths modernes, c'est-à-dire la théorie des ensembles plus un souci de rigueur extrême dans les énoncés et les preuves pour clarifier les concepts mathématiques, sont une poursuite tout à fait légitime à l'université au niveau de la recherche, c'est-à-dire bac + 5 ou 6 au minimum.

Ce sont les nombres complexes – qui étaient si difficiles à décrire, comprendre, et classifier – qui ont amené à prendre conscience de l'importance des structures abstraites en mathématiques. Pendant 250 ans, entre 1550 et 1800, on s'était demandé de quel type d'objets il s'agissait. Etait-ce des nombres ? des vecteurs ? On a fini par se rendu compte que c'était avant tout des objets régis par des règles opératoires. Peu importait ce qu'ils étaient « en soi »[2]. C'était une structure. Et des structures, quand on y réfléchissait, il y en avait partout en mathématiques. Alors au XIXe siècle on s'est mis à les étudier de manière systématique.

À la question : « Quels sont des exemples de l'utilité de la théorie des ensembles ? », voici la réponse, un peu éditée, de ChatGPT-4[3] :

La théorie des ensembles est une branche de la logique mathématique qui étudie les collections d'objets. Les concepts de la théorie des ensembles sont utilisés dans divers domaines, tant au sein qu'à l'extérieur des mathématiques, en raison de leur rôle fondamental dans l'organisation des savoirs. Voici quelques exemples illustrant l'utilité de la théorie des ensembles :

Fondements des mathématiques : la théorie des ensembles fournit le langage fondamental des mathématiques, permettant la création de systèmes de nombres (entiers naturels, entiers relatifs, rationnels, réels et complexes) à partir de la notion de base d'ensemble.

Classification : dans divers domaines, tels que la cristallographie, la biologie, la bibliothéconomie et les sciences de l'information, la théorie des ensembles est utilisée pour classer et organiser les données en différentes catégories et pour comprendre les relations entre elles.

Informatique : les concepts de la théorie des ensembles sont utilisés, conjointement avec la logique mathématique, pour mettre au point des langages de programmation, pour gérer les données structurées (comme les bases de données) et pour effectuer des requêtes relationnelles.

---

2. Ce que les choses sont « en soi » est une question qui intéresse beaucoup les philosophes. Pour « en soi », ils utilisent parfois l'adjectif « ontologique ». La question n'intéresse pas tellement les scientifiques modernes qui ont du mal à lui donner un sens, et préfèrent la notion de modèle de la réalité construit dans l'esprit – ce qui n'est pas sans poser de questions non plus.

3. ChatGPT, qui fait partie de la nouvelle révolution informatique en marche depuis les années 2010, n'a fait que scanner en profondeur et organiser à l'aide de l'intelligence artificielle – un domaine utilisant à haute dose les mathématiques – les sources d'information publiques, comme wikipedia et, dans les bibliothèques, tous les livres qui ont été numérisés et jugés de qualité.

Probabilités et statistiques : la théorie des ensembles est le fondement de la théorie des probabilités puisque les événements sont traités comme des ensembles. Le calcul des probabilités est une branche particulière de la théorie de la mesure.

Logique et philosophie : la théorie des ensembles est étroitement liée à la logique et à la philosophie des mathématiques, fournissant un cadre pour considérer les propositions et leurs relations.

Topologie : la théorie des ensembles sous-tend la topologie, car les espaces topologiques sont des ensembles dotés d'une notion de proximité qui permet l'étude de la continuité et de la convergence.

Algèbre : la théorie des groupes, la théorie des anneaux et la théorie des corps reposent toutes sur des structures ensemblistes bien définies. Les groupes, par exemple, sont des ensembles avec une opération qui a certaines propriétés.

Analyse : des concepts tels que les limites, la continuité, la différentiabilité et les intégrales en analyse réelle ou complexe sont fondés sur la théorie des ensembles, les fonctions elles-mêmes étant des ensembles de paires ordonnées.

Théorie de la mesure : cette branche de l'analyse mathématique qui traite de la mesure associée aux ensembles est entièrement construite sur la théorie des ensembles, qui est cruciale pour définir par exemple l'intégrale de Lebesgue.

Outils pédagogiques : dans l'éducation préscolaire, les concepts de la théorie des ensembles sont utilisés pour développer des compétences mathématiques de base, telles que le tri et la classification d'objets en fonction de leurs propriétés.

Linguistique : dans l'étude de la sémantique et de la structure du langage, la théorie des ensembles aide à l'analyse des catégories linguistiques et à la représentation du sens des phrases.

Recherche opérationnelle : la théorie des ensembles est utilisée pour formuler et résoudre des problèmes d'optimisation, tels que la planification, les flux dans des réseaux et la prise de décision.

Ces exemples reflètent la large applicabilité de la théorie des ensembles dans toutes les disciplines, soulignant son rôle fondamental dans des contextes tant théoriques qu'appliqués.

Fin de la citation – revue et améliorée – de ChatGPT-4.

Dans la suite, nous allons parler des structures algébriques. Elles ont permis de faire de grands progrès dans l'unification des concepts mathématiques.

Structure de groupe : 1) histoire

La structure de groupe a pour origine l'étude des permutations d'une collection finie d'objets. Cette étude elle-même remonte aux travaux de Joseph-Louis Lagrange (1736, 1813) et, un peu après, Évariste Galois (1811, 1832) pour essayer d'exprimer avec une formule algébrique générale, qui aurait été comparable à la formule (5.7) page 81 pour l'équation du second degré, ou la formule de Cardan, formule (5.13) page 83, pour l'équation du troisième degré, la solution des équations du cinquième degré, ou bien de démontrer que c'était impossible – ce que Lagrange commençait à subodorer. Finalement, Galois a montré que c'était effectivement impossible, contrairement à ce qu'on avait pu faire pour les équations de degré 1 à 4.

Les travaux de Lagrange l'avaient amené à considérer des permutations des racines de l'équation

$$a_n x^n + a_{n-1} x^{n-1} + ... + a_1 x + a_0 = 0$$

dans des expressions, que Lagrange appelait des résolvantes, faisant intervenir ces racines. Galois avait repris les travaux de Lagrange en allant plus loin, et finalement en résolvant un problème vieux de trois siècles : pouvait-on résoudre les équations du cinquième degré comme celles de degré inférieur ?

Mais revenons à des choses plus simples : qu'est-ce qu'une permutation ? et quel rapport cela a avec un groupe ?

Pour comprendre ce qu'est une permutation et pourquoi des permutations peuvent former un groupe, voici un exemple. Considérons un ensemble quelconque fini et ordonné d'objets. Par simplicité prenons les nombres entiers de 1 à n. Et pour être très concret, prenons $n = 4$.

Le quadruplet ordonné le plus simple est $\{1, 2, 3, 4\}$. Une permutation p de ces quatre nombres est par exemple $\{3, 2, 4, 1\}$. On la note

$$p = \binom{1234}{3241}$$

Il est facile de voir qu'il existe 24 permutations de 4 objets. Elles forment un ensemble sur lequel on peut définir une opération très simple : la composition de deux permutations. Par exemple la composition de

$$p = \binom{1234}{3241} \quad \text{avec} \quad q = \binom{1234}{4132}$$

consistant à appliquer d'abord p puis q donne

$$q \circ p = \begin{pmatrix} 1234 \\ 3124 \end{pmatrix} \tag{7.1}$$

En effet, on voit que l'image de 1 par p est 3, et ensuite l'image de 3 par q est 3. Donc l'image de 1 par $q \circ p$ est 3. De même, l'image de 2 par p est 2, puis l'image par q donne 1, donc l'image de 2 par $q \circ p$ est 1. Etc.

Simplification des notations : étant donné que dans la représentation ci-dessus des permutations la première ligne est toujours (1234) on peut s'en passer. Ainsi

$$p = \begin{pmatrix} 1234 \\ 3241 \end{pmatrix} \quad \text{est plus simplement noté} \quad p = (3241)$$

Exercice 7.1 : Soit

$$p_1 = (4213) \quad \text{et} \quad p_2 = (1342)$$

Quelle est la permutation $p_2 \circ p_1$?

On dit que les 24 permutations de $\{1, 2, 3, 4\}$ forment un groupe. C'est un groupe fini de 24 éléments. Et il existe une opération sur ce groupe, qui à toute paire ordonnée d'éléments, p_1 et p_2, associe un troisième élément p_3, défini comme

$$p_3 = p_2 \circ p_1 \tag{7.2}$$

Exercice 7.2 : Trouver deux permutations p_1 et p_2 telles que

$$p_2 \circ p_1 \neq p_1 \circ p_2 \tag{7.3}$$

Cela démontrera que le groupe formé par les 24 permutations possibles de quatre éléments, et l'opération de composition des permutations, n'est pas un groupe commutatif.

Aide : Prendre $p_1 = (2314)$, et $p_2 = (2134)$.

Terminologie : Le groupe des 24 permutations possibles d'une collection de 4 objets s'appelle le *groupe symétrique* S_4.

Donnons encore quelques éléments historiques avant de passer à la définition abstraite de groupe.

Galois étudiait le groupe S_5 appliqué aux racines de l'équation générale du cinquième degré dans des formules faisant intervenir ces racines. Il montra que S_2, S_3 et S_4 avaient des propriétés que n'avait pas S_5, et que c'était précisément ces propriétés qui faisaient que les équations de degré 2 à 4 étaient résolubles par radicaux.

Galois introduisit le terme de « groupe de l'équation » pour l'ensemble des permutations qu'on peut opérer sur la collection des racines de l'équation générale d'un degré donné.

Galois mourut à 20 ans en 1832 [4]. Avant sa mort et pendant encore une dizaine d'années après sa mort, ses papiers restèrent incompris, jusqu'à ce que le mathématicien Joseph Liouville (1809, 1882) en prenne connaissance en 1843, comprenne leur génie, et les publie en 1846 dans son Journal de Mathématiques Pures et Appliquées.

À partir de là, la théorie des groupes commença à être prise en considération et développée par une série de mathématiciens dont les plus célèbres sont Augustin Cauchy (1789, 1857), Arthur Cayley (1821, 1895) et Camille Jordan (1838, 1922).

Structure de groupe : 2) définition abstraite

Définition d'un groupe : *Soit un ensemble G, fini ou infini, d'objets* quelconques *dénotés par exemple g_i's* [5]*. Et soit une opération définie sur G, c'est-à-dire une fonction qui à toute paire ordonnée (g_1, g_2) d'éléments de G associe un élément de G noté par exemple :*

$$g_1 \star g_2 \tag{7.4}$$

On dit que G, muni de son opération $\star$ (lire étoile), forme un groupe si et seulement si les propriétés suivantes sont satisfaites :

4. Il avait pris part au soulèvement contre Charles X durant les Trois Glorieuses, puis à l'opposition républicaine contre Louis-Philippe. En 1832, il provoqua un rival en duel dans une histoire de femme, et malheureusement perdit la vie dans ce duel. Il est possible qu'il ait été provoqué par la police du régime à provoquer ce duel.

5. Les éléments de G sont des objets mathématiques quelconques. Ils n'ont, en particulier, pas besoin d'être ordonnés. Il ne faut pas confondre l'ordre des éléments $\{1, 2, 3, ..., n\}$ sur lesquels on a considéré plus haut des permutations, et les permutations elles-mêmes qui sont les éléments g_i's des premiers groupes que les mathématiciens ont considérés. Maintenant on considère en outre des objets quelconques beaucoup plus généraux que simplement des permutations.

- *L'opération $\star$ est associative, c'est-à-dire*

$$g_1 \star (g_2 \star g_3) = (g_1 \star g_2) \star g_3 \tag{7.5}$$

- *Il existe un élément neutre, noté par exemple e, tel que quel que soit g*

$$g \star e = e \star g = g \tag{7.6}$$

- *Tout élément g a un inverse (ou opposé) noté en général g^{-1} tel que*

$$g \star g^{-1} = g^{-1} \star g = e \tag{7.7}$$

Cette définition peut paraître un peu lourde et abstraite – et, entre 1960 et 2000, elle le paraissait certainement aux collégiens et lycéens français à qui leurs professeurs l'énonçaient chaque année pour suivre le programme, mais sans parler ni de ses origines ni de son utilité, que la plupart du reste ignoraient.

Elle va devenir plus claire quand on va passer à des exemples.

Notons d'abord deux points :

1. Quand on travaillait avec des permutations, l'opération qu'on considérait était la composition, notée traditionnellement $\circ$. Et quand on considérait une permutation p suivie d'une permutation q on notait le résultat $q \circ p$, car c'est l'usage pour la composition des fonctions – et une permutation peut être vue comme une fonction. Maintenant on travaille sur des objets quelconques, qui ne sont plus nécessairement des permutations. Donc l'inversion de p et q dans la notation $q \circ p$ n'a plus lieu d'être. On prend deux éléments g_1 et g_2 de G, et on considère simplement l'opération $g_1 \star g_2$.
2. En général l'opération $\star$ n'est pas commutative, c'est-à-dire

$$g_1 \star g_2 \neq g_2 \star g_1$$

Quand l'opération est commutative, c'est-à-dire quand, quels que soient g_1 et g_2, on a

$$g_1 \star g_2 = g_2 \star g_1 \tag{7.8}$$

on dit que le groupe est commutatif. On dit aussi abélien, en l'honneur du mathématicien norvégien Niels Henrik Abel (1802, 1829) qui a fait des travaux importants sur l'équation du cinquième degré allant plus loin que Lagrange, mais moins loin que Galois.

Voyons des exemples de groupes et aussi de structures qui ne sont pas des groupes.

Entiers relatifs avec l'addition : L'ensemble $\mathbb{Z}$ des entiers positifs, négatifs et zéro, forme un groupe. On peut vérifier que les trois propriétés listées plus haut, définissant un groupe, sont satisfaites. Il s'agit d'un groupe infini dénombrable.

L'élément neutre est 0. Chaque nombre relatif n a un opposé noté $-n$. L'opposé de 25 est -25. Et l'opposé de -25 est 25.

Pour bien comprendre ce qu'est l'opération d'addition et ce qu'est l'opposé d'un nombre, il faut comprendre que ce qu'on appelle la soustraction de m à n est l'addition

$$n + (-m) \tag{7.9}$$

Depuis l'école primaire, on a l'habitude de la noter

$$n - m \tag{7.10}$$

et nous n'avons pas l'intention de changer cette habitude. Mais si plus tard, par exemple dans son métier d'ingénieur, on veut aller plus loin qu'être un simple exécutant subalterne qui applique des règles qu'il a apprises, il faut comprendre en quoi (7.10) est une façon plus simple de noter en réalité (7.9) [6].

Entiers relatifs avec la multiplication : L'ensemble $\mathbb{Z}$ muni de la multiplication *ne forme pas un groupe.* On a bien l'associativité

$$n(mp) = (nm)p$$

et un élément neutre

$$n \times 1 = 1 \times n$$

6. Beaucoup de comptables, par exemple, ont appris durant leurs études de comptabilité que dans une transaction où l'entreprise achète quelque chose, la valeur de la chose doit être inscrite dans la colonne débit du compte des choses du même genre que possède ou consomme l'entreprise. Mais quand l'entreprise vend quelque chose, la valeur de vente de la chose doit être inscrite dans la colonne crédit du compte de vente. Pourquoi ? « Parce que c'est comme ça qu'on fait », répondent ceux ou celles qui pratiquent la comptabilité en tant qu'exécutants sans vraiment la comprendre. Ils font naturellement aussi, toujours mécaniquement, l'entrée symétrique dans un autre compte dans l'autre colonne, car la comptabilité des entreprises est une comptabilité en partie double. J'ai même connu des élèves en comptabilité qui demandaient si la comptabilité où les comptes étaient présentés avec les deux colonnes débit et crédit sur la droite de la page était la même que celle avec des comptes en T.

Mais la plupart des éléments n'ont pas d'opposé pour la multiplication qui soit encore un élément de $\mathbb{Z}$. En fait il n'y a que 1 qui ait un opposé pour la multiplication qui soit encore un entier relatif.

Nombres rationnels : L'ensemble $\mathbb{Q}$ des nombres rationnels, c'est-à-dire des fractions, forme un groupe avec l'addition notée $+$. Il forme aussi un groupe avec la multiplication notée $\times$, ou simplement en accolant les symboles des nombres qu'on multiplie.

Il y a aussi des liens entre les deux opérations, par exemple la distributivité de la multiplication sur l'addition

$$a(b + c) = ab + ac$$

Pour cette raison on dit que $\mathbb{Q}$ forme un corps (on dit aussi un corps algébrique) quand il est muni de l'addition et de la multiplication. Nous parlons plus spécifiquement des corps plus loin.

Nombres entiers modulo p : On considère un nombre entier positif p, et l'ensemble des entiers de 0 à $p - 1$. On le note souvent $\mathbb{Z}_p$.

C'est un groupe pour l'addition, définie comme ceci. Soit deux éléments a et b de $\mathbb{Z}_p$. Pour calculer $a + b$ on fait d'abord l'addition ordinaire des deux nombres, on obtient mettons N, puis on effectue la division euclidienne de N par p

$$N = qp + r$$

alors le résultat de l'addition de a et b dans $\mathbb{Z}_p$ est r.

On note généralement l'addition dans $\mathbb{Z}_p$

$$a + b \pmod{p}$$

lire « a plus b modulo p ».

Exemple : prenons $p = 4$. Alors $\mathbb{Z}_p = \{0,\ 1,\ 2,\ 3\}$. Et on a les additions suivantes

$$1 + 1 = 2$$

$$1 + 2 = 3$$

$$1 + 3 = 0$$

$$3 + 3 = 2$$

etc.

Noter que la notation des heures dans la journée, si on n'utilise pas 14 heures, mais 2 heures de l'après-midi, obéit à une addition modulo 12. Ainsi 9 heures du matin plus 9 heures = 6 heures de l'après-midi. Dans cette notation, minuit = 0, midi aussi.

Exercice 7.3 : Quelle heure obtient-on si on additionne 7 heures du matin plus 8 heures ?

Aide : Vous devez obtenir 3 heures de l'après-midi.

Exercice 7.4 : Montrer que S_4 est un groupe.

Les exemples ci-dessus sont tous des groupes numériques (à part le groupe S_4). Il existe aussi de nombreux groupes non numériques.

Exemples de groupes non numériques

- Les transformations élémentaires du Rubik's cube forment un groupe.
- Les transformations élémentaires d'un pousse-pousse forment un groupe.

Figure 7.1 : Jeu de pousse-pousse. Source : `temu.com`

Insistons sur le point suivant : ce ne sont pas les positions, comme par exemple celle montrée sur la photo, qui forment un groupe, mais les *transformations* permettant de passer d'une position à une autre [7] .

7. On trouvera un jeu de pousse-pousse programmé en html/javascript en bas à gauche de la page `https://www.lapasserelle.com/comptabilite`

Exercice 7.5 : On considère le pousse-pousse de la figure 7.1. On appelle *position* une disposition des 15 nombres plus la case vide en bas à droite. À partir de la position montrée sur la figure, peut-on arriver à n'importe quelle position ?

- En géométrie du plan, l'ensemble des transformations isométriques forment un groupe avec l'opération de composition.

  On peut, par exemple, démontrer que n'importe quelle isométrie peut être obtenue en composant l'une après l'autre au plus trois symétries axiales. On peut le faire sans la théorie des groupes [8], mais on peut aussi le démontrer à l'aide de la théorie des groupes.

En théorie des groupes, les faits et résultats tombent plus ou moins dans seulement deux catégories : ceux tellement élémentaires qu'on se demande pourquoi on a inventé les groupes pour en parler ; et ceux qui sont très ardus.

La théorie de Galois qui est à l'origine de la création de la théorie des groupes est dans la deuxième catégorie. Par exception, le résultat sur les transformations isométriques dans la liste ci-dessus, sans être élémentaire n'est pas très difficile. Les exemples numériques donnés plus haut sont élémentaires.

Structure d'anneau

Définition d'un anneau : *Soit un ensemble A, fini ou infini, d'objets quelconques dénotés par exemple a_i's. On suppose qu'il est muni de deux opérations, qu'on appelle généralement l'addition et la multiplication.*

On dit que c'est un anneau si c'est un groupe commutatif pour l'addition, et si la multiplication, sans définir aussi un groupe, a les propriétés suivantes :

- *Elle est associative.*
- *Elle est distributive sur l'addition, c'est-à-dire*

$$a(b + c) = ab + ac$$

- *Elle a un élément neutre, généralement noté 1, ou I.*

8. cf. https://www.math.stonybrook.edu/~olga/mat360-spr11/isometries.pdf

On n'exige pas que les éléments aient un opposé – appelé généralement *inverse* – pour la multiplication. C'est pourquoi l'anneau n'est pas un groupe pour la multiplication.

Des exemples d'anneaux sont les polynômes, les matrices carrées, les fonctions et les séries entières. L'ensemble $\mathbb{Z}$ des entiers relatifs est un anneau.

Un anneau dans lequel on peut effectuer une division euclidienne est appelé un anneau euclidien. Il faut pour cela quelque chose comme une notion de taille ou de degré afin de réduire celui du reste par rapport à celui du diviseur. On a vu que c'était le cas de $\mathbb{Z}$ et aussi des polynômes. La division euclidienne des nombres est utile en théorie des nombres. La division euclidienne des polynômes est utile pour intégrer les fractions rationnelles.

Un concept important dans la théorie des anneaux est celui de sous-anneau tel que les deux opérations sur des éléments du sous-anneau donnent un résultat encore dans le sous-anneau.

Le mathématicien qui a initié la théorie des anneaux est Richard Dedekind (1831, 1916). La mathématicienne et physicienne germano-américaine Emmy Noether (1882, 1935) a fait des contributions importantes à la théorie des anneaux.

Comme pour la théorie des groupes, les faits y sont soit élémentaires et sans grand intérêt, soit rapidement très ardus. Dans ce dernier cas, ils peuvent devenir aussi très intéressants et très puissants pour démontrer toutes sortes de résultats dans les domaines les plus divers.

Cette leçon ne peut pas être plus qu'un tour d'horizon superficiel des structures algébriques, sans rentrer dans aucun détail, car il faudrait un ou plusieurs volumes pour *chaque* structure.

Structure de corps

Un corps est un ensemble qui, en plus d'être un anneau, c'est-à-dire un ensemble avec deux opérations, l'addition et la multiplication, décrit ci-dessus, est aussi un groupe pour la multiplication.

Les ensembles $\mathbb{Q}$, $\mathbb{R}$ et $\mathbb{C}$ sont des corps.

Les nombres entiers modulo p, quand p est un nombre premier, forment un corps avec l'addition et la multiplication définies modulo p à l'aide de la division euclidienne par p, comme on a vu page 123.

Exercice 7.6 : On considère l'ensemble des entiers modulo 7, noté $\mathbb{Z}_7$. Montrer que tout élément de $\mathbb{Z}_7$ a un inverse dans $\mathbb{Z}_7$ pour la multiplication.

Montrer que ce n'est pas vrai pour $\mathbb{Z}_6$.

Les corps sont très importants dans toutes les mathématiques et ont de nombreuses propriétés. Par exemple les corps finis ont la propriété que le groupe multiplicatif est forcément commutatif.

Il y a encore d'autres structures algébriques importantes comme les treillis, les modules et les algèbres. Terminons en mentionnant une structure algébrique particulièrement importante en mathématiques dès la fin du lycée, car elle est de nature géométrique.

Espace vectoriel

Les espaces vectoriels nous sont déjà familiers, car nous avons étudié les vecteurs en seconde et en première. En tant que structure algébrique, ils ont des applications infiniment plus vastes que ce qu'on a vu dans les espaces euclidiens et affines.

Un espace vectoriel est un ensemble d'objets, appelés vecteurs, au sein duquel il y a une opération d'addition, et à côté de l'ensemble de vecteurs, il y a un corps, généralement numérique, qui permet de multiplier un vecteur par un nombre.

Nous ne poursuivons pas ici notre description des espaces vectoriels, car la leçon suivante, consacrée à l'algèbre linéaire, va en parler davantage. En préparation, cela peut être une bonne idée de lire ou relire ce que nous avons présenté sur les vecteurs et les espaces vectoriels dans nos livres de seconde et de première.

Exercice 7.7 : Expliquer pourquoi les polynômes à coefficients réels forment un espace vectoriel sur $\mathbb{R}$.

Donner une base de cet espace.

Soit a et b deux nombres réels donnés avec $a < b$. Montrer que

$$\langle f, g \rangle = \int_a^b f(x)g(x)\, dx$$

définit un produit scalaire dans l'espace vectoriel des polynômes réels.

Suggestions de lecture

Ouvrages de niveau universitaire :

ARTIN Emil, *Galois theory*, Dover, 1997.

MAC LANE Saunders & BIRKHOFF Garrett, *Algebra*, 2nd edition, Macmillan, 1979.

SUSSKIND Leonard & HRABOVSKY George, *Le Minimum Théorique*, PPUR, 2015. Présentation de la mécanique classique dans sa forme lagrangienne et hamiltonienne. Le livre est d'un didactisme remarquable, mais est néanmoins un peu plus élevé que la classe de terminale. On y trouvera une présentation minimaliste très simple des mathématiques nécessaires pour faire de la physique. On y trouvera également une présentation de l'admirable théorème de Noether en physique.

Leçon 8 : Algèbre linéaire

Dans « algèbre linéaire », il y a le mot « algèbre » et le mot « linéaire ».

Le mot « algèbre » est apparu dans les mathématiques occidentales au XIIe siècle quand le livre d'Al-Khwarizmi, *Kital al-jabr,* écrit au IXe siècle à Bagdad, a été traduit de l'arabe vers le latin par l'érudit anglais Robert de Chester. « Algèbre » décrivait au départ la manipulation formelle de nombres inconnus dans une équation comme

$$a_1x + a_0 = 0$$

ou

$$a_2x^2 + a_1x + a_0 = 0$$

On a vu qu'au XVIe siècle les mathématiciens italiens ont été capables de résoudre des équations de degré supérieur, jusqu'à 3 et 4. Et nous avons expliqué qu'au XIXe siècle, les mathématiciens ont démontré qu'il n'y avait pas de solutions *générales* comparables avec des radicaux [1] des équations de degré 5 ou plus.

Jusqu'au XVIIe siècle, l'algèbre était restée le nom donné à la discipline consistant à manipuler des nombres inconnus dans des formules et des équations.

Au XVIIIe il s'agissait plus spécialement de trouver les racines d'équations polynomiales. Le nouveau domaine des nombres complexes, inventés au XVIe siècle, avait ouvert de nouvelles possibilités. Nous avons vu le théorème de d'Alembert qui dit que toute équation polynomiale

$$an_x^n + a_{n-1}x^{n-1} + ... + a_1x + a_0 = 0$$

a toujours au moins une racine complexe. D'où l'on déduit qu'elle a exactement n racines (certaines pouvant être égales).

1. Par solutions comparables avec des radicaux, on veut dire des formules exprimant la solution ou les solutions en fonction des coefficients a_n, a_{n-1},... a_0, etc. où ils apparaissent dans des formules algébriques avec éventuellement des radicaux, c'est-à-dire des puissances 1/2 ou 1/3 ou 1/5...

Au XIXe siècle le mot algèbre va prendre un sens plus général et plus abstrait : il va décrire la manipulation formelle d'objets mathématiques plus généraux que simplement des nombres, tout d'abord des vecteurs, puis des objets encore plus généraux, y compris des objets géométriques comme des surfaces.

Le mot « linéaire » quant à lui est beaucoup plus ancien. Parmi les premières conceptions mathématiques abstraites que les hommes ont élaborées ou comprises dans la préhistoire, du côté arithmétique il y a les nombres entiers et les fractions, et du côté géométrique les lignes droites, les courbes et les surfaces, à commencer par les plans.

Descartes, au début du XVIIe siècle, a montré le lien entre l'algèbre et la géométrie : c'est la *géométrie analytique* [2].

L'étude des fonctions qui, à la fin du fin XVIIe et au XVIIIe siècle, a conduit au développement de l'analyse, c'est-à-dire à la différentiation et l'intégration des fonctions, a continué à donner un rôle fondamental à la linéarité. En effet, toute fonction réelle lisse, c'est-à-dire continue et différentiable, peut être approximée localement par sa tangente

$$f(x) \approx f(a) + f'(a)(x-a) \tag{8.1}$$

Nous connaissons maintenant bien cette formule, et nous n'allons pas l'expliquer à nouveau.

La formule (8.1) a une généralisation à plusieurs variables. Il est nécessaire de faire un petit aparté sur les dérivées partielles pour expliquer cette généralisation.

Fonctions de plusieurs variables et dérivées partielles

Une fonction de plusieurs variables est une fonction qui, non plus à une seule, mais à une collection de variables indépendantes associe une variable dépendante. La forme générale $y = f(x)$ devient

$$y = f(x_1, x_2, ..., x_n) \tag{8.2}$$

Pour comprendre les caractéristiques de ces fonctions il suffit de considérer pour commencer deux variables indépendantes, x_1 et x_2.

2. À ne pas confondre avec la *géométrie algébrique*, qui est une discipline beaucoup plus abstraite, née après les premières grandes abstractions du XIXe siècle sur les objets mathématiques. Deux grands promoteurs de la géométrie algébrique sont David Hilbert (1862, 1943) et Alexandre Grothendieck (1928, 2014).

Alors qu'une fonction d'une variable pouvait se dessiner sur une feuille de papier avec un graphe dans un repère Oxy, une fonction de deux variables nécessite de se placer dans l'espace avec un repère Ox_1x_2y pour la visualiser. Son graphe typique est une nappe flottant au-dessus du plan Ox_1x_2 [3].

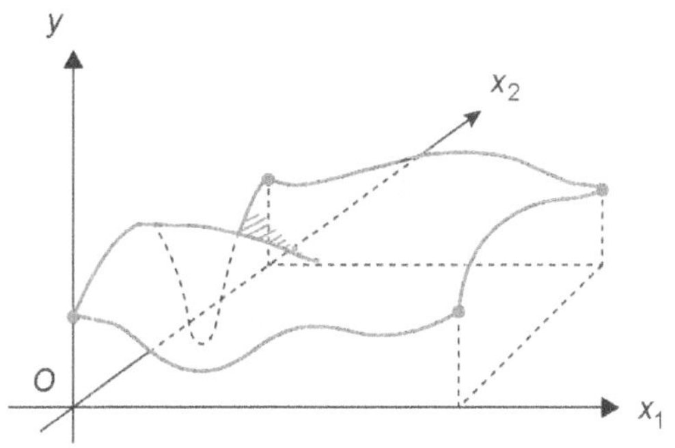

Figure 8.1 : Graphe d'une fonction de deux variables.

Si on fixe la variable x_2, la fonction $y = f(x_1, x_2)$ devient une fonction d'une seule variable : la variable x_1. Pour la visualiser, imaginer un plan vertical perpendiculaire à l'axe Ox_2 à une position donnée de x_2. Par exemple, quand $x_2 = 0$. Dans ce plan, le graphe de $y = f(x_1, 0)$ devient tout simplement

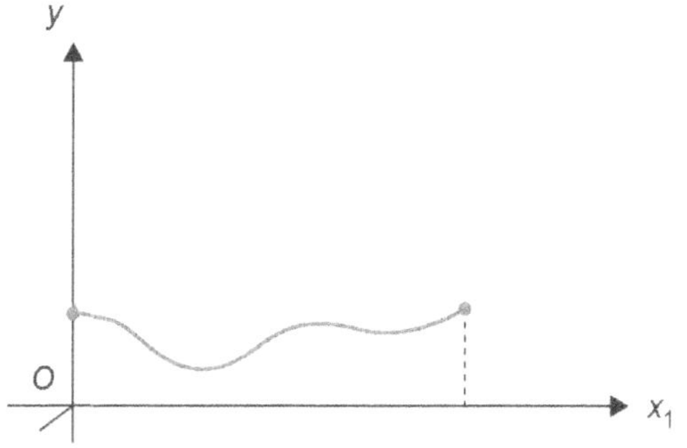

Figure 8.2 : Graphe de la fonction à une seule variable $y = f(x_1, 0)$ quand on fixe la valeur de x_2. Ici on a fixé x_2 à zéro, mais on aurait pu regarder $f(x_1, a)$ à n'importe quelle valeur a de x_2.

3. De même qu'une fonction peut passer en dessous de Ox la nappe peut naturellement passer en dessous de Ox_1x_2.

Si f est suffisamment lisse, on peut dériver $f(x_1, x_2)$ par rapport seulement à x_1, quand on fixe x_2. C'est simplement le taux de variation local en (x_1, x_2) suivant

$$\lim_{h \to 0} \frac{f(x_1 + h, x_2) - f(x_1, x_2)}{h} \tag{8,3}$$

On appelle cette quantité, la *dérivée partielle* de f au point (x_1, x_2) dans la direction de x_1, et on la note

$$\frac{\partial f(x_1, x_2)}{\partial x_1} \tag{8.4}$$

C'est le pendant, quand on a plusieurs variables, de

$$\frac{df(x)}{dx} \tag{8.5}$$

Noter les ∂ courbés dans (8,4) au lieu des d droits de (8.5).

De même que pour la notation de Leibniz dans le cas de la différentiation d'une fonction à une variable, la notation avec des ∂ courbés, qui est due à Carl Gustav Jacobi (1804, 1851), ne se prête pas à des manipulations aussi directes que celles d'Al-Khwarizmi. Autrement dit, il faut toujours garder à l'esprit ce que les notations veulent dire exactement : à quel endroit on dérive ? il s'agit de la dérivée partielle dans quelle direction ? etc. Et il faut faire attention à ce qu'on peut faire avec la formule (8.4). Avec un peu de pratique, cela ne pose plus de problème.

L'intérêt principal des dérivées partielles est que la formule (8.1), permettant d'approximer $f(x)$ par une fonction linéaire, se généralise à plusieurs variables sous la forme

$$f(x_1, x_2) \approx f(a, b) + \frac{\partial f(a, b)}{\partial x_1}(x_1 - a) + \frac{\partial f(a, b)}{\partial x_2}(x_2 - b) \tag{8.6}$$

Nous n'allons pas insérer une leçon complète sur les dérivées partielles dans cette leçon sur l'algèbre linéaire. C'est un sujet pour l'université. Notons simplement les points suivants :

1. Dans une première approche, les dérivées partielles ne sont pas plus compliquées que la dérivée d'une fonction d'une variable.
2. Le membre de droite de la formule $f(x) \approx f(a) + f'(a)(x - a)$ est l'équation de la droite tangente à $f(x)$ au point a.

3. De même, le membre de droite de la formule (8.6) est l'équation du *plan tangent* à la fonction à deux variables $f(x_1, x_2)$ au point (a, b).

Exercice 8.1 : Tracer la courbe de

$$y = x^4 - (x+1)^3 - 5(x-1)^2 + 1$$

- Quelles sont ses racines réelles ?
- Quelles sont ses racines purement complexes ?

En se limitant à $\mathbb{R}$:

- A-t-elle un minimum global ? Et si oui, où ?
- Où sont ses minima et maxima locaux ?

Exercice 8.2 : Dans l'espace à trois dimensions, dessinez ou figurez-vous la forme de la nappe

$$z = \sqrt{xy}$$

On se limitera au quadrant $x \geq 0$ et $y \geq 0$.

Quelles sont les dérivées partielles de z par rapport à x et par rapport à y, c'est-à-dire $\frac{\partial z}{\partial x}$ et $\frac{\partial z}{\partial y}$?

Quelle est l'équation du plan tangent en $(x,\ y) = (\frac{1}{2},\ 1)$?

Donner les composantes d'un vecteur perpendiculaire à ce plan tangent.

La formule (8.6) se généralise à un plus grand nombre de variables indépendantes. Si f est une fonction de n variables, la formule (8.6) devient autour du point (0, 0, ..., 0) [4]

$$f(\boldsymbol{x}) \approx f(\mathbf{0}) + f'_{x_1}(\mathbf{0})x_1 + f'_{x_2}(\mathbf{0})x_2 + ... + f'_{x_n}(\mathbf{0})x_n \qquad (8.7)$$

où nous avons utilisé plusieurs notations pour alléger la formule. D'une part $\mathbf{0} = (0, 0, ..., 0)$ et $\boldsymbol{x} = (x_1, x_2, ..., x_n)$. D'autre part nous avons utilisé une version allégée de la notation pour les dérivées partielles :

4. Je prends le point zéro seulement pour que la formule ne soit pas trop lourde du point de vue des notations, mais on peut naturellement la prendre en n'importe quel point.

$$f'_{x_i} = \frac{\partial f}{\partial x_i} \tag{8.8}$$

Cette formule n'a pas de mystères : le membre de gauche dit « dérivée de f par rapport à x_i » (sous-entendu, « quand on maintient les autres variables fixes »). C'est bien la même chose que ce que dit le membre de droite. Et comme pour une fonction raisonnable cette dérivée partielle existe en n'importe quel point $\boldsymbol{x}$, on ne précise pas où on la calcule. Soit c'est clair étant donné le contexte, soit on parle en général.

Quand il n'y a que deux variables indépendantes, x_1 et x_2, le membre de droite de la formule (8.7) est l'équation du plan tangent à la surface $y = f(x_1, x_2)$ au point $(0, 0)$. Écrivons, avec un vrai signe =, l'équation de ce plan tangent :

$$y = a_0 + a_1 x_1 + a_2 x_2 \tag{8.9}$$

où les trois coefficients a_0, a_1 et a_2 sont des notations simplifiées pour $f(0, 0)$, $f'_{x_1}(0, 0)$ et $f'_{x_2}(0, 0)$.

Nous en avons fini avec l'aparté sur les fonctions de plusieurs variables et les dérivées partielles.

On comprend maintenant pourquoi les équations linéaires ont continué à jouer un grand rôle en mathématiques même après les développements considérables de l'analyse au XVIIIe siècle.

Systèmes linéaires

Les mathématiciens ont même souvent été amenés à travailler sur des systèmes d'équations linéaires généralisant (8.9) à plusieurs fonctions y_1, y_2, ... y_p chacune à n variables.

La forme générale d'un système linéaire est

$$\begin{cases} y_1 = a_{10} + a_{11}x_1 + a_{12}x_2 + \ldots + a_{1n}x_n \\ y_2 = a_{20} + a_{21}x_1 + a_{22}x_2 + \ldots + a_{2n}x_n \\ \ldots \\ y_p = a_{p0} + a_{p1}x_1 + a_{p2}x_2 + \ldots + a_{pn}x_n \end{cases} \tag{8.10}$$

Ces systèmes sont apparus avant l'invention des vecteurs. Ils ont d'ailleurs encouragé les mathématiciens à développer les vecteurs et les calculs avec les vecteurs pour simplifier les systèmes comme (8.10).

Avant l'invention puis la généralisation de l'emploi des vecteurs, le terme *algèbre linéaire* décrivait le travail sur les systèmes linéaires comme (8.10).

On a dit les années passées que les vecteurs ont été introduits pour simplifier des systèmes d'équations. Par exemple quand on veut calculer la tension dans les trois cordelettes ci-dessous

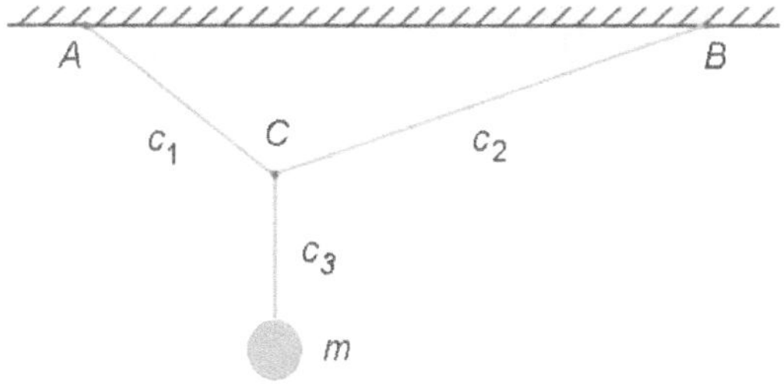

Figure 8.3 : Calculer la tension dans les trois cordelettes.

on peut le faire en effectuant séparément une analyse horizontale et une analyse verticale des tensions. Mais on peut aussi simplifier sinon les calculs du moins les notations en introduisant trois vecteurs

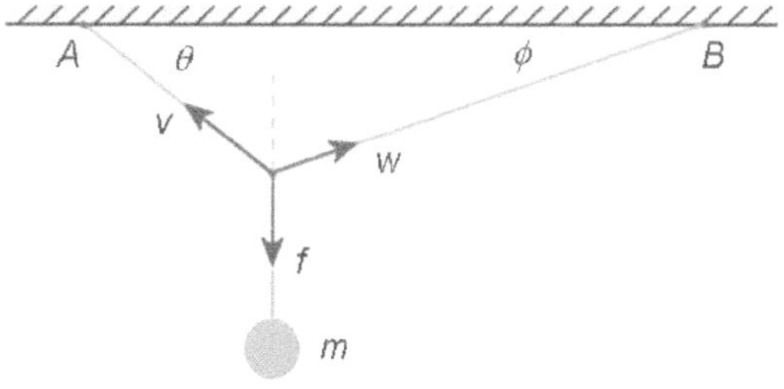

Figure 8.4 : Vecteurs représentant les trois forces.

Avec le recul que nous donne l'emploi très commode des vecteurs dans les domaines les plus variés depuis un siècle, on peut dire que la généralisation de l'usage des vecteurs a été étonnamment lente au XIXe siècle en mathématiques et en physique. Par exemple, dans les années 1860 James Clerk Maxwell (1831, 1879) publia ses célèbres équations de l'électromagnétisme [5] sans utiliser les vecteurs, alors qu'aujourd'hui on n'imaginerait pas les écrire sans les vecteurs, les fonctions et les formules vectorielles y compris les formules d'analyse mathématique multivariée [6].

Gauss, pour résoudre un système linéaire comme celui-ci

$$\begin{cases} a_{11}x_1 + a_{12}x_2 + ... + a_{1n}x_n = b_1 \\ a_{21}x_1 + a_{22}x_2 + ... + a_{2n}x_n = b_2 \\ \cdots \\ a_{n1}x_1 + a_{p2}x_2 + ... + a_{pn}x_n = b_n \end{cases} \tag{8.11}$$

où on a n variables et n équations, a inventé la *méthode de Gauss*, dite aussi *méthode du pivot de Gauss*. On utilise par exemple la première équation pour exprimer x_1 en fonction des variables x_2 à x_n. Alors en remplaçant x_1 par cette expression dans les équations n°2 à n, on réduit temporairement le travail à un système de $n - 1$ équations à $n - 1$ variables. Dans ce système réduit, on peut recommencer avec x_2 et réduire temporairement le travail à un système de $n - 2$ équations à $n - 2$ variables, etc.

Exercice 8.3 : Résoudre par la méthode de votre choix le système d'équations

$$\begin{cases} 3x - 2y - z = 5 \\ x + 4y = 3 \\ -5x - 5y + z = 0 \end{cases} \tag{8.12}$$

Aide : Vous devez trouver en particulier $x = -41$.

Exercice 8.4 : Dans l'exercice 8.3, modifier la troisième équation pour que le système devienne insoluble.

5. Il ne les a pas inventées tout seul. Il a complété et synthétisé le travail de nombreux physiciens depuis le début du siècle : Ampère (1775, 1836), Oersted (1777, 1851), Gauss (1777, 1855), Henry (1797, 1878), Faraday (1791, 1867), Biot (1774, 1862), Savart (1791, 1841), etc.

6. Gradient, divergence, rotationnel, etc., que les lecteurs et les lectrices qui continueront l'étude des mathématiques apprendront à l'université.

Au milieu du XIXe siècle, Hermann Grassmann (1809, 1877) a développé l'algèbre linéaire en utilisant les vecteurs et les espaces vectoriels. Mais comme il n'était que prof de lycée, son travail n'a pas été remarqué. D'autres mathématiciens plus en vue, avec des postes à l'université, parmi lesquels Sylvester (1814, 1897) et Cayley (1821, 1895), ont développé aussi l'algèbre linéaire avec les vecteurs et les espaces vectoriels. Ils ont également commencé à travailler avec des matrices, qui seront l'objet de la leçon suivante.

Donc à partir de la fin du XIXe siècle le terme algèbre linéaire faisait référence aux calculs algébriques avec des vecteurs, et plus généralement au travail au sein d'espaces vectoriels. C'est ainsi que nous allons le traiter dans cette leçon.

Espace vectoriel

Nous venons de voir que l'algèbre linéaire est devenue la discipline qui traite des *espaces vectoriels*. C'est à la fois plus abstrait et plus simple que les systèmes linéaires décrits plus haut. Cette abstraction est en effet toute relative, car les espaces vectoriels sont une façon claire d'aborder la géométrie affine et la géométrie euclidienne. Leurs éléments, c'est-à-dire les vecteurs, sont faciles à se représenter géométriquement [7]. Pour cette raison, les espaces vectoriels sont aujourd'hui considérés comme une notion simple et fondamentale qu'on présente et utilise dès le lycée, alors que dans la première moitié du XXe siècle ils étaient vus comme des créatures très délicates abordées seulement à l'université [8].

Après les axiomes qui définissent les espaces vectoriels, nous allons présenter quelques grands résultats sur ces objets mathématiques, parmi ceux qui sont faciles ou relativement faciles. En effet, dans le domaine des espaces vectoriels, les faits et résultats vont de très faciles à assez difficiles.

Pour soutenir l'intuition dans cette section, on peut penser au plan avec une base, ou à l'espace 3D avec une base. Il vaut mieux ne pas penser à un espace euclidien, il faut plutôt penser à un espace sans produit scalaire, sans orthogonalité et sans distance ordinaire, bref, un repère « penché » [9] comme sur la figure 8.5.

---

7. Même quand ils ont peu de chose à voir avec la géométrie, comme les fonctions d'onde introduites en 1926 par Erwin Schrödinger (1887, 1961) en mécanique quantique.

8. En 1925, Werner Heisenberg a crée la version vectorielle et matricielle de la mécanique quantique, sans rien connaître des espaces vectoriels et des matrices.

9. Je mets « penché » entre guillemets car il n'y a pas non plus de notion d'angle.

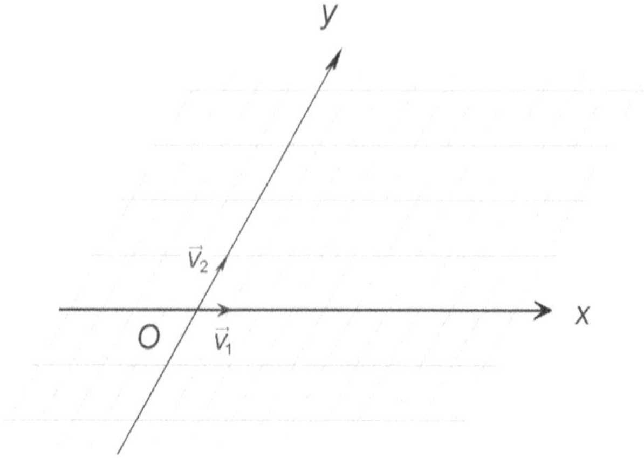

Figure 8.5 : Espace vectoriel, sans notion d'orthogonalité.

Axiomes d'un espace vectoriel

Nous avons déjà rencontré la définition axiomatique abstraite d'un espace vectoriel, mais donnons-la à nouveau pour être complets.

Un espace vectoriel sur un corps K (souvent les nombres réels $\mathbb{R}$) est un ensemble V d'objets, appelés vecteurs, muni de deux opérations : l'addition de deux vecteurs, et la multiplication d'un vecteur par un nombre dans K (appelé souvent un scalaire), satisfaisant les axiomes suivants :

Soit u, v et w, trois vecteurs, et a et b deux scalaires.

Axiomes :

Associativité de l'addition	$u + (v + w) = (u + v) + w$
Commutativité de l'addition	$u + v = v + u$
Existence d'un vecteur nul	$v + 0 = 0 + v = v$
Existence d'un inverse	tout vecteur v a un inverse noté $-v$ tel que $v + (-v) = 0$
Distributivité 1	$a(u + v) = au + av$
Distributivité 2	$(a + b)v = av + bv$
Sorte d'associativité	$a(bv) = (ab)v$
Existence d'un scalaire neutre	$1v = v$ où 1 est l'élément neutre de la multiplication dans K

Ce qui fait l'intérêt de la structure abstraite d'espace vectoriel, c'est qu'au-delà des vecteurs géométriques qui nous sont familiers (cf. nos leçons sur les vecteurs en classe de seconde et de première), on peut aussi voir les suites, les fonctions, les polynômes, les matrices (voir leçon suivante) et d'autres objets mathématiques comme des vecteurs dans des espaces vectoriels appropriés. Alors toutes les propriétés générales des espaces vectoriels s'appliquent automatiquement et cela permet parfois de démontrer des résultats puissants sans coup férir – par exemple un résultat plus avancé que notre cours appelé le théorème spectral.

Les espaces vectoriels peuvent être de dimension finie ou infinie. On se rappelle que la dimension d'un espace vectoriel est le nombre maximum de vecteurs linéairement indépendants qu'on peut y trouver. Dans le plan, on ne peut pas trouver plus de deux vecteurs linéairement indépendants. Donc le plan est un espace vectoriel de dimension deux. Et toutes les bases y ont deux vecteurs. Sur la figure 8.5, on a montré une base composée de v_1 et v_2 (on ne met pas les petites flèches au-dessus des vecteurs quand le contexte suffit).

Ici, on ne va considérer que des espaces de dimension finie.

Applications linéaires

Dans la théorie des espaces vectoriels, le premier type de fonctions qui nous intéresse est les applications linéaires. La raison est qu'on les rencontre partout en mathématiques et en physique.

Définition : *Soit deux espaces vectoriels V et W sur un même corps. Une application linéaire est une* fonction *T de V vers W satisfaisant la propriété suivante : quels que soient u, v et a*

$$\begin{aligned} T(u+v) &= T(u) + T(v) \\ T(av) &= aT(v) \end{aligned} \tag{8.13}$$

Cela conduit à la formule plus générale importante, $\forall u,\ v,\ a,\ b$:

$$T(au + bv) = aT(u) + bT(v) \tag{8.14}$$

Les applications linéaires sont parfois appelées des opérateurs linéaires, ou aussi des morphismes (sous-entendu linéaires). Quoi qu'il en soit, ce sont juste des fonctions – des fonctions qui ont la propriété très simple de la linéarité. Cela a des conséquences à la fois fort simples et ayant des applications puissantes.

Quand l'application T est de V vers lui-même, elle porte le nom d'endomorphisme.

Sous-espaces vectoriels

Soit un espace vectoriel V. Un sous-espace de V est un sous-ensemble de V qui est lui-même un espace vectoriel. Par exemple, un plan est un sous-espace vectoriel d'un espace à trois dimensions.

Note : vu qu'on parle d'espaces de vecteurs, et non d'espaces de points, tous les espaces et sous-espaces dont on parle contiennent le vecteur nul et « passent par zéro ». Pour l'instant nous ne considérons pas d'espaces de points, qui sont des espaces affines, et qui peuvent ne pas passer par le point origine de l'espace plus vaste dans lequel on les considère. Lire ou relire notre livre de seconde [10], leçon 12, p. 101 et seq., pour rafraîchir ses connaissances sur la distinction entre les espaces de vecteurs et les espaces de points.

Au sein d'un espace vectoriel V de dimension n, une collection finie quelconque de vecteurs $\{v_1, v_2, ..., v_m\}$ – le nombre m pouvant être supérieur à n, égal à n, ou inférieur à n –, *engendre* un espace vectoriel U.

Par définition, les vecteurs *engendrés* par la collection $\{v_1, v_2, ..., v_m\}$ sont les vecteurs de la forme

$$a_1 v_1 + a_2 v_2 + ... + a_m v_m \tag{8.15}$$

Si $m \geq n$, U peut être l'espace V tout entier, mais pas nécessairement. Il peut aussi être de dimension inférieure.

Les collections les plus intéressantes sont les collections de vecteurs indépendants. Ils forment alors une base de l'espace qu'ils engendrent. Par exemple dans $\mathbb{R}^3$ deux vecteurs linéairement indépendants engendrent un plan.

Exercice 8.5 : On est dans l'espace vectoriel $\mathbb{R}^3$. On considère une collection C de m vecteurs $\{v_1, v_2, ..., v_m\}$.

Donner des exemples où C engendre tout $\mathbb{R}^3$, des exemples où elle n'engendre qu'un plan, et des exemples où elle n'engendre qu'une droite.

Expliquer pourquoi une collection de quatre vecteurs ne peut pas engendrer un espace plus vaste que $\mathbb{R}^3$. En déduire qu'elle n'est pas formée de vecteurs linéairement indépendants.

10. A. Cabannes, *Mathématiques du lycée, volume 1 : seconde*, Les Éditions du Bec de l'Aigle, 2023.

Dans un espace V de dimensions n, on sait bien que dans une collection C de m vecteurs il y en a au plus n qui peuvent être indépendants. Et dans cette collection, les sous-collections intéressantes sont celles qui sont formées de vecteurs indépendants. Soit C' une telle collection incluse dans C. Supposons que C' ait k vecteurs, $k < n$. Alors elle engendre un sous-espace U de dimension k.

On parlerait à peine des collections de vecteurs qui ne sont pas linéairement indépendants, s'il n'y avait pas le fait suivant :

Théorème : *Soit un espace V, un espace W, et une application linéaire T de V vers W. Alors l'image par T de V est soit tout W soit un sous-espace vectoriel de W.*

Démonstration : Elle est plus ou moins évidente, selon qu'on a plus ou moins l'esprit géométrique. On peut rentrer dans les détails, prendre une base B dans V, voir quelle collection forment les vecteurs images par T des vecteurs de la base B. *Cette collection n'est pas nécessairement une base*, mais elle contient une collection B' de vecteurs indépendants. Cette collection B' est une base de l'image par T de V. On peut entrer dans encore plus de détails, écrire un océan de vecteurs et de relations linéaires pour démontrer que l'image par T de V est tout W ou un sous-espace de W, mais ce sera le genre de démonstrations que nous fuyons dans nos livres, car elles obscurcissent les choses plutôt que de les éclairer.

L'image par T de V est notée $\text{Im}(V)$. Retenons que c'est un espace vectoriel et qu'il est évident.

Exercice 8.6 : Soit deux espaces vectoriels V et W et une application linéaire T de V vers W.

Démontrer que la dimension de $\text{Im}(V)$ est inférieure ou au plus égale à celle de V.

Un espace un peu plus intéressant que $\text{Im}(V)$, car un poil moins évident, est dans V l'ensemble des vecteurs qui ont pour image par T le vecteur nul de W. Cet ensemble est lui aussi un sous-espace vectoriel de V. On le note $\text{Ker}(T)$, lire kernel de T ou noyau de T.

Exercice 8.7 : Démontrer que $\text{Ker}(T)$ est un espace vectoriel.

Exercice 8.8 : On est dans $\mathbb{R}^3$, c'est-à-dire on prend $V = \mathbb{R}^3$. Et on va regarder un endomorphisme T. Soit une base $B = \{v_1,\ v_2,\ v_3\}$ de $\mathbb{R}^3$. Supposons que

$$\begin{aligned} T(v_1) &= v_1 - 2v_3 \\ T(v_2) &= v_1 + v_2 + v_3 \\ T(v_3) &= v_1 - 2v_2 - 8v_3 \end{aligned}$$

1. Trouver trois nombres α, β et γ, pas tous les trois nuls, tels que
$$\alpha T(v_1) + \beta T(v_2) + \gamma T(v_3) = \vec{0}$$
(on a écrit $\vec{0}$ pour bien marquer la différence avec le scalaire 0, en effet le vecteur nul n'est pas la même chose que le nombre zéro).
2. En déduire que $\mathrm{Im}(V)$ n'est pas tout l'ensemble V.
3. Quelle est la dimension de $\mathrm{Im}(V)$?
4. Décrire les vecteurs qui font partie de $\mathrm{Ker}(T)$.

Aide : Vous devez trouver $\alpha = 3\lambda$, $\beta = -2\lambda$, $\gamma = -\lambda$ où λ est un scalaire quelconque. Ils définissent le kernel de T.

Il y a un théorème important liant $\mathrm{Im}(V)$ et $\mathrm{Ker}(T)$.

Théorème du rang : *Soit deux espaces V et W et une application linéaire T de V vers W. Alors*

$$\text{dim de } \mathrm{Im}(V) + \text{dim de } \mathrm{Ker}(T) = \text{dim de } V \tag{8.16}$$

où dim veut dire dimension.

Démonstration : Ce que dit ce théorème est plus ou moins évident, ou en tout cas très intuitif. Sa démonstration toutefois, si on veut la rendre impeccable, est un peu « messy ».

Le lecteur et la lectrice en trouveront une raisonnablement claire[11] à la page `https://en.wikipedia.org/wiki/Rank%E2%80%93nullity_theorem#First_proof`

11. C'est-à-dire qui ne montre pas un tropisme trop appuyé pour les forêts de signes. Notre philosophie est que les démonstrations « forêt de signes », mathématiquement impeccables, mais difficilement pénétrables, ne sont pas la bonne façon de donner goût aux mathématiques, les enseigner, et donner aux élèves la capacité de les utiliser plus tard dans leur métier. Il faut avant tout montrer les grandes idées, et indiquer seulement schématiquement la structure des démonstrations.

Exercice 8.9 : Vérifier que le théorème du rang s'applique avec les données de l'exercice 8.8.

Ceci achève ce que nous voulions dire sur l'algèbre linéaire et les vecteurs en essayant de rester, autant que faire se peut, au niveau de la définition intrinsèque des vecteurs, c'est-à-dire sans les manipuler à l'aide de leurs composantes dans une base.

La lectrice et le lecteur savent sans doute que dès qu'on veut faire du travail concret sur les vecteurs en physique et en mathématiques, il est commode, voire nécessaire, de les manipuler à l'aide de leurs composantes dans une base. Il faut même parfois changer de base.

Cela va nous conduire aux matrices et au calcul matriciel qui sont le sujet de la leçon suivante.

Suggestions de lecture

`https://en.wikipedia.org/wiki/Linear_algebra#Vector_spaces`

Shilov Georgi, *Linear algebra*, Dover, 1971

Strang Gilbert, *Introduction à l'algèbre linéaire*, Presses Polytechniques de Montréal, 2015. Les cours de Gilbert Strang sont disponibles sur YouTube, par exemple : `https://www.youtube.com/watch?v=lUUte2o2Sn8`

Susskind Leonard & Friedman Art, *Mécanique quantique*, PPUR, 2015. Ouvrage de niveau universitaire.

Leçon 9 :
Matrices et calcul matriciel

De même que la compréhension des vecteurs dans le plan est une bonne introduction aux espaces vectoriels de dimension n quelconque, la compréhension de la façon dont on introduit les matrices carrées à deux lignes et deux colonnes dans les calculs en algèbre linéaire est une bonne introduction aux matrices en général et au calcul matriciel.

Pour commencer voyons ainsi un petit exemple. Soit un espace vectoriel V de dimension 2, c'est-à-dire si l'on veut $\mathbb{R}^2$, mais sans s'occuper de produit scalaire, d'orthogonalité, de distance, ni d'angles. Comme dans la leçon précédente, on peut se figurer notre espace V comme ceci :

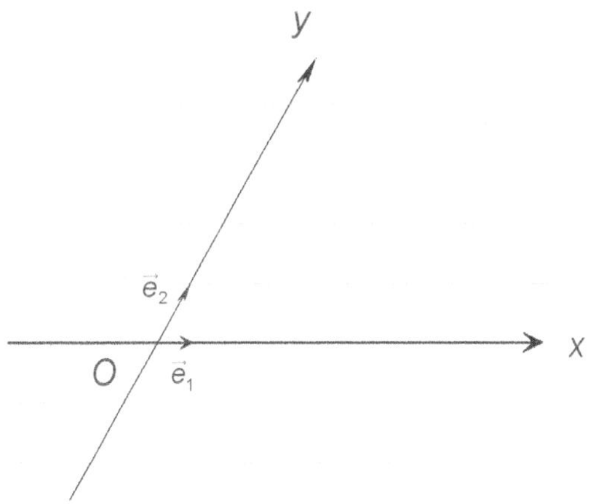

Figure 9.1 : Espace vectoriel quelconque de dimension 2, muni d'une base $E = \{\vec{e}_1, \vec{e}_2\}$ [1].

On fait l'hypothèse qu'on dispose d'une base $E = \{\vec{e}_1, \vec{e}_2\}$.

1. On a changé la notation des vecteurs de la base par rapport à la figure 8.5, car plus loin, leçon 11, on va parler aussi d'une autre base F.

Un vecteur $\vec{v}$ quelconque dans V a une décomposition unique dans la base E :

$$\vec{v} = v_1\vec{e}_1 + v_2\vec{e}_2 \tag{9.1}$$

On note habituellement les composantes d'un vecteur en colonne, donc on écrit aussi

$$\vec{v} = \begin{pmatrix} v_1 \\ v_2 \end{pmatrix} \tag{9.2}$$

Et s'il faut préciser qu'il s'agit des composantes de $\vec{v}$ *dans la base* E, on ajoutera un index comme ceci

$$\vec{v} = \begin{pmatrix} v_1 \\ v_2 \end{pmatrix}_e \tag{9.3}$$

Exercice 9.1 : Soit un espace V de dimension 2, muni d'une base E. Exerçons-nous à travailler avec des vecteurs.

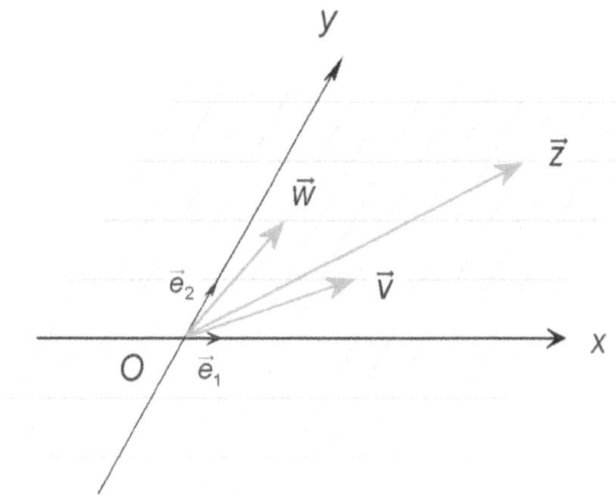

Figure 9.2 : Vecteurs $\vec{v}$, $\vec{w}$ et $\vec{z}$.

1. Quelles sont les composantes dans la base E des vecteurs $\vec{v}$, $\vec{w}$ et $\vec{z}$ montrés sur la figure 9.2 ?
2. Si une application linéaire T envoie $\vec{e}_1$ vers $\vec{v}$ et $\vec{e}_2$ vers $\vec{w}$, vers quel vecteur envoie-t-elle $\vec{z}$? Donner les composantes de $T(\vec{z})$ dans la base E.

Aide : Lire la solution ci-dessous.

Donnons la solution de l'exercice 9.1.

Réponse à la première question : on voit sur le dessin que $\vec{v} = 4\vec{e}_1 + \vec{e}_2$. Donc

$$\vec{v} = \begin{pmatrix} 4 \\ 1 \end{pmatrix} \tag{9.4a}$$

De même, $\vec{w} = \vec{e}_1 + 2\vec{e}_2$. Donc

$$\vec{w} = \begin{pmatrix} 1 \\ 2 \end{pmatrix} \tag{9.4b}$$

Et $\vec{z} = 7\vec{e}_1 + 3\vec{e}_2$. Donc

$$\vec{z} = \begin{pmatrix} 7 \\ 3 \end{pmatrix} \tag{9.4c}$$

Nous prenons dans notre exemple des vecteurs à composantes entières pour la simplicité de l'écriture. Mais V est un espace vectoriel sur $\mathbb{R}$, et on pourrait naturellement considérer des vecteurs avec des composantes rationnelles ou réelles quelconques. Ce serait seulement un peu plus lourd à lire.

Voyons comment on résout la deuxième question. Les données du problème nous disent de considérer une application linéaire T qui, par hypothèse, satisfait

$$T(\vec{e}_1) = \vec{v} \quad \text{et} \quad T(\vec{e}_2) = \vec{w} \tag{9.5}$$

La solution de la première question nous a donné en particulier

$$\vec{z} = 7\vec{e}_1 + 3\vec{e}_2 \tag{9.6}$$

On utilise la linéarité de T pour écrire

$$T(\vec{z}) = 7\,T(\vec{e}_1) + 3\,T(\vec{e}_2) \tag{9.7}$$

soit donc aussi

$$T(\vec{z}) = 7\vec{v} + 3\vec{w} \tag{9.8}$$

On peut réécrire (9.8) en mettant pour $\vec{v}$ et $\vec{w}$ leurs expressions dans la base E obtenues aussi dans la réponse à la première question :

$$T(\vec{z}) = 7\,(4\vec{e}_1 + \vec{e}_2) + 3\,(\vec{e}_1 + 2\vec{e}_2) \tag{9.9}$$

Après réorganisation, on obtient

$$T(\vec{z}) = 31\,\vec{e}_1 + 13\,\vec{e}_2 \tag{9.10}$$

C'est le vecteur image de $\vec{z}$ par l'application linéaire T. Si on le dessinait sur la figure 9.2, son extrémité serait loin en haut à droite.

Noter que $T(\vec{z})$ n'est pas colinéaire avec z. Nous mentionnons ce fait, car plus loin nous serons au contraire très intéressés par les vecteurs $\vec{z}$ tels que $T(\vec{z}) = \lambda\vec{z}$ où λ est un scalaire quelconque.

Première matrice

Nous venons de calculer les composantes du vecteur image d'un vecteur $\vec{z}$ donné par une application linéaire T, par laquelle on connaissait aussi les images des vecteurs de la base. Étant donné que nous avons travaillé avec des données numériques particulières, on ne peut pas voir grand-chose des mécanismes généraux. On a simplement trouvé la solution. On ne peut pas en extraire quoi que ce soit d'intéressant.

Refaisons donc le même exercice où à la place des composantes numériques on considère des variables quelconques.

Supposons que

$$T(\vec{e}_1) = \begin{pmatrix} a \\ b \end{pmatrix}, \quad T(\vec{e}_2) = \begin{pmatrix} c \\ d \end{pmatrix} \tag{9.11}$$

et

$$\vec{z} = \begin{pmatrix} u \\ v \end{pmatrix} \tag{9.12}$$

Calculons à nouveau l'image de $\vec{z}$ par T. On peut maintenant aller plus vite :

$$\begin{aligned} T(\vec{z}) &= u\,T(\vec{e}_1) + v\,T(\vec{e}_2) \\ &= u\,(a\vec{e}_1 + b\vec{e}_2) + v\,(c\vec{e}_1 + d\vec{e}_2) \\ &= (au + cv)\,\vec{e}_1 + (bu + dv)\vec{e}_2 \end{aligned}$$

Autrement dit

$$T(\vec{z}) = \begin{pmatrix} au + cv \\ bu + dv \end{pmatrix} \tag{9.13}$$

Maintenant on voit apparaître une structure simple qu'on ne voyait pas tant qu'on se limitait à un exemple numérique.

Le vecteur $T(\vec{z})$ est construit simplement à partir des quatre composantes des vecteurs de la base et des deux composantes de $\vec{z}$.

De même que les mathématiciens du XIXe siècle ont introduit les vecteurs comme une commodité de notation (voir notre livre de seconde), ils ont introduit le tableau suivant

$$\begin{pmatrix} a & c \\ b & d \end{pmatrix} \tag{9.14}$$

et l'ont appelé la *matrice* M des composantes des transformées par T des deux vecteurs de base. La première colonne de M est le vecteur $T(\vec{e}_1)$, la seconde est le vecteur $T(\vec{e}_2)$. D'une certaine façon, cette matrice M est une représentation dans la base E de l'application linéaire T.

Si on *définit* le produit [2] d'une matrice par un vecteur comme ceci

$$\begin{pmatrix} a & c \\ b & d \end{pmatrix} \begin{pmatrix} u \\ v \end{pmatrix} = \begin{pmatrix} au + cv \\ bu + dv \end{pmatrix} \tag{9.15}$$

alors on peut écrire

$$T(\vec{z}) = M\vec{z} \tag{9.16}$$

Ce n'était là encore, au départ, qu'une commodité de notation. Insistons sur la façon dont on construit le produit de M par $\vec{z}$. Pour obtenir la première composante du vecteur à droite dans la formule (9.15), on prend le vecteur colonne $\begin{pmatrix} u \\ v \end{pmatrix}$ et, en le retournant (dans le sens positif) à l'horizontale, on vient le faire correspondre avec le premier vecteur ligne de la matrice M, c'est-à-dire $\begin{pmatrix} a & c \end{pmatrix}$, voir figure 9.3.

$$\begin{pmatrix} a & c \\ b & d \end{pmatrix} \begin{pmatrix} u \\ v \end{pmatrix} = \begin{pmatrix} au + cv \\ \end{pmatrix}$$

Figure 9.3 : Déplacement de $\begin{pmatrix} u \\ v \end{pmatrix}$ pour le faire correspondre à $\begin{pmatrix} a & c \end{pmatrix}$.

On fait alors tous les produits de variables qui se correspondent, puis on fait la somme de ces produits. Cela donne la première composante du membre de droite de (9.15).

2. Noter que le mot « produit » signifie simplement, comme en français courant, « résultat d'une opération ». Ici ce n'est pas exactement une multiplication. Le membre de droite de (9.15) est une colonne de sommes de multiplications.

On fait ensuite la même chose pour calculer la deuxième composante du membre de droite de (9.15) : on fait « coller » $\begin{pmatrix} u \\ v \end{pmatrix}$ avec la deuxième ligne de la matrice, figure 9.4.

$$\begin{pmatrix} a & c \\ b & d \end{pmatrix} \begin{pmatrix} u \\ v \end{pmatrix} = \begin{pmatrix} au + cv \\ bu + dv \end{pmatrix}$$

Figure 9.4 : Déplacement de $\begin{pmatrix} u \\ v \end{pmatrix}$ pour le faire correspondre à $\begin{pmatrix} b & d \end{pmatrix}$.

On fait à nouveau tous les produits de variables qui se correspondent, puis on fait la somme de ces produits. Cela donne la deuxième composante du membre de droite de (9.15).

On peut refaire l'exercice 9.1 en utilisant notre nouvel outil. La matrice M construite avec les composantes des transformés des vecteurs de base est

$$M = \begin{pmatrix} 4 & 1 \\ 1 & 2 \end{pmatrix} \tag{9.17}$$

Le vecteur $\vec{z}$ est

$$\vec{z} = \begin{pmatrix} 7 \\ 3 \end{pmatrix}$$

Avec la mécanique de multiplication de M par $\vec{z}$ que nous venons d'expliquer, on obtient immédiatement

$$T(\vec{z}) = M\vec{z} = \vec{z} = \begin{pmatrix} 31 \\ 13 \end{pmatrix} \tag{9.18}$$

qui est bien la même chose que la solution qu'on avait déjà trouvée, formule (9.10).

Exercice 9.2 : Utiliser la matrice $M = \begin{pmatrix} 4 & 1 \\ 1 & 2 \end{pmatrix}$ pour calculer l'image par T du vecteur $\begin{pmatrix} 1 \\ 1 \end{pmatrix}$.

Trouver un vecteur dont l'image par T est colinéaire avec $\vec{e}_1$.

Trouver un vecteur dont l'image par T est colinéaire avec $\vec{e}_2$.

Trouver un vecteur dont l'image par T est colinéaire avec un vecteur quelconque donné $\begin{pmatrix} u \\ v \end{pmatrix}$.

Enfin trouver un vecteur dont l'image par T est exactement le vecteur donné $\begin{pmatrix} u \\ v \end{pmatrix}$.

Nous avons atteint un premier sommet dans notre étude des matrices et du calcul matriciel. Nous savons maintenant ce qu'est une matrice à deux lignes et deux colonnes, et nous savons multiplier une telle matrice par un vecteur colonne à deux composantes.

C'était l'Aiguille du Midi. Attaquons maintenant le Mont-Blanc.

Composition de deux applications linéaires

On va maintenant considérer deux applications linéaires T et U, et on va les composer, c'est-à-dire prendre un vecteur $\vec{z}$ quelconque, calculer son transformé par T, puis calculer le transformé par U de $T(\vec{z})$.

Ce n'est jamais que l'étude de la composition $U \circ T$. On a vu ces dernières années qu'on est constamment amenés à étudier la composition de fonctions. On sait même maintenant, pour les fonctions de $\mathbb{R}$ vers $\mathbb{R}$, calculer la dérivée de la composée de deux fonctions.

Mais ici nous sommes dans les espaces vectoriels. Les fonctions qui nous intéressent ne sont pas des fonctions de $\mathbb{R}$ vers $\mathbb{R}$, mais des fonctions d'un espace vectoriel vers un autre – lequel peut-être le même que le premier.

Et on s'intéresse aux fonctions *linéaires*, qu'on appelle traditionnellement des *applications linéaires*.

Évidemment un jour on va s'intéresser à l'analyse appliquée aux vecteurs, aux applications, aux matrices... On va différentier tout ce petit monde. Ce ne sera plus le Mont-Blanc, mais de premiers sommets dans l'Himalaya :-) Mais, bon, ce sera à l'université.

Profitons-en pour rappeler pourquoi on a inventé l'analyse. Quand on observe la nature, on voit tout de suite que des quantités qui nous intéressent sont fonction d'autres quantités qu'on peut mesurer. Par exemple, la température atteinte dans une pompe à vélo quand on comprime le piston est fonction de la pression qu'on crée dans la chambre de la pompe à vélo. Je résume évidemment. Nous ne sommes pas dans un cours de physique. Il faudrait parler de transformation adiabatique, ce qui ne nous intéresse pas toujours quand on regonfle son vélo :-)

Il y a partout dans la nature, vraiment partout, des variables fonction d'autres variables. Et on peut souvent modéliser cela avec des mathématiques – pas toujours, certes : la biologie, la psychologie, l'histoire se prêtent mal à une modélisation mathématique. Mais aussi surprenant que cela puisse paraître on commence à modéliser mathématiquement la littérature. Laissons cela de côté pour ne pas être accusé de fumisterie par les gens qui ne savent pas comment l'IA générative écrit de meilleures dissertations qu'eux, écrit des livres, compose des morceaux de musique, crée des tableaux, etc. Ce livre n'est pas écrit par de l'IA générative. Mais, mes collègues auteurs dans vingt ans, je ne jurerais pas que ce ne seront pas des Large Language Models.

En tout cas, quand on observe la nature et qu'on a construit des modèles mathématiques avec toutes sortes de fonctions reliant telle variable y à telles variables $(x_1, x_2, ..., x_n)$, on s'intéresse généralement à l'effet d'un petit changement dans la variable x_i sur la variable y. On obtient un taux de variation local qu'on note $\dfrac{\partial y}{\partial x_i}$. Et localement un petit changement double de x_i entraîne un petit changement double de y. Et les impacts des petits changements dans chaque variable indépendante x_i sont indépendants et s'additionnent. Autrement dit

$$\Delta y \approx \sum_i \frac{\partial y}{\partial x_i} \Delta x_i \tag{9.19}$$

C'est une variante de la formule (8.6), p. 132, qu'on a vue dans la leçon précédente.

En outre, grâce au calcul intégral, quand on connaît le taux de variation local d'une fonction y sur tout un intervalle de la variable indépendante x, on peut reconstituer la variation globale de cette quantité sur tout l'intervalle. Si je connais ma vitesse y' en chaque temps t entre t_1 et t_2, je peux calculer mon déplacement total y entre t_1 entre t_2.

On sera évidemment amenés à appliquer ces techniques d'analyse avec les nouveaux outils qu'on se construit et les différentes quantités fondamentales qu'étudie la physique : fonctions, vecteurs, matrices, champs vectoriels, champs gravitationnels, tenseurs, quantité de mouvement, matière, matière noire, énergie noire, etc.

Revenons à nos applications linéaires de V vers W, et prenons $W = V$ pour ne pas multiplier, sans que cela ait une utilité particulière, les objets et les notations. Observons pour commencer que si T est une application linéaire, et U est une application linéaire, alors $U \circ T$ est aussi une application linéaire. C'est l'exercice 9.3. Et évidemment $T \circ U$ aussi. Même si ce ne sont pas en général les mêmes applications, i.e. en général $U \circ T \neq T \circ U$.

Bref, au sein de l'ensemble des applications linéaires de l'espace V vers l'espace V, il y a une opération naturelle : c'est la composition.

Ah, ah, opération ? Structure algébrique ? Les applications linéaires de V vers l'espace V formeraient-elles un groupe ? Réponse : non. Elles ne forment pas un groupe, mais elles forment une autre structure algébrique dont on a juste mentionné l'existence dans la leçon 7. Et les mathématiciens, une fois n'est pas coutume, ont manqué d'imagination pour nommer cette structure algébrique. Ils l'ont appelée... une *algèbre* :-) C'est une algèbre sur le même corps que celui qui est déjà associé à V.

> **Exercice 9.3** : Si T est une application linéaire de V vers V, ce qu'on appelle un endomorphisme de V, et U est aussi un endomorphisme de V, montrer que $U \circ T$ est encore un endomorphisme de V.

Nous allons maintenant étudier ces objets à l'aide de leurs composantes. On est toujours dans un espace vectoriel V de dimension 2, et on a une base $E = \{\vec{e}_1, \vec{e}_2\}$. On considère deux endomorphismes T et U. Supposons que la matrice qui représente T dans la base E est

$$T = \begin{pmatrix} a & c \\ b & d \end{pmatrix}$$

et celle représentant U est

$$U = \begin{pmatrix} e & g \\ f & h \end{pmatrix}$$

Vous levez peut-être le sourcil en songeant : « Euh ! T est un endomorphisme,

$$\begin{pmatrix} a & c \\ b & d \end{pmatrix}$$

est une matrice. On ne peut pas écrire cavalièrement qu'un objet intrinsèque est égal à une de ses représentations dans une base ! »

Sans doute, mais vous l'avez accepté sans faire de difficultés quand on écrivait

$$\vec{z} = \begin{pmatrix} u \\ v \end{pmatrix}$$

alors continuons à assimiler les endomorphismes à leur matrice, tant que ça ne crée pas de confusion. L'alternative est un océan de notations distinctes pour des notions presque identiques. Revient alors à la mémoire le principe de Jean Dutourd : « C'est à son goût pour les exactitudes inutiles qu'on reconnaît le ... » (voir notre livre de première, p. 240).

Calculons les composantes du vecteur $U[T(\vec{z})]$. On connaît déjà $T(\vec{z})$. C'est le membre de droite de la formule (9.15), que nous reproduisons ci-dessous :

$$T(\vec{z}) = \begin{pmatrix} au + cv \\ bu + dv \end{pmatrix} \tag{9.20}$$

De même si on a un vecteur

$$\vec{s} = \begin{pmatrix} x \\ y \end{pmatrix}$$

le transformé de $\vec{s}$ par U est

$$U(\vec{s}) = \begin{pmatrix} e & g \\ f & h \end{pmatrix} \begin{pmatrix} x \\ y \end{pmatrix} = \begin{pmatrix} ex + gy \\ fx + hy \end{pmatrix} \tag{9.21}$$

Alors prenons notre courage à deux mains, et écrivons $U[T(\vec{z})]$. Dans la formule (9.21), on remplace x par $au + cv$ et y par $bu + dv$. La première composante de $U[T(\vec{z})]$ est

$$e(au + cv) + g(bu + dv)$$

et la deuxième est

$$f(au + cv) + h(bu + dv)$$

On peut réécrire cela

$$U[T(\vec{z})] = \begin{pmatrix} (ae + bg)u + (ce + dg)v \\ (af + bh)u + (cf + dh)v \end{pmatrix} \tag{9.22}$$

Compte tenu de notre définition de la multiplication d'une matrice par un vecteur, on peut aussi l'écrire

$$U[T(\vec{z})] = \begin{pmatrix} ae + bg & ce + dg \\ af + bh & cf + dh \end{pmatrix} \begin{pmatrix} u \\ v \end{pmatrix} \tag{9.23}$$

On a donc maintenant une matrice qui correspond à l'application linéaire $U \circ T$:

$$U \circ T = \begin{pmatrix} ae+bg & ce+dg \\ af+bh & cf+dh \end{pmatrix} \tag{9.24}$$

Ce n'est pas tout. Quand on examine attentivement cette matrice, on voit qu'elle est construite d'une façon qui ressemble à la façon dont on a construit $M\vec{z}$.

Sa première colonne est le produit

$$\begin{pmatrix} e & g \\ f & h \end{pmatrix} \begin{pmatrix} a \\ b \end{pmatrix}$$

et sa deuxième colonne est le produit

$$\begin{pmatrix} e & g \\ f & h \end{pmatrix} \begin{pmatrix} c \\ d \end{pmatrix}$$

Alors de même qu'on a définit le produit d'une matrice par un vecteur, on définit le produit d'une matrice par une matrice :

$$\begin{pmatrix} ae+bg & ce+dg \\ af+bh & cf+dh \end{pmatrix} \quad \text{est la } \textit{définition} \text{ de} \quad \begin{pmatrix} e & g \\ f & h \end{pmatrix} \begin{pmatrix} a & c \\ b & d \end{pmatrix} \tag{9.25}$$

Observer qu'on a le même mécanisme de report de la première colonne de $\begin{pmatrix} a & c \\ b & d \end{pmatrix}$, expliqué sur la figure (9.3), pour la faire « coller » à la première ligne de $\begin{pmatrix} e & g \\ f & h \end{pmatrix}$ et calculer ainsi la première composante en haut à gauche de la matrice produit comme étant $ae + bg$.

Exercice 9.4 : Montrer que le produit

$$\begin{pmatrix} 1 & 2 \\ 3 & 4 \end{pmatrix} \begin{pmatrix} -2 & 5 \\ 3 & -2 \end{pmatrix}$$

est égal à

$$\begin{pmatrix} 4 & 1 \\ 6 & 7 \end{pmatrix}$$

Est-ce que c'est aussi égal au produit des deux matrices dans l'ordre inverse ?

$$\begin{pmatrix} -2 & 5 \\ 3 & -2 \end{pmatrix} \begin{pmatrix} 1 & 2 \\ 3 & 4 \end{pmatrix}$$

Nous sommes parvenus à l'expression matricielle de la composition de deux endomorphismes. C'est suffisamment important pour l'écrire en italique dans un encadré

Théorème : *Si le vecteur* $\vec{z}$ *a pour composantes* $\begin{pmatrix} u \\ v \end{pmatrix}$ *et les endomorphismes* T *et* U *ont respectivement pour composantes* $\begin{pmatrix} a & c \\ b & d \end{pmatrix}$ *et* $\begin{pmatrix} e & g \\ f & h \end{pmatrix}$, *alors*

$$U \circ T(\vec{z}) = \begin{pmatrix} e & g \\ f & h \end{pmatrix} \begin{pmatrix} a & c \\ b & d \end{pmatrix} \begin{pmatrix} u \\ v \end{pmatrix} \tag{9.26}$$

où le produit des deux matrices est défini *par la formule*

$$\begin{pmatrix} e & g \\ f & h \end{pmatrix} \begin{pmatrix} a & c \\ b & d \end{pmatrix} = \begin{pmatrix} ae + bg & ce + dg \\ af + bh & cf + dh \end{pmatrix} \tag{9.27}$$

Nous savons multiplier deux matrices entre elles. Et nous savons que le produit sert à représenter la composition des applications linéaires. Pour l'instant il ne s'agit que de matrices à deux lignes et deux colonnes, dites matrices 2×2. On a travaillé seulement dans un espace de dimension 2. Mais la généralisation à un espace de dimension n avec des vecteurs colonnes à n composantes, et des matrices carrées $n \times n$ sera très facile, voir p. 159.

Le nouvel outil dont on vient de se doter – les matrices – est à la fois très simple et très sophistiqué. On ne sait pas quel attribut souligner. Aujourd'hui, en mathématiques, les matrices sont partout. Leurs premières propriétés, qui se prêtent bien à des interprétations géométriques, sont plutôt simples. Mais elles ne sont apparues qu'au milieu du XIXe siècle. Et même, comme pour Gregor Mendel (1822, 1884) avec les lois élémentaires de la génétique, le travail de Grassmann n'a été noté qu'après qu'il eut été retrouvé par d'autres des années plus tard.

Il y a un grand nombre de faits, propriétés et résultats sur les matrices qu'il faut connaître. Nous allons commencer dans la suite de cette leçon. Puis nous continuerons dans la leçon suivante et celle d'après.

À la fin de la leçon 11, nous n'aurons présenté que les principaux résultats nécessaires pour les physiciens et les ingénieurs. Il en restera encore beaucoup d'autres dans la boîte à outils du mathématicien, dans le compartiment des matrices, y compris nécessaires aux physiciens et aux ingénieurs.

Nous sommes une fois de plus un peu comme quand nous nous sommes dotés des nouveaux nombres qu'étaient les nombres complexes, ou même quand nous nous sommes dotés de la différentiation et de l'intégration : nous sommes à l'orée d'un immense territoire à découvrir.

C'est le propre des mathématiques d'ouvrir de nouveaux territoires contenant de nouveaux outils et de nouvelles méthodes auxquels on peut consacrer une vie à les explorer ou les utiliser.

Le cours de terminale a cette caractéristique qu'il est à la fois la clé de voute des mathématiques du collège et du lycée, mais aussi un cours d'initiation aux mathématiques supérieures.

Terminons cette leçon d'introduction aux matrices et au calcul matriciel par une section un peu technique, comme dans les immeubles il y a des locaux techniques qu'on ne met pas en avant.

Puis dans les deux leçons suivantes, nous aborderons l'étude des propriétés extraordinaires des matrices.

Opérations, notations et terminologie

Pour nous une matrice est un tableau – carré ou rectangulaire – de nombres réels [3]. Ses éléments peuvent être des quantités numériques comme

$$\begin{pmatrix} 1 & 3 & 5 \\ 2 & 4 & 6 \end{pmatrix} \tag{9.28}$$

ou des variables représentant des quantités numériques comme

$$\begin{pmatrix} a & c & e \\ b & d & f \end{pmatrix} \tag{9.29}$$

Quand ce ne sont pas des nombres explicites comme dans (9.28), nous allons désormais représenter les composantes des matrices non plus par une collection de lettres comme (9.29), mais par quelques lettres indexées par deux index, le premier index repérant la ligne de la composante, et le second index la colonne de la composante.

3. Les matrices de nombres complexes ne sont pas beaucoup plus compliquées, quoique les nombres complexes conjugués, y jouent un rôle important qui rend la manipulation des matrices complexes plus sophistiquée. Mais nous allons les laisser de côté.

Nous regarderons ainsi des matrices comme

$$M = \begin{pmatrix} a_{11} & a_{12} & \dots & a_{1m} \\ a_{21} & a_{22} & \dots & a_{2m} \\ \vdots & \vdots & \ddots & \vdots \\ a_{n1} & a_{n2} & \dots & a_{nm} \end{pmatrix} \tag{9.30}$$

ou

$$P = \begin{pmatrix} b_{11} & b_{12} & \dots & b_{1q} \\ b_{21} & b_{22} & \dots & b_{2q} \\ \vdots & \vdots & \ddots & \vdots \\ b_{p1} & b_{p2} & \dots & b_{pq} \end{pmatrix} \tag{9.31}$$

La matrice M a n lignes et m colonnes. La matrice P a p lignes et q colonnes.

Les matrices sont pour nous des *super nombres*.

Les nombres servent à représenter des comptes ou des mesures de toutes sortes de choses. On peut avoir 3 objets, $-3,5$ degrés Celsius, 2π mètres, 1,732 $\times$ 10^3 kg$\times$m, etc. Les nombres réels ont une addition et une multiplication qui ont pour origine des comptes d'objets et des mesures de surfaces.

De même les matrices servent à représenter toutes sortes de quantités mathématiques multidimensionnelles : les applications linéaires, mais aussi les vecteurs, ainsi que d'autres créatures comme par exemple les tenseurs d'ordre 2 qu'on étudie à l'université.

Les vecteurs nous sont déjà familiers. Les vecteurs colonnes sont des matrices à n lignes et une colonne.

Les matrices ont pour origine la représentation des applications linéaires dans une base. L'opération de multiplication correspond à la composition des applications linéaires.

On n'a pas parlé encore de l'addition des matrices. Réglons tout de suite la question. On définit l'addition de deux matrices M et P *de même dimension* (c'est-à-dire M a n lignes et m colonnes et P aussi) comme la matrice Q à n lignes et m colonnes dont les composantes sont

$$c_{ij} = a_{ij} + b_{ij} \tag{9.32}$$

Nous avons vu la multiplication de deux matrices carrées 2×2. Cette multiplication se généralise à la multiplication d'une matrice M par une matrice P, produisant une matrice MP, *à la condition que* le nombre de lignes de la matrice P soit égal au nombre de colonnes de la matrice M.

Pour être complets, explicitons comment on multiplie une matrice M de dimension $n \times m$ par une matrice P de dimension $m \times q$

$$MP = \begin{pmatrix} a_{11} & a_{12} & \dots & a_{1m} \\ a_{21} & a_{22} & \dots & a_{2m} \\ \vdots & \vdots & \ddots & \vdots \\ a_{n1} & a_{n2} & \dots & a_{nm} \end{pmatrix} \begin{pmatrix} b_{11} & b_{12} & \dots & b_{1q} \\ b_{21} & b_{22} & \dots & b_{2q} \\ \vdots & \vdots & \ddots & \vdots \\ b_{m1} & b_{m2} & \dots & b_{mq} \end{pmatrix}$$

Pour obtenir la composante c_{ij} de la matrice MP on prend la colonne j de la matrice P et on la fait correspondre avec la ligne i de la matrice M. On calcule les m produits $a_{ik}b_{kj}$ et on fait leur somme.

$$\begin{pmatrix} a_{11} & a_{12} & \dots & a_{1m} \\ \vdots & \vdots & \ddots & \vdots \\ \boxed{a_{i1}} & \boxed{a_{i2}} & \boxed{\dots} & \boxed{a_{im}} \\ \vdots & \vdots & \ddots & \vdots \\ a_{n1} & a_{n2} & \dots & a_{nm} \end{pmatrix} \begin{pmatrix} b_{11} & \dots & \boxed{b_{1j}} & \dots & b_{1q} \\ b_{21} & \dots & \boxed{b_{2j}} & \dots & b_{1q} \\ \vdots & \ddots & \boxed{\vdots} & \ddots & \vdots \\ b_{m1} & \dots & \boxed{b_{mj}} & \dots & b_{mq} \end{pmatrix}$$

Figure 9.5 : Multiplication terme à terme de la i-ième ligne de M par la j-ième colonne de P.

La composante c_{ij} de la matrice produit est la somme

$$c_{ij} = \sum_k a_{ik}b_{kj} \tag{9.33}$$

La formule (9.15), reproduite ci-dessous,

$$\begin{pmatrix} a & c \\ b & d \end{pmatrix} \begin{pmatrix} u \\ v \end{pmatrix} = \begin{pmatrix} au + cv \\ bu + dv \end{pmatrix} \tag{9.34}$$

est maintenant simplement vue comme la multiplication d'une matrice à deux lignes, par une matrice à deux colonnes. Que la première ait par ailleurs deux lignes, et la seconde une seule colonne ne joue pas de rôle dans la faisabilité de l'opération.

Par exemple la multiplication suivante est possible

$$\begin{pmatrix} a & d \\ b & e \\ c & f \end{pmatrix} \begin{pmatrix} u \\ v \end{pmatrix} = \begin{pmatrix} au + dv \\ bu + ev \\ cu + fv \end{pmatrix} \tag{9.35}$$

En revanche celle-ci ne l'est pas

$$\begin{pmatrix} a & d \\ b & e \\ c & f \end{pmatrix} \begin{pmatrix} u \\ v \\ w \end{pmatrix}$$

Le produit scalaire de deux vecteurs $\vec{u}$ et $\vec{v}$ chacun à n composantes est simplement la multiplication matricielle du premier mis sous forme d'un vecteur ligne par le second resté sous forme d'un vecteur colonne

$$\begin{pmatrix} u_1 & u_2 & u_3 \end{pmatrix} \begin{pmatrix} v_1 \\ v_2 \\ v_3 \end{pmatrix} = u_1v_1 + u_2v_2 + u_3v_3 \tag{9.36}$$

On peut aussi multiplier un vecteur colonne par un vecteur ligne

$$\begin{pmatrix} u_1 \\ u_2 \\ u_3 \end{pmatrix} \begin{pmatrix} v_1 & v_2 \end{pmatrix} = \begin{pmatrix} u_1v_1 & u_1v_2 \\ u_2v_1 & u_2v_2 \\ u_3v_1 & u_3v_2 \end{pmatrix} \tag{9.37}$$

mais nous n'allons pas nous en occuper.

Si on a une matrice

$$M = \begin{pmatrix} a_{11} & a_{12} & \dots & a_{1m} \\ a_{21} & a_{22} & \dots & a_{2m} \\ \vdots & \vdots & \ddots & \vdots \\ a_{n1} & a_{n2} & \dots & a_{nm} \end{pmatrix}$$

par exemple, pour être concret,

$$M = \begin{pmatrix} 1 & 2 \\ 3 & 4 \\ 5 & 6 \end{pmatrix}$$

alors la matrice obtenue en inversant les lignes et les colonnes, c'est-à-dire

$$\begin{pmatrix} 1 & 3 & 5 \\ 2 & 4 & 6 \end{pmatrix}$$

s'appelle la transposée de M et est notée M^{t}.

On peut donc dire que le produit scalaire des deux vecteurs colonnes $\vec{u}$ et $\vec{v}$, noté généralement $< \vec{u}, \vec{v} >$ ou simplement $\vec{u} \cdot \vec{v}$ est techniquement le produit matriciel du transposé de $\vec{u}$ par $\vec{v}$. Mais dans ce cours on ne va pas utiliser l'opération de transposition pour transformer un vecteur colonne en vecteur ligne, même si c'est utile en mathématiques plus avancées [4].

Exercice 9.5 : Calculer le produit

$$\begin{pmatrix} 1 & 2 & 3 \\ 4 & 5 & 6 \\ 7 & 8 & 9 \end{pmatrix} \begin{pmatrix} -2 & 5 \\ 3 & -2 \\ 1 & 1 \end{pmatrix}$$

Nous en avons fini avec cette section générale sur les opérations avec les matrices, les notations et la terminologie.

Nous allons désormais focaliser notre attention sur les matrices carrées représentant un endomorphisme dans une base. Dans les deux leçons suivantes, nous allons commencer à étudier toutes les propriétés extraordinaires de ces « super nombres » que sont les matrices et découvrir aussi leur grande commodité.

Suggestions de lecture

EVES Howard, *Elementary Matrix Theory*, Dover, 1980.

GANTMACHER Felix, *The Theory of Matrices*, Chelsea, 1959.

WISNIEWSKI Guillaume, *Faire parler les ordinateurs : La révolution ChatGPT*, Dunod, 2024.

4. Quand on étudie, en particulier, l'espace vectoriel *dual* d'un espace vectoriel V.

Leçon 10 :

Matrice inverse et déterminant

Nous sommes maintenant dans un espace vectoriel V de dimension n, muni d'une base $E = \{\vec{e}_1, \vec{e}_2, ..., \vec{e}_n\}$, et nous nous intéressons aux endomorphismes de V vers lui-même. Ces endomorphismes sont des créatures intrinsèques – c'est-à-dire ne dépendant pas d'une base quelconque – mais étant donné qu'on s'est doté d'une base, nous allons surtout les étudier dans leur forme matricielle, avec leurs composantes dans cette base.

Nous ne regardons plus que des matrices carrées de dimensions $n \times n$.

On a dit que ces matrices forment une structure qu'on appelle une algèbre. Il y a une addition et une multiplication. Mais ce n'est pas un corps. Pour l'addition, les matrices $n \times n$ (nous ne répèterons plus par la suite qu'on parle toujours de dimension $n \times n$) forment néanmoins un groupe. L'élément neutre est la matrice composée entièrement de zéros. Une matrice a une opposée qui est formée avec les mêmes composantes dont on a changé tous les signes.

Pour la multiplication, elles ne forment pas un groupe. Il y a cependant un élément neutre. C'est la matrice composée de 1 sur la diagonale allant d'en haut à gauche à en bas à droite, et de 0 partout ailleurs. On la note I.

$$I = \begin{pmatrix} 1 & 0 & \dots & 0 \\ 0 & 1 & \dots & 0 \\ \vdots & \vdots & \ddots & \vdots \\ 0 & 0 & \dots & 1 \end{pmatrix} \tag{10.1}$$

Exercice 10.1 : Prenez une matrice M quelconque, de dimension $n \times n$, et vérifiez que

$$MI = IM = M \tag{10.2}$$

Vérifier aussi que le produit de I par un vecteur colonne $\vec{u}$ donne encore $\vec{u}$:

$$I\vec{u} = \vec{u} \tag{10.3}$$

Toutes les matrices n'ont pas une inverse pour la multiplication. La question de l'inverse des matrices pour la multiplication est le thème principal de cette leçon.

Une curiosité, la première fois qu'on en entend parler, est qu'on peut avoir deux matrices non nulles dont le produit est nul. Par exemple

$$\begin{pmatrix} 1 & 0 \\ 0 & 0 \end{pmatrix} \begin{pmatrix} 0 & 0 \\ 0 & 1 \end{pmatrix} = \begin{pmatrix} 0 & 0 \\ 0 & 0 \end{pmatrix} \tag{10.4}$$

En fait, c'est lié à des considérations importantes sur les espaces engendrés par les endomorphismes. Nous en reparlerons à la fin de la leçon.

Avant de poursuivre, pour nous mettre en jambes, reprenons l'exercice 8.3 de la page 136. On voulait résoudre le système suivant

$$\begin{cases} 3x - 2y - z = 5 \\ x + 4y = 3 \\ -5x - 5y + z = 0 \end{cases} \tag{10.5}$$

Observons tout d'abord que les matrices nous permettent de simplifier les notations. Si on pose

$$M = \begin{pmatrix} 3 & -2 & -1 \\ 1 & 4 & 0 \\ -5 & -5 & 1 \end{pmatrix} \quad \vec{u} = \begin{pmatrix} x \\ y \\ z \end{pmatrix} \quad \vec{b} = \begin{pmatrix} 5 \\ 3 \\ 0 \end{pmatrix}$$

alors le système (10.5) se réécrit

$$M\vec{u} = \vec{b} \tag{10.6}$$

L'inconnue est le vecteur $\vec{u}$.

Ce serait bien si on pouvait trouver une matrice inverse de M, qu'on noterait M^{-1} telle que $MM^{-1} = M^{-1}M = I$. On pourrait alors écrire

$$M^{-1}M\vec{u} = M^{-1}\vec{b}$$

soit

$$\vec{u} = M^{-1}\vec{b}$$

et on aurait résolu notre problème sans coup férir.

Il se trouve qu'ici on peut trouver une matrice inverse de M. Plus loin nous allons aborder la grande question de quand une matrice a une inverse. C'est lié à la question de savoir si l'endomorphisme qu'elle représente est une bijection ou pas. Mais n'allons pas trop vite.

On verra un peu plus loin comment on calcule l'inverse de M quand elle existe[1]. Contentons-nous pour l'instant de la donner. C'est

$$M^{-1} = \begin{pmatrix} -4 & -7 & -4 \\ 1 & 2 & 1 \\ -15 & -25 & -14 \end{pmatrix} \tag{10.7}$$

Note : l'inverse d'une matrice à composantes entières – quand elle existe – ne sera en général pas une matrice à composantes entières, mais ici j'ai fabriqué un exemple simple.

Exercice 10.2 : Vérifier que

$$\begin{pmatrix} -4 & -7 & -4 \\ 1 & 2 & 1 \\ -15 & -25 & -14 \end{pmatrix} \begin{pmatrix} 3 & -2 & -1 \\ 1 & 4 & 0 \\ -5 & -5 & 1 \end{pmatrix} = \begin{pmatrix} 1 & 0 & 0 \\ 0 & 1 & 0 \\ 0 & 0 & 1 \end{pmatrix}$$

et aussi

$$\begin{pmatrix} 3 & -2 & -1 \\ 1 & 4 & 0 \\ -5 & -5 & 1 \end{pmatrix} \begin{pmatrix} -4 & -7 & -4 \\ 1 & 2 & 1 \\ -15 & -25 & -14 \end{pmatrix} = \begin{pmatrix} 1 & 0 & 0 \\ 0 & 1 & 0 \\ 0 & 0 & 1 \end{pmatrix}$$

Alors la solution du système (10.6) est toute simple, c'est

$$\vec{u} = \begin{pmatrix} -4 & -7 & -4 \\ 1 & 2 & 1 \\ -15 & -25 & -14 \end{pmatrix} \begin{pmatrix} 5 \\ 3 \\ 0 \end{pmatrix}$$

Exercice 10.3 : Montrer que l'on obtient

$$\vec{u} = \begin{pmatrix} -41 \\ 11 \\ -150 \end{pmatrix}$$

Vérifier que $M\vec{u} = \vec{b}$.

1. Elle est alors unique.

Ce hors-d'œuvre nous indique deux choses :

1. Les notations matricielles simplifient considérablement la *manipulation* des systèmes linéaires.

   Comme pour les vecteurs, l'origine des matrices est d'abord une *commodité de notation.* C'est une sorte de merveille en mathématiques que beaucoup de concepts qui sont devenus fondamentaux sont apparus, au départ, comme des commodités de notations. C'est le cas de 1, 2, 3, ... , des variables a, b, c, ... , des fonctions f, des vecteurs $\vec{u}$, des matrices M.
2. Les matrices simplifient aussi considérablement la *résolution* des systèmes linéaires.

En fait, de même que les vecteurs sont devenus dès la fin du XIXe siècle des concepts majeurs des mathématiques (comme les fonctions l'étaient devenues au XVIIe siècle), les matrices sont aussi devenues des concepts majeurs vers le début du XXe siècle [2].

Il y a une différence à noter entre les vecteurs et les matrices. Les vecteurs sont des objets géométriques intrinsèques qui ont des composantes dans une base. Si on change de base, les composantes d'un vecteur changent, mais le vecteur intrinsèque reste le même.

Les objets qui ont une nature comparable aux vecteurs ne sont pas les matrices, mais les endomorphismes. Les endomorphismes sont des objets intrinsèques, des fonctions linéaires d'un espace vectoriel vers lui-même. Ils ont des composantes dans une base. Elles sont représentées par une matrice. Si on change de base, la matrice change, mais l'endomorphisme reste le même.

Dans ce parallèle, les matrices correspondent aux nombres. C'est pourquoi je les ai appelées des *super nombres.*

Exercice 10.4 : Soit le système d'équations $x + 2y = 3$ et $x - y = 2$. Les quantités x et y sont les inconnues. Écrire ce système avec une matrice, sous la même forme que (10.6). Trouver la matrice inverse de M, et résoudre ainsi le système.

2. On a vu qu'en 1925, Werner Heisenberg (1901, 1976) pouvait encore développer la mécanique quantique – quand il avait 24 ans, et qu'il faisait une retraite dans l'île d'Heligoland, car il souffrait d'une forte allergie aux pollens – et créer des tableaux de chiffres pour ce faire, qui se sont avérés être des matrices. Mais il ne connaissait pas les matrices en mathématiques, ni les opérateurs hermitiens – qui sont certains endomorphismes d'un espace vectoriel sur le corps des complexes qui jouent un rôle fondamental en mécanique quantique.

Nous savions déjà résoudre l'exercice 10.4 avec un peu d'algèbre élémentaire. On trouve $x = 7/3$, $y = 1/3$. On savait aussi le résoudre par la géométrie

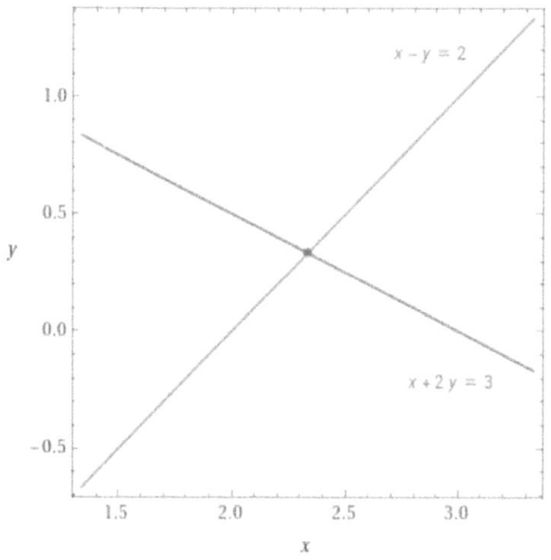

Figure 10.1 : Résolution du système $x + 2y = 3$ et $x - y = 2$ à l'aide de la géométrie analytique.

Nous avons maintenant une troisième méthode. Le système s'écrit

$$\begin{pmatrix} 1 & 2 \\ 1 & -1 \end{pmatrix} \begin{pmatrix} x \\ y \end{pmatrix} = \begin{pmatrix} 3 \\ 2 \end{pmatrix}$$

Quelques calculs (qu'on systématisera plus loin) montrent que l'inverse de la matrice $\begin{pmatrix} 1 & 2 \\ 1 & -1 \end{pmatrix}$ est $\begin{pmatrix} 1/3 & 2/3 \\ 1/3 & -1/3 \end{pmatrix}$, ce qu'on peut aussi écrire $\frac{1}{3}\begin{pmatrix} 1 & 2 \\ 1 & -1 \end{pmatrix}$. Donc

$$\begin{pmatrix} x \\ y \end{pmatrix} = \frac{1}{3}\begin{pmatrix} 1 & 2 \\ 1 & -1 \end{pmatrix}\begin{pmatrix} 3 \\ 2 \end{pmatrix} = \begin{pmatrix} 7/3 \\ 1/3 \end{pmatrix}$$

On peut imaginer la joie avec laquelle les mathématiciens du XIXe siècle ont crée les vecteurs puis les matrices, et ont découvert leurs propriétés dont les considérations ci-dessus donnent un aperçu.

Tournons-nous maintenant vers la grande question : quand une matrice est-elle inversible ? Et comment trouver son inverse ?

Déterminant d'une matrice

Peut-être faut-il rappeler pourquoi la question précédente est une question importante. Eh bien tout simplement car quand on a un système linéaire à résoudre et qu'il est exprimable sur la forme $M\vec{u} = \vec{b}$ où M est une matrice inversible, alors il suffit de trouver l'inverse de la matrice M pour résoudre le problème.

Dans la section précédente, on a d'abord donné celle du système (10.6). Puis dans l'exercice 10.4, le lecteur et la lectrice ont été invités à la trouver eux-mêmes. Maintenant nous allons voir comment la trouver systématiquement – quand elle existe.

Même si, de même que les nombres ne servent pas seulement à compter des fleurs dans un bouquet, les matrices ne servent pas seulement à représenter les endomorphismes. Cependant c'est dans cette capacité qu'on les étudie dans cette leçon. Alors il faut se rappeler un fait de base, si l'on peut dire :

Si M représente l'endomorphisme T dans la base E, alors les colonnes de M sont les vecteurs image des vecteurs $\vec{e}_1$, $\vec{e}_2$, ..., $\vec{e}_n$.

Une fois qu'on a bien gravé cela dans son esprit, tout coule de source.

Un endomorphisme est inversible si et seulement si c'est une bijection, c'est-à-dire que l'image de V par T est tout l'espace vectoriel V. On sait que l'image de V par T est dans tous les cas un espace ou un sous-espace de V. Si c'est un sous-espace. Il y aura beaucoup de vecteurs qui ont la même image. En particulier le noyau de T, c'est-à-dire l'ensemble des vecteurs envoyés vers $\vec{0}$, qui est aussi un sous-espace de V, aura une dimension non nulle. C'est le théorème du rang, voir p. 142. Donc si $\mathrm{Im}(V)$ n'est pas tout V, T ne peut pas être inversible. Et par voie de conséquence, la matrice M non plus.

Comment savoir si les colonnes de la matrice M sont des vecteurs indépendants ?

En dimension 2, une simple inspection suffit. Les deux vecteurs colonnes de $\begin{pmatrix} 1 & 2,5 \\ 3 & 7,5 \end{pmatrix}$ sont colinéaires, ceux de $\begin{pmatrix} 1 & -2 \\ 3 & 4 \end{pmatrix}$ ne le sont pas.

D'une manière générale les vecteurs colonnes de $\begin{pmatrix} a & c \\ b & d \end{pmatrix}$ sont colinéaires si et seulement si $ad = bc$. En effet dans ce cas, en supposant que c et d ne sont pas nuls, on a $\frac{a}{c} = \frac{b}{d}$, et donc la colinéarité est évidente. S'il y a quelques composantes nulles, on adapte la démonstration.

La quantité $ad - bc$ s'appelle le *déterminant* de la matrice M. On le note généralement comme une matrice, mais avec les grandes parenthèses remplacées par des barres verticales

$$\text{déterminant de } \begin{pmatrix} a & c \\ b & d \end{pmatrix} = \begin{vmatrix} a & c \\ b & d \end{vmatrix} = ad - bc \tag{10.8}$$

Géométriquement la signification du déterminant de la matrice formée par les deux vecteurs $T(\vec{e}_1) = \begin{pmatrix} a \\ b \end{pmatrix}$ et $T(\vec{e}_2) = \begin{pmatrix} c \\ d \end{pmatrix}$ est très simple. ***À la condition que l'on soit maintenant dans un espace vectoriel euclidien et que la base soit une base orthonormée***, c'est la surface du parallélogramme qu'ils forment.

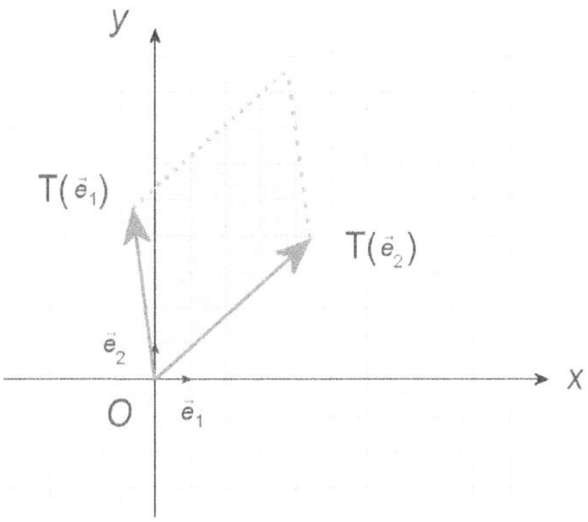

Figure 10.2 : Déterminant de $T(\vec{e}_1)$ $T(\vec{e}_2)$. C'est la surface du parallélogramme, avec un signe + si les deux images forment une paire avec une orientation positive, et un signe − si les deux images forment une paire avec une orientation négative. Sur la figure, pour changer des dessins habituels, on a envoyé $\vec{e}_1$ vers le haut et $\vec{e}_2$ vers la droite, de sorte que leur paire a une orientation négative (= sens des aiguilles d'une montre)[3].

Dans les présentations élémentaires des déterminants, on ne parle que de leur valeur absolue. Et ce sont des surfaces avec un signe

3. L'étude de l'orientation d'une paire ordonnée de vecteurs dans le plan passe, dans l'approche la plus géométrique, par des considérations dans l'espace. On va laisser cela de côté.

positif. Si on entre dans les détails, la surface du parallélogramme sur la figure a un signe qui est celui de l'orientation de la paire $T(\vec{e}_1)$ $T(\vec{e}_2)$. La paire $\vec{e}_1$ $\vec{e}_2$ a évidemment l'orientation positive. Mais ici on a choisi, une fois n'est pas coutume, de faire en sorte que T inverse le sens de la paire de base. Alors le déterminant est la surface ordinaire, avec un signe moins.

Exercice 10.5 : Dans l'exemple, la matrice M représentant l'endomorphisme T est

$$M = \begin{pmatrix} -0,7 & 4,4 \\ 4,8 & 3,9 \end{pmatrix}$$

Vérifier que le déterminant est égal à la surface du parallélogramme (soit 23,85 petits carreaux), avec un signe moins.

Exercice 10.6 : Montrer que la valeur absolue du déterminant de $\begin{pmatrix} a & c \\ b & d \end{pmatrix}$ est la surface du parallélogramme formé par les deux vecteurs colonnes de la matrice.

Retenons que le déterminant (10.8) est clairement nul si et seulement si les vecteurs sont colinéaires.

Passons en trois dimensions. On ne peut plus par simple inspection voir si trois vecteurs forment un triplet de vecteurs mutuellement indépendants ou pas. Par exemple, les trois vecteurs colonnes de $\begin{pmatrix} 1 & 2 & 3 \\ 1 & -4 & 1 \\ 1 & -3 & 0 \end{pmatrix}$ sont mutuellement indépendants. Mais vous devez me croire sur parole. Ceux de $\begin{pmatrix} 1 & 2 & 3 \\ 1 & -4 & -3 \\ 1 & -3 & -2 \end{pmatrix}$ ne le sont pas. On peut éventuellement s'en rendre compte en voyant que le troisième est la somme des deux premiers.

Mais comment faire en général ? Il y a encore une notion de déterminant. Cette fois-ci c'est le volume du parallélépipède formé par les trois vecteurs dans l'espace. Il y a aussi une notion d'orientation [4], mais on va rester au niveau des valeurs absolues.

4. En 3D les triplets de vecteurs ont une orientation soit positive, soit négative. Pour ne pas surcharger cette leçon, on ne va pas en parler.

Il existe une formule célèbre pour calculer le déterminant d'une matrice 3×3.

Formule de Cramer : *Soit la matrice*

$$M = \begin{pmatrix} a & d & g \\ b & e & h \\ c & f & i \end{pmatrix} \tag{10.9}$$

Son déterminant se calcule par la formule

$$\begin{vmatrix} a & d & g \\ b & e & h \\ c & f & i \end{vmatrix} = aei + dhc + gbf - ceg - fha - ibd \tag{10.10}$$

Comment la retenir ? On commence par faire le produit des trois composantes sur la diagonale principale, puis on se décale d'une position vers la droite et on recommence, on se décale encore d'une position vers la droite et on recommence.

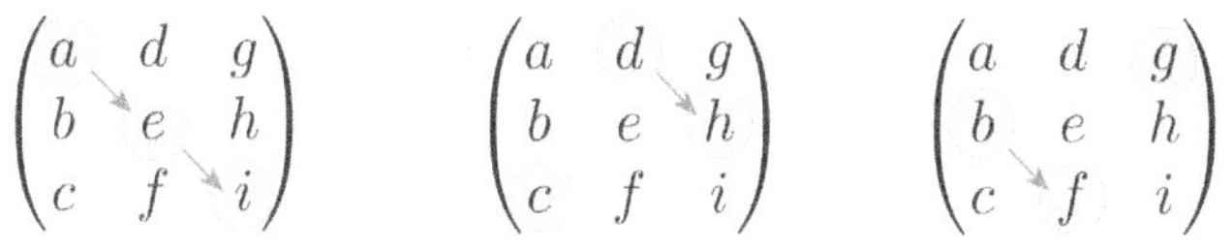

Figure 10.3 : Calcul des termes avec un signe +.

Ensuite on fait la même chose avec un signe moins avec les termes montrés ci-dessous.

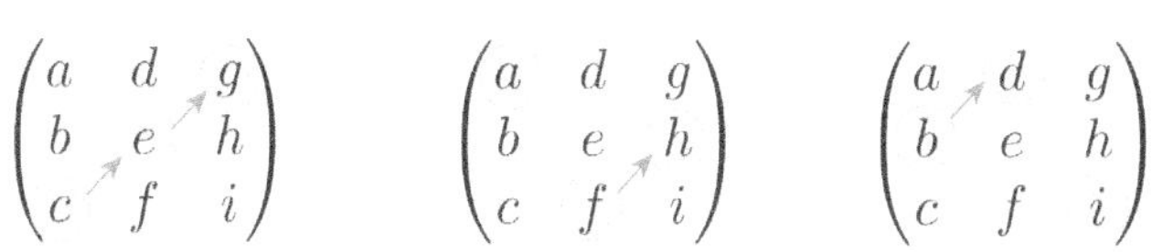

Figure 10.4 : Calcul des termes avec un signe −.

Exercice 10.7 : Vérifier que les trois vecteurs colonnes de $\begin{pmatrix} 1 & 2 & 3 \\ 1 & -4 & 1 \\ 1 & -3 & 0 \end{pmatrix}$ sont mutuellement indépendants, mais que ceux de $\begin{pmatrix} 1 & 2 & 3 \\ 1 & -4 & -3 \\ 1 & -3 & -2 \end{pmatrix}$ ne le sont pas.

Nous n'allons pas démontrer la formule de Cramer. C'est un exercice d'algèbre ou de géométrie dans l'espace, qui sans présenter de difficulté particulière est délicat, et nous voulons aller de l'avant.

Nous venons de voir que pour les matrices 2×2 et les matrices 3×3, on détermine si leurs vecteurs colonnes sont mutuellement indépendants ou pas en regardant leur déterminant. S'il n'est pas égal à zéro, les vecteurs colonnes forment une base.

C'est vrai dans n'importe quelle dimension. Mais nous n'allons pas beaucoup nous aventurer dans des espaces de dimension $n \geq 4$. Ce que nous venons d'apprendre est suffisant pour retenir les idées, qui restent vraies quel que soit n[5].

Ensuite, nous savons qu'une matrice est inversible si et seulement si ses vecteurs colonnes forment une base. En effet, répétons pourquoi : car dans ce cas l'image de V par l'endomorphisme est tout V. Et si la matrice n'était pas inversible on arriverait à une contradiction.

Cela nous conduit à un théorème qui mérite d'être écrit en italique :

Théorème sur les matrices inversibles : *Une matrice carrée est inversible si et seulement si son déterminant est différent de zéro.*

Ne perdons pas de vue notre objectif dans cette leçon : calculer la matrice inverse d'une matrice – quand elle existe.

Maintenant nous savons qu'elle existe si et seulement si son déterminant est non nul.

5. Dans la suite de la leçon, nous montrons comment on calcule un déterminant de dimension quelconque. Mais rapidement on calcule un déterminant avec un ordinateur. Dans le tableur d'OpenOffice c'est la fonction

=DETERMAT(*ici plage des composantes de la matrice*)

Calcul de la matrice inverse

Inverse d'une matrice 2×2 :

Si on a une matrice

$$M = \begin{pmatrix} a & c \\ b & d \end{pmatrix} \tag{10.11}$$

dont le déterminant est non nul, on peut calculer les quatre composantes de son inverse en écrivant un système de quatre équations linéaires à quatre inconnues. Les quatre inconnues seront les quatre composantes de M^{-1}. On découvrira en particulier que, pour qu'il y ait une solution générale, il faut $\det(M) \neq 0$.

Concrètement, si on appelle $\begin{pmatrix} \alpha & \gamma \\ \beta & \delta \end{pmatrix}$ la matrice inverse recherchée, le système de quatre équations à résoudre sera

$$\begin{aligned} a\alpha + b\gamma &= 1 \\ a\beta + b\delta &= 0 \\ c\alpha + d\gamma &= 0 \\ c\beta + d\delta &= 1 \end{aligned} \tag{10.12}$$

Mais toute l'idée des matrices et du calcul matriciel est précisément de ne plus faire de calculs d'algèbre linéaire « à l'ancienne » en écrivant toutes les équations, et en attaquant vaillamment le système, par exemple par la méthode du pivot de Gauss.

On veut utiliser quand c'est possible l'inversion d'une matrice.

Appelons Δ le déterminant de la matrice M, donnée dans (10.11), et qu'on veut inverser.

La formule pour M^{-1} est

$$M^{-1} = \begin{pmatrix} a & c \\ b & d \end{pmatrix}^{-1} = \frac{1}{\Delta} \begin{pmatrix} d & -c \\ -b & a \end{pmatrix} \tag{10.13}$$

Noter qu'on a interverti a et d, sans changer leur signe, tandis qu'on n'a pas interverti b et c, mais on a changé leur signe. Et le tout est divisé par le déterminant de M.

Exercice 10.8 : Vérifier que M^{-1} donnée par la formule (10.13) est bien l'inverse de M.

Exercice 10.9 : On est dans l'espace vectoriel *euclidien* $\mathbb{R}^2$. Soit la matrice

$$M = \begin{pmatrix} \cos\theta & -\sin\theta \\ \sin\theta & \cos\theta \end{pmatrix} \tag{10.14}$$

Il s'agit de la matrice d'un endomorphisme. C'est-à-dire qu'à n'importe quel vecteur dans $\mathbb{R}^2$, elle fait correspondre un autre vecteur, et cette transformation est linéaire.

Supposons que $\theta = \dfrac{\pi}{6}$.

1. Quel est le transformé du vecteur ayant les composantes suivantes ?

$$\begin{pmatrix} 1,5 \ \cos\dfrac{\pi}{6} \\ 1,5 \ \sin\dfrac{\pi}{6} \end{pmatrix}$$

2. Quels sont les transformés des vecteurs de base ?
3. Montrer que M est la matrice d'une rotation de 30° dans le sens contraire des aiguilles d'une montre.
4. Quel est le transformé du vecteur suivant ?

$$\begin{pmatrix} \cos\phi \\ \sin\phi \end{pmatrix}$$

Aide : Votre résultat doit être cohérent avec les formules trigonométriques démontrées à la fin de la leçon 5 sur les nombres complexes, page 96.

Exercice 10.10 : Montrer que les matrices inversibles, de rang n donné, forment un groupe pour la multiplication.

Exercice 10.11 : Expliquer pourquoi les matrices inversibles, de rang n donné, ne forment pas un corps pour l'addition et la multiplication.

Aide : Expliquer pourquoi la somme de deux matrices inversibles peut ne pas être inversible.

Revenons à la formule pour l'inverse d'une matrice 2×2. Derrière la formule (10.13), qui peut paraître un peu compliquée, se cache une méthode générale, qu'on peut appeler un algorithme, car elle est mécanique avec plusieurs étapes. La même méthode s'appliquera à une matrice carrée de dimension (ou rang) quelconque.

Pour comprendre cette méthode nous devons introduire la notion de cofacteur.

Cofacteur d'une composante

Définition d'un cofacteur : *Soit une matrice carrée, $n \times n$, quelconque (inversible ou pas) M. Soit une composante a_{ij} donnée de M. Considérons la matrice $(n-1) \times (n-1)$ obtenue en éliminant la ligne i et la colonne j de M. Appelons-la M_{ij}. Le cofacteur de la composante a_{ij} est le nombre*

$$C_{ij} = (-1)^{i+j} \det(M_{ij}) \tag{10.15}$$

Un dessin valant mille mots, voici, par exemple dans une matrice 4×4, M, la matrice 3×3, M_{12}, obtenue en éliminant la première ligne et la seconde colonne. Le déterminant de M_{12}, multiplié ici par -1 (car $1+2$ est un nombre impair), est le cofacteur de la composante a_{12} de la matrice M

$$M = \begin{pmatrix} a_{11} & a_{12} & a_{13} & a_{14} \\ a_{21} & a_{22} & a_{23} & a_{24} \\ a_{31} & a_{32} & a_{33} & a_{34} \\ a_{41} & a_{42} & a_{43} & a_{44} \end{pmatrix} \qquad M_{12} = \begin{pmatrix} & & & \\ a_{21} & & a_{23} & a_{24} \\ a_{31} & & a_{33} & a_{34} \\ a_{41} & & a_{43} & a_{44} \end{pmatrix}$$

Figure 10.5 : Construction du cofacteur de a_{12}. Le cofacteur de a_{12} est le nombre C_{12} égal au déterminant de M_{12} multiplié par -1 (car ici $i+j$ est impair).

La matrice des cofacteurs, généralement notée C, est

$$C = \begin{pmatrix} C_{11} & C_{12} & C_{13} & C_{14} \\ C_{21} & C_{22} & C_{23} & C_{24} \\ C_{31} & C_{32} & C_{33} & C_{34} \\ C_{41} & C_{42} & C_{43} & C_{44} \end{pmatrix} \tag{10.16}$$

On va prendre la transposée de cette matrice des cofacteurs, la diviser par le déterminant de M, et cela va nous donner la matrice M^{-1}.

> **Exercice 10.12** : Vérifier que la formule (10.13), qui donne l'inverse d'une matrice M de dimension 2×2 est obtenue en calculant la matrice C, en prenant sa transposée et en la divisant par le déterminant de M.

Répétons la construction générale de M^{-1} dans la sous-section suivante.

Construction de l'inverse d'une matrice

Procédure générale de construction de M^{-1} : *Soit une matrice carrée M, de déterminant non nul. Soit C la matrice de ses cofacteurs. Alors*

$$M^{-1} = \frac{1}{\det(M)} C^{\mathrm{t}} \tag{10.17}$$

où C^{t} est la transposée de C.

Pour être complet, il faut encore expliquer comment on calcule le déterminant d'une matrice carrée quelconque. On le fait aussi à l'aide des cofacteurs.

Calcul du déterminant d'une matrice

Procédure générale de calcul de $\det(M)$: *Soit une matrice carrée M. Pour calculer son déterminant, on choisit une ligne ou une colonne quelconque. Prenons par exemple la ligne i. Alors*

$$\det(M) = \sum_j a_{ij} C_{ij} \tag{10.18}$$

Puisqu'on sait calculer le déterminant d'une matrice 2×2, on sait donc calculer le déterminant d'une matrice 3×3. À partir de là, on sait calculer le déterminant d'une matrice 4×4, etc. La procédure est assez lourde, mais elle est simple. Voyons deux exemples.

Exemple 1 : Soit la matrice $M = \begin{pmatrix} a & c \\ b & d \end{pmatrix}$. Le cofacteur de a est d. Le cofacteur de c est $-b$. Le cofacteur de b est $-c$. Et le cofacteur de d est a.

Donc la matrice des cofacteurs de M est

$$C = \begin{pmatrix} d & -b \\ -c & a \end{pmatrix}$$

La matrice transposée de C est

$$C^{t} = \begin{pmatrix} d & -c \\ -b & a \end{pmatrix}$$

Finalement

$$M^{-1} = \begin{pmatrix} a & c \\ b & d \end{pmatrix}^{-1} = \frac{1}{ad - bc} C^{t} = \frac{1}{ad - bc} \begin{pmatrix} d & -c \\ -b & a \end{pmatrix}$$

Exercice 10.13 : Montrer que $M = \begin{pmatrix} 1 & 3 \\ 2 & 4 \end{pmatrix}$ est inversible, et que son inverse est

$$M^{-1} = -\frac{1}{2} \begin{pmatrix} 4 & -3 \\ -2 & 1 \end{pmatrix}.$$

Exemple 2 : Soit la matrice $M = \begin{pmatrix} 3 & -2 & -1 \\ 1 & 4 & 0 \\ -5 & -5 & 1 \end{pmatrix}$ issue du problème (10.5). Commençons par calculer son déterminant, non par la formule de Cramer, mais par la procédure générale donnée par la formule (10.18). Prenons par exemple la première colonne, et calculons les trois cofacteurs correspondants.

La composante a_{11} est 3. Le cofacteur $C_{11} = +\det \begin{pmatrix} 4 & 0 \\ -5 & 1 \end{pmatrix} = 4$.

La composante a_{21} est 1. Cofacteur $C_{21} = -\det \begin{pmatrix} -2 & -1 \\ -5 & 1 \end{pmatrix} = 7$.

La composante a_{31} est -5. Cofacteur $C_{31} = +\det \begin{pmatrix} -2 & -1 \\ 4 & 0 \end{pmatrix} = 4$.

Le déterminant de M est donc

$$(3 \times 4) + (1 \times 7) - (5 \times 4) = -1$$

Calculons par ailleurs la matrice des cofacteurs de M. C'est

$$C = \begin{pmatrix} 4 & -1 & 15 \\ 7 & -2 & 25 \\ 4 & -1 & 14 \end{pmatrix}$$

La transposée est

$$C^{\mathrm{t}} = \begin{pmatrix} 4 & 7 & 4 \\ -1 & -2 & -1 \\ 15 & 25 & 14 \end{pmatrix}$$

Et finalement l'inverse de M, que nous avions déjà donnée sans justification avec la formule (10.7), est

$$M^{-1} = \begin{pmatrix} -4 & -7 & -4 \\ 1 & 2 & 1 \\ -15 & -25 & -14 \end{pmatrix}$$

Fin du deuxième exemple.

Encore une fois, la procédure est assez lourde. Mais elle est simple. Et nous pouvons maintenant calculer le déterminant et l'inverse de n'importe quelle matrice carrée inversible.

Dans la pratique, dès que la matrice est de dimension 4 ou plus, on utilise un ordinateur pour calculer son déterminant et son inverse.

On a vu dans la note 5 page 172 que dans le tableur d'OpenOffice on calcule le déterminant à l'aide de la fonction

$$= \text{DETERMAT}(\textit{ici plage des composantes de la matrice})$$

De même on calcule l'inverse d'une matrice à l'aide de la fonction

$$= \text{INVERSEMAT}(\textit{ici plage des composantes de la matrice})$$

Exercice 10.14 : Soit la matrice

$$M = \begin{pmatrix} 1 & 5 & -1 & -5 \\ 2 & 6 & -2 & -6 \\ 3 & 7 & 11 & 15 \\ 4 & 8 & 12 & 16 \end{pmatrix}$$

Montrer que son déterminant est égal à 64.

Montrer que son inverse est

-0,25	0,125	-1,5	1,375
-0,25	0,375	1	-0,875
1,25	-1,125	-1,5	1,375
-0,75	0,625	1	-0,875

Exercice 10.15 : Reprenons l'exercice 8.8, page 142. Et traitons-le maintenant à l'aide de tout ce que nous avons appris sur les matrices.

On est dans un espace vectoriel de dimension 3. On a une base $E = \{\vec{v}_1, \vec{v}_2, \vec{v}_3\}$. L'endomorphisme T envoie les trois vecteurs de la base vers les trois vecteurs suivants (on n'écrit plus les petites flèches au-dessus car les notations sont suffisamment claires sans elles) :

$$\begin{aligned} T(v_1) &= v_1 - 2v_3 \\ T(v_2) &= v_1 + v_2 + v_3 \\ T(v_3) &= v_1 - 2v_2 - 8v_3 \end{aligned}$$

1. Quelle est la matrice M représentant l'endomorphisme T ?
2. Quel est son déterminant ?
3. La matrice est-elle inversible ?
4. T est-il bijectif ?
5. Trouver trois nombres α, β et γ, pas tous les trois nuls, tels que
$$\alpha T(v_1) + \beta T(v_2) + \gamma T(v_3) = \vec{0}$$
(on a écrit $\vec{0}$ pour bien marquer la différence avec le scalaire 0, en effet le vecteur nul n'est pas la même chose que le nombre zéro).
6. En déduire que $\text{Im}(V)$ n'est pas tout l'ensemble V.
7. Quelle est la dimension de $\text{Im}(V)$?
8. Décrire les vecteurs qui font partie de $\text{Ker}(T)$.

Quelques propriétés des déterminants et des matrices

Les déterminants et les matrices ont de nombreuses propriétés importantes. Voici les toutes premières qu'il convient de connaître en terminale. On parle toujours de matrice carrée :

1. $\det(M) = \det(M^t)$
2. $\det(M) \times \det(M^{-1}) = 1$
3. Si on prend une matrice M et qu'on rajoute à une de ses colonnes une autre de ses colonnes, ça ne change rien à son déterminant. Idem pour les lignes.
4. Soit deux matrices carrées inversibles A et B, alors
$$(AB)^{-1} = B^{-1}A^{-1}$$
5. $\det(AB) = \det(A) \times \det(B)$

Il y a beaucoup d'autres propriétés importantes, non seulement pour les calculs, mais même pour les objets que les matrices représentent. C'est particulièrement vrai en mécanique quantique où les matrices servent à représenter toutes sortes de concepts physiques extraordinaires.

Nous avons signalé au début de la leçon que deux matrices non nulles pouvaient avoir un produit nul. Par exemple, considérons une projection P. C'est un endomorphisme. Deux projections P et Q peuvent se combiner pour faire l'endomorphisme nul. Nous laissons en exercice de trouver la matrice d'une projection (se rappeler que les colonnes de la matrice sont les images de la base – donc dans une base appropriée la matrice est simple). Montrer aussi qu'une projection P satisfait $P^2 = P$ (et donc $P(P - I) = 0$). C'est vrai de l'endomorphisme et aussi de sa matrice.

La prochaine leçon est consacrée aux matrices utilisées dans les changements de base. Les changements de base sont un sujet suffisamment important pour mériter un chapitre spécifique, d'autant plus qu'il conduit naturellement au sujet des vecteurs propres et valeurs propres dont nous dirons quelques mots.

Suggestions de lecture

Cours du professeur Gilbert Strang au MIT sur l'algèbre linéaire
`https://www.youtube.com/playlist?list=PLE7DDD91010BC51F8`

wikipedia sur les matrices carrées
`https://en.wikipedia.org/wiki/Square_matrix`

Leçon 11 :
Changement de base

Qu'on soit en mathématiques, en physique, en ingénierie ou dans un autre domaine, quand on travaille dans des espaces vectoriels avec des endomorphismes ou d'autres objets, on est souvent amené à changer de base. Cela peut être pour simplifier la matrice d'un endomorphisme, pour simplifier l'équation d'une courbe ou pour une autre raison.

Par exemple, dans le plan, vu comme un espace de point, dans un repère Oxy, l'équation

$$x^2 + 2xy + 3y^2 = \frac{4}{3} \tag{11.1}$$

est celle de l'ellipse suivante centrée à l'origine et de grand et petit axes inclinés

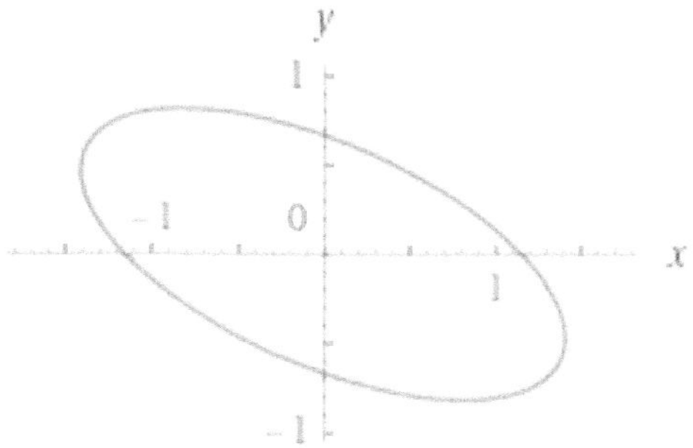

Figure 11.1 : Ellipse d'équation (11.1) dans le repère Oxy.

Il est clair qu'en changeant de base, en prenant les deux nouveaux vecteurs de base le long des deux axes de l'ellipse, on va simplifier son équation. On pourra lui donner la forme canonique

$$\frac{u^2}{a^2} + \frac{v^2}{b^2} = 1 \tag{11.2}$$

Voir la leçon 16 de notre livre de seconde.

Prenons un deuxième exemple. Considérons un endomorphisme T dans le plan vu comme un espace vectoriel. On se rappelle que $\mathbb{R}^2$ peut-être vu aussi bien comme un espace de vecteurs, autrement dit un espace vectoriel, que comme un espace de points reposant sur un espace vectoriel, voir la leçon 12 de notre livre de seconde.

Supposons que dans la base $E = \{\vec{e}_1, \vec{e}_2\}$, l'endomorphisme T ait pour matrice

$$M_e = \begin{pmatrix} 1 & 2 \\ 2 & 1 \end{pmatrix} \tag{11.3}$$

Un vecteur $\vec{v}$ d'expression

$$\vec{v} = a\vec{e}_1 + b\vec{e}_2 \tag{11.4}$$

est envoyé par T vers

$$T(\vec{v}) = (a + 2b)\vec{e}_1 + (2a + b)\vec{e}_2 \tag{11.5}$$

Nous allons voir qu'on peut trouver une autre base $F = \{\vec{f}_1, \vec{f}_2\}$, dans laquelle la matrice de T va devenir

$$M_f = \begin{pmatrix} 3 & 0 \\ 0 & -1 \end{pmatrix} \tag{11.6}$$

Alors le même vecteur $\vec{v}$, dont on vient de voir l'expression dans E par la formule (11.4), va avoir une autre expression dans F, mettons

$$\vec{v} = x\vec{f}_1 + y\vec{f}_2 \tag{11.7}$$

Et l'expression de $T(\vec{v})$ va devenir plus simple. Ce sera

$$T(\vec{v}) = 3x\vec{f}_1 - y\vec{f}_2 \tag{11.8}$$

Rappelons-nous que dans un espace vectoriel, les vecteurs et les applications linéaires (les endomorphismes) sont des objets intrinsèques. On peut parler d'un vecteur $\vec{v}$ et d'une application linéaire T. Il n'est pas nécessaire de faire référence à une base particulière.

Mais quand on travaille avec des vecteurs et des applications linéaires, on doit rapidement travailler dans une base.

Le problème qui nous occupe peut avoir conduit à une première base qui n'est pas la plus commode. Il peut y avoir une autre base dans laquelle notre problème prend une forme plus simple.

Quand on a une base, les objets $\vec{v}$ et T y ont des expressions, avec des composantes.

Dans la base E, le vecteur $\vec{v}$ a les composantes

$$\vec{v} = \begin{pmatrix} a \\ b \end{pmatrix} \tag{11.9}$$

et l'endomorphisme T a la matrice de composantes

$$T = M_e = \begin{pmatrix} 1 & 2 \\ 2 & 1 \end{pmatrix} \tag{11.10}$$

Dans la base F, le même vecteur $\vec{v}$ a les composantes

$$\vec{v} = \begin{pmatrix} x \\ y \end{pmatrix}$$

et le même endomorphisme T a la matrice de composantes

$$T = M_f = \begin{pmatrix} 3 & 0 \\ 0 & -1 \end{pmatrix} \tag{11.11}$$

Il est plus simple de travailler dans la base F.

Un commentaire sur les notations. Nous l'avons déjà fait, mais répétons-le. Quand on parle d'un vecteur $\vec{v}$, on l'assimile fréquemment – un peu cavalièrement – à ses composantes comme dans l'expression (11.9). Généralement on sait dans quelle base on a exprimé ainsi le vecteur avec des composantes. Si nécessaire, on pourra rajouter, comme on l'a fait page 146, un index e

$$\vec{v} = \begin{pmatrix} a \\ b \end{pmatrix}_e \tag{11.12}$$

pour être aussi explicite que possible.

De même, quand on parle d'un endomorphisme T, on l'assimile souvent – tout aussi cavalièrement – à sa matrice dans une base. Soit on écrit directement que $T =$ une matrice de nombres, mélangeant ainsi la notion intrinsèque et sa représentation. Soit on prend la peine de dire que T a une matrice M. Et on peut encore rajouter un index e ou f comme on l'a fait dans (11.10) et (11.11), pour être aussi explicite que possible.

L'avantage de préciser chaque fois, avec de nouvelles lettres ou des index, de quoi on parle est que c'est théoriquement plus clair.

L'inconvénient est qu'en pratique les notations deviennent rapidement lourdes, et apportent plus de confusion que de clarté.

Alors on est pragmatique : d'une part on assimile souvent les notions intrinsèques et leurs représentations, faisant bondir les mathématiciens les plus pointilleux ; d'autre part on considère généralement que le contexte permet de savoir dans quelle base a été construite la représentation qu'on écrit, sans avoir besoin d'un fouillis d'index pour le préciser [1] .

Formules de changement de base : 1) vecteurs

Soit un espace V, muni d'une base E, qu'on va appeler l'« ancienne base », et d'une base F, qu'on va appeler la « nouvelle base ». Notre objectif est, connaissant les composantes d'un vecteur $\vec{v}$ dans l'ancienne base, de déterminer ses composantes dans la nouvelle base.

On va écrire les composantes d'un vecteur avec un index pour le vecteur de base concerné, et un deuxième index pour la base concernée. Ainsi nous savons tout d'abord que

$$\vec{v} = v_{1e}\,\vec{e}_1 + v_{2e}\,\vec{e}_2 \tag{11.13}$$

Pour déterminer les composantes de $\vec{v}$ dans F, il faut évidemment avoir des informations sur les vecteurs $\vec{f_i}$ formant F. Supposons que l'on sache que

$$\begin{cases} \vec{f_1} = f_{11e}\,\vec{e}_1 + f_{12e}\,\vec{e}_2 \\ \\ \vec{f_2} = f_{21e}\,\vec{e}_1 + f_{22e}\,\vec{e}_2 \end{cases} \tag{11.14}$$

Ici on a carrément trois index (on dit aussi « indice ») pour les composantes. On ne peut pas faire autrement si on ne veut pas se perdre. Le premier indice i se réfère au vecteur $\vec{f_i}$ à gauche, le deuxième indice j au numéro du vecteur $\vec{e}_j$ dans la base E, et l'index e spécifie que ce sont des composantes dans E.

Heureusement, on va synthétiser cela avec la matrice M ci-dessous, dont on va voir dans quelques instants le mode d'emploi

$$M = \begin{pmatrix} f_{11e} & f_{12e} \\ f_{21e} & f_{22e} \end{pmatrix} \tag{11.15}$$

1. Cependant dans la section suivante, on ne va pas pouvoir faire l'économie d'une notation temporairement avec trois index.

Cependant, si on veut trouver les composantes de $\vec{v}$ dans F étant donné que l'on connait ses composantes dans E, ce n'est pas du système (11.14) qui exprime F dans E dont on a besoin, mais du système qui exprime E dans F.

Supposons que nous le connaissions (on va bientôt le connaître). Alors on peut écrire

$$\left\{ \begin{array}{l} \vec{e}_1 = e_{11f}\,\vec{f}_1 + e_{12f}\,\vec{f}_2 \\ \\ \vec{e}_2 = e_{21f}\,\vec{f}_1 + e_{22f}\,\vec{f}_2 \end{array} \right. \tag{11.16}$$

De nouveau, les composantes ont trois indices. Le premier indice i se réfère au vecteur $\vec{e}_i$ à gauche, le deuxième indice j au numéro du vecteur $\vec{f}_j$ dans la base F, et l'index f spécifie que ce sont des composantes dans F.

La formule (11.13) peut être réécrite en insérant à la place de $\vec{e}_1$ et $\vec{e}_2$ leur expression dans F donnée par (11.16).

Dans un premier temps, on a

$$\vec{v} = v_{1e}\left(e_{11f}\,\vec{f}_1 + e_{12f}\,\vec{f}_2\right) + v_{2e}\left(e_{21f}\,\vec{f}_1 + e_{22f}\,\vec{f}_2\right)$$

Puis, après réorganisation, on obtient

$$\vec{v} = \left(v_{1e}e_{11f} + v_{2e}e_{21f}\right)\vec{f}_1 + \left(v_{1e}e_{12f} + v_{2e}e_{22f}\right)\vec{f}_2 \tag{11.17}$$

Nous sommes au bout de nos peines pour ce qui est des calculs. Maintenant il faut rendre cela plus lisible. Cela va le devenir avec les notations matricielles. L'expression générale (11.17) nous permet d'écrire les composantes de $\vec{v}$ dans F en fonction de celles de E comme ceci :

$$\begin{pmatrix} v_{1f} \\ v_{2f} \end{pmatrix} = \begin{pmatrix} e_{11f} & e_{21f} \\ e_{12f} & e_{22f} \end{pmatrix} \begin{pmatrix} v_{1e} \\ v_{2e} \end{pmatrix} \tag{11.18}$$

Le « cœur » de cette expression est la matrice 2×2 dans le membre de droite. *Sa première colonne est l'expression de $\vec{e}_1$ dans F. Sa deuxième colonne est l'expression de $\vec{e}_2$ dans F.*

On note souvent cette matrice par la lettre P. On l'appelle « la matrice exprimant l'ancienne base dans la nouvelle ». On a donc

$$\vec{v}_f = P\vec{v}_e \tag{11.19}$$

où $\vec{v}_f$ dénote le vecteur colonne des composantes de $\vec{v}$ dans F, et $\vec{v}_e$ dénote le vecteur colonne des composantes de $\vec{v}$ dans E

Dans cette leçon sur les changements de base, nous avons atteint le premier résultat important. Il concerne pour l'instant les vecteurs. Si on a deux bases, E et F, nous savons maintenant exprimer les composantes de $\vec{v}$ dans F, en fonction de ses composantes dans E : on multiplie la matrice P qui exprime les vecteurs de E dans F par le vecteur $\vec{v}_e$. Cela mérite d'être réécrit en italiques et en donnant un nouveau numéro à (11.19) :

Formule de changement de base appliqué à un vecteur : *Si on a une « ancienne base » E et une « nouvelle base » F, les composantes d'un vecteur $\vec{v}$ dans la nouvelle base s'obtiennent en multipliant la matrice exprimant l'ancienne base dans la nouvelle par le vecteur colonne des composantes du vecteur dans l'ancienne base :*

$$\vec{v}_f = P\vec{v}_e \tag{11.20}$$

Il faut prêter attention à deux points :

- Dans la formule (11.18) on a l'impression que les composantes de la matrice ne sont pas indexées comme d'habitude avec le premier index qui note la ligne et le second qui note la colonne. C'est en quelque sorte vrai. Mais c'est ici parce que le premier index fait référence au vecteur $\vec{e}_1$ et seulement le second index au vecteur $\vec{f}_i$.
- Dans un changement de base, et dans les formules exprimant un vecteur dans la nouvelle base, il y a une sorte d'inversion par rapport à ce que suggérerait *à première vue* le bon sens. On s'attendrait à ce qu'il faille connaître la nouvelle base dans l'ancienne. En fait, non. Ce qu'il faut connaître c'est l'*ancienne base exprimée dans la nouvelle*. C'est le rôle de la matrice P.

Exemple : On est dans $\mathbb{R}^2$. On a pris une première base E orthonormée par habitude. Mais le fait qu'elle soit rectangulaire avec des vecteurs normés ne joue aucun rôle. Et on a une nouvelle base F, comme montré sur la figure 11.2.

La nouvelle base exprimée dans l'ancienne est

$$\begin{cases} \vec{f_1} = 5\vec{e}_1 + 2\vec{e}_2 \\ \\ \vec{f_2} = 2\vec{e}_1 + 3\vec{e}_2 \end{cases} \tag{11.21}$$

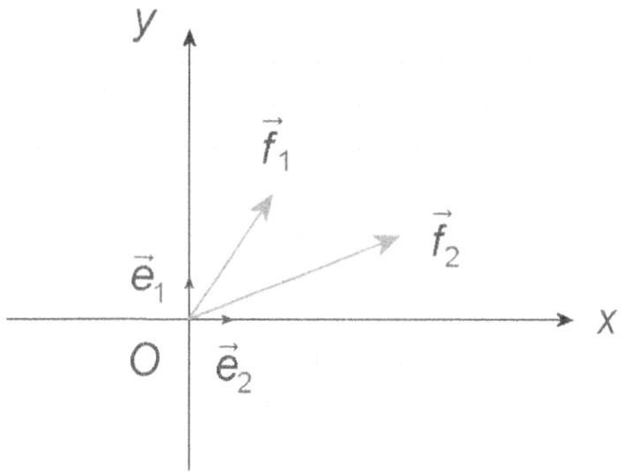

Figure 11.2 : Ancienne base $E = \{\vec{e}_1, \vec{e}_2\}$ et nouvelle base $F = \{\vec{f}_1, \vec{f}_2\}$.

Mais, comme on vient de le dire, ce qui nous intéresse est en réalité l'ancienne base exprimée dans la nouvelle. Résoudre le système (11.21) pour exprimer les $\vec{e}_i$ en fonction des $\vec{f}_i$ conduit exactement aux mêmes manipulations que si on avait des nombres unidimensionnels à la place des vecteurs. C'est une des beautés de l'algèbre : on peut souvent faire des manipulations algébriques sur des objets quelconques. Donc il suffit de connaître l'inverse de la matrice

$$M = \begin{pmatrix} 5 & 2 \\ 2 & 3 \end{pmatrix}$$

qui apparaît dans le système (11.21).

On sait la calculer. C'est

$$M^{-1} = \frac{1}{11} \begin{pmatrix} 3 & -2 \\ -2 & 5 \end{pmatrix}$$

Celle-ci est notre matrice P exprimant l'ancienne base dans la nouvelle. Autrement dit

$$P = \frac{1}{11} \begin{pmatrix} 3 & -2 \\ -2 & 5 \end{pmatrix} \tag{11.22}$$

Et maintenant on sait que si un vecteur $\vec{v}$ a les composantes

$$\vec{v}_e = \begin{pmatrix} a \\ b \end{pmatrix}$$

dans l'ancienne base, alors ses composantes dans la nouvelle base sont

$$\vec{v}_f = \frac{1}{11} \begin{pmatrix} 3 & -2 \\ -2 & 5 \end{pmatrix} \begin{pmatrix} a \\ b \end{pmatrix}$$

Une petite vérif simple – il faut toujours faire des vérifications quand on fait des calculs – est la suivante. Prenons le vecteur

$$\vec{v} = \vec{f_1} + \vec{f_2}$$

Ses composantes dans l'ancienne base sont

$$\vec{v}_e = \begin{pmatrix} 7 \\ 5 \end{pmatrix}$$

Alors ses composantes dans la nouvelle base sont

$$\vec{v}_f = \frac{1}{11} \begin{pmatrix} 3 & -2 \\ -2 & 5 \end{pmatrix} \begin{pmatrix} 7 \\ 5 \end{pmatrix}$$

On vérifie immédiatement qu'il s'agit bien du vecteur de composantes

$$\vec{v}_f = \begin{pmatrix} 1 \\ 1 \end{pmatrix}$$

Donc tout va bien.

Fin de l'exemple.

Il nous reste à savoir d'une manière générale comment on trouve la matrice P qui exprime l'ancienne base dans la nouvelle. On vient de voir la réponse dans l'exemple : c'est l'inverse de la matrice M exprimant la nouvelle base dans l'ancienne, cf. formule (11.15).

Exercice 11.1 : Montrer que la matrice P de la formule (11.20) est l'inverse de la matrice M de la formule (11.15).

Pour terminer, tout ce qu'on vient de faire dans un espace vectoriel de dimension 2, se généralise sans changement à un espace de dimension n.

Nous n'allons pas refaire les différentes manipulations algébriques qu'on vient de faire en dimension 2. Mais ce serait une bonne idée que vous les refassiez par vous-même pour développer votre maîtrise pratique des bases de vecteurs, des matrices (qui ne sont jamais que des « super nombres »), de l'inversion des matrices, etc. et tout ce que ces concepts représentent géométriquement.

Exercice 11.2 : On est dans $\mathbb{R}^3$. On a une base initiale $E = \{\vec{e}_1, \vec{e}_2, \vec{e}_3\}$. On a aussi une nouvelle base F. Les vecteurs de la nouvelle base exprimés dans l'ancienne base sont les colonnes de la matrice suivante :

$$M = \begin{pmatrix} 2 & 2 & -2 \\ -2 & 8 & -7 \\ 4 & 4 & 1 \end{pmatrix}$$

Soit le vecteur $\vec{v}$ ayant dans la base initiale les composantes ci-dessous

$$\vec{v}_e = \begin{pmatrix} 1 \\ 2 \\ 3 \end{pmatrix}$$

Quelles sont ses composantes dans la base F ?

Aide : Vous devez trouver que le déterminant de M est égal à 100. C'est un élément dans le calcul de la matrice P que vous devez calculer. Vous pouvez utiliser un tableur, mais vous êtes encouragé à calculer P à la main, pour vous familiariser avec les cofacteurs, la matrice des cofacteurs, l'inversion d'une matrice.

Formules de changement de base : 2) endomorphismes

Nous venons de voir comment évoluent les composantes d'un vecteur dans un changement de base. Voyons maintenant comment évoluent les composantes d'un endomorphisme.

Ici, nous allons être assez stricts sur la distinction entre les objets intrinsèques et leurs représentations dans une base.

Comme d'habitude, on a une « ancienne base », E, et une « nouvelle base », F.

On a un endomorphisme T. Cet endomorphisme a une matrice dans E qui est notée M_e, et une matrice dans F qui est notée M_f.

Soit un vecteur $\vec{v}$ qui dans E est représenté par le vecteur colonne $\vec{v}_e$ et dans F par le vecteur colonne $\vec{v}_f$.

Regardons l'image de $\vec{v}$ par T. Pour l'instant c'est une question intrinsèque : $\vec{v}$ et T et l'image de $\vec{v}$ par T sont trois objets intrinsèques.

Mais comme on l'a dit, quand on travaille dans un espace vectoriel avec des vecteurs et des endomorphismes, on a généralement –

pas toujours – besoin de manipuler tous ces objets à l'aide de leurs composantes dans une base, voire dans deux bases.

Alors regardons $\vec{v}$ et T et $T(\vec{v})$ dans E. On a l'équation suivante avec deux vecteurs colonnes et une matrice :

$$T(\vec{v})_e = M_e\vec{v}_e \tag{11.23}$$

On a aussi

$$T(\vec{v})_f = M_f\vec{v}_f \tag{11.24}$$

Supposons que la matrice exprimant l'ancienne base dans la nouvelle est P. Alors, en vertu de (11.20), on peut aussi écrire

$$T(\vec{v})_f = M_f P\vec{v}_e \tag{11.25}$$

Si on multiplie chaque membre par P^{-1}, du côté gauche on va obtenir $T(\vec{v})_e$. Donc on a

$$T(\vec{v})_e = P^{-1}M_f P\vec{v}_e \tag{11.26}$$

Étant donné que c'est vrai quel que soit le vecteur colonne $\vec{v}_e$, cela implique que

$$M_e = P^{-1}M_f P \tag{11.27}$$

Nous avons atteint le pendant pour un endomorphisme de la formule de changement de base qu'on avait déjà établie pour un vecteur. C'était la formule (11.20).

Formule de changement de base appliqué à un endomorphisme : *On a une « ancienne base » E et une « nouvelle base » F, et la matrice P exprime l'ancienne base dans la nouvelle. Soit un endomorphisme T. Alors les matrices représentant T dans E et dans F sont liées par la formule*

$$M_e = P^{-1}M_f P \tag{11.28}$$

Noter qu'on a aussi

$$M_f = PM_e P^{-1} \tag{11.29}$$

La formule (11.29) s'obtient en multipliant chaque membre de (11.28) à gauche par P et à droite par P^{-1}.

Exemple : Soit un espace V muni de deux bases E et F. On a un endomorphisme T dont la matrice dans E est

$$M_e = \begin{pmatrix} 1 & 2 \\ 2 & 1 \end{pmatrix} \tag{11.30}$$

Supposons que les vecteurs de la base F soient

$$\begin{cases} \vec{f_1} = \vec{e}_1 + \vec{e}_2 \\ \\ \vec{f_2} = \vec{e}_1 - \vec{e}_2 \end{cases}$$

En continuant à utiliser nos notations précédentes, on peut écrire que la matrice exprimant F dans E est

$$P^{-1} = \begin{pmatrix} 1 & 1 \\ 1 & -1 \end{pmatrix}$$

On en déduit, d'après la formule (10.13), page 171, que

$$P = -\frac{1}{2}\begin{pmatrix} -1 & -1 \\ -1 & 1 \end{pmatrix} = \frac{1}{2}\begin{pmatrix} 1 & 1 \\ 1 & -1 \end{pmatrix}$$

Maintenant pour connaître la matrice représentant T dans F, on applique la formule (11.29)

$$\begin{aligned} M_f = PM_eP^{-1} &= \frac{1}{2}\begin{pmatrix} 1 & 1 \\ 1 & -1 \end{pmatrix}\begin{pmatrix} 1 & 2 \\ 2 & 1 \end{pmatrix}\begin{pmatrix} 1 & 1 \\ 1 & -1 \end{pmatrix} \\ &= \frac{1}{2}\begin{pmatrix} 1 & 1 \\ 1 & -1 \end{pmatrix}\begin{pmatrix} 3 & -1 \\ 3 & 1 \end{pmatrix} \\ &= \begin{pmatrix} 3 & 0 \\ 0 & -1 \end{pmatrix} \end{aligned} \tag{11.31}$$

Pour calculer l'image d'un vecteur $\vec{v}$ par l'endomorphisme T, la matrice (11.31) est indiscutablement plus simple que la matrice (11.30). Autrement dit, pour travailler avec l'endomorphisme T il est indiscutablement plus commode dans travailler dans la base F.

Les exercices suivants ont pour but de le montrer.

Exercice 11.3 : Avec les données de l'exemple ci-dessus, commençons par travailler dans l'« ancienne base » E. Soit un vecteur $\vec{v}$ dont les composantes dans E sont

$$\vec{v}_e = \begin{pmatrix} 7 \\ -4 \end{pmatrix}$$

Quelle est son image par T ? Quelle est l'image de $\vec{f_1}$ par T ? Refaire les calculs en travaillant dans la base F.

Exercice 11.4 : On est dans $\mathbb{R}^3$. On a une base E et une base F. On considère l'endomorphisme T dont les composantes dans E sont

$$M_e = \begin{pmatrix} 2 & 2 & -2 \\ -2 & 8 & -7 \\ 4 & 4 & 1 \end{pmatrix}$$

On prend pour la base F les trois vecteurs suivants décrits par leurs composantes dans E. Ce sont les trois colonnes de la matrice ci-dessous [2]

$$P^{-1} = \begin{pmatrix} -1 & 0 & -1 \\ 3 & 1 & 1 \\ 1 & 1 & 1 \end{pmatrix}$$

1. Calculer la matrice P.
2. Calculer la matrice M_f.
3. Montrer que le vecteur

$$\vec{v}_e \approx \begin{pmatrix} -0,679 \\ 0,959 \\ 1 \end{pmatrix}$$

a pour image lui-même multiplié par 2,119715.

2. ChatGPT-4 indique, avec une explication élégante et détaillée, que c'est la matrice des vecteurs propres de la matrice M_e, voir section suivante. Mais c'est complètement faux. En mai 2024, quand ce livre est écrit, l'intelligence artificielle générative semble prometteuse, mais n'est pas encore au point.

Elle rappelle certains élèves, bien habillés, urbains, à l'aise, belle cravate club, pantalon aux plis impeccables, qui au tableau racontent n'importe quoi :-)

4. Expliquer que le vecteur $\vec{v}$ de la question précédente est colinéaire avec son image $T(\vec{v})$ et pourquoi cela n'a rien à voir avec ses composantes dans une base.
5. Vérifier que c'est encore vrai dans la base F.

Sujets divers plus avancés sur les matrices carrées

Vecteurs propres et valeurs propres

Quand on travaille avec un endomorphisme T, on veut en général être dans une base où il a une représentation commode. Si on peut trouver une base $F = \{\vec{f_1}, \vec{f_2}, ..., \vec{f_n}\}$ telle que pour chaque $\vec{f_i}$ on ait

$$T(\vec{f_i}) = \lambda_i \vec{f_i} \tag{11.32}$$

où λ_i est un nombre réel, alors dans la base F l'endomorphisme T aura une matrice avec une structure fort simple. Ce sera

$$M_f = \begin{pmatrix} \lambda_1 & 0 & \dots & 0 \\ 0 & \lambda_2 & \dots & 0 \\ \vdots & \vdots & \ddots & \vdots \\ 0 & 0 & \dots & \lambda_n \end{pmatrix} \tag{11.33}$$

Et il sera très simple de faire des calculs avec M_f.

Les nombres λ_i s'appellent les *valeurs propres* de T, et les vecteurs $\vec{f_i}$ correspondant s'appellent les *vecteurs propres* de T.

Quand il existe une base F dans laquelle la matrice de T a la forme (11.33), on dit qu'on a « diagonalisé » la matrice de T en se mettant dans la base formée par ses vecteurs propres.

Une telle base n'existe pas toujours. Trouver une base dans laquelle la matrice de T a une forme simple est l'objet de toute une théorie qu'on étudie en première année d'université ou en classe de mathématiques supérieures.

C'est une théorie fort jolie à la jonction entre l'algèbre et la géométrie – comme toute l'algèbre linéaire. Elle contient de nombreux outils et résultats, comme le polynôme caractéristique d'une matrice qui permet de calculer ses valeurs propres, ou le théorème de Cayley-Hamilton [3].

3. Il dit qu'une matrice satisfait elle-même l'équation « polynôme caractéristique = 0 ». (Il est évident quand elle a été diagonalisée.)

Formes quadratiques

Les fonctions de deux variables de la forme

$$f(x, y) = ax^2 + bxy + cy^2 \tag{11.34}$$

s'appellent des formes quadratiques en x et y.

On peut les représenter par une matrice

$$\begin{pmatrix} a & b/2 \\ b/2 & c \end{pmatrix}$$

avec laquelle on peut écrire

$$f(x, y) = \begin{pmatrix} x & y \end{pmatrix} \begin{pmatrix} a & b/2 \\ b/2 & c \end{pmatrix} \begin{pmatrix} x \\ y \end{pmatrix} \tag{11.35}$$

Les formes quadratiques apparaissent dans les contextes les plus variés en mathématiques, en physique et en ingénierie. Elles ont toutes sortes de propriétés intéressantes et utiles. Par exemple, si elles sont définies positives (c'est-à-dire ne prennent que des valeurs positives, sauf si $x = y = 0$), elles sont diagonalisables avec des valeurs propres positives. Elles sont alors particulièrement commodes à utiliser, n'étant pas très différentes du théorème de Pythagore.

Un dernier point : Une matrice de changement de base n'a pas une forme différente d'une matrice d'endomorphisme. Dans les deux cas ce sont simplement des super nombres utilisés à des fins différentes.

Cependant un changement de base n'est pas la même chose qu'un endomorphisme.

On peut, si on veut, trouver un endomorphisme qui correspond à une matrice de changement de base. Mais vouloir embrasser les deux ensemble, c'est garantir de mettre de la confusion dans son esprit.

De même, le nombre 2 sert aussi bien à compter une paire d'objets qu'à mesurer une température, mais vouloir voir dans la température 2°C une sorte de paire est la garantie de ne rien comprendre au fonctionnement d'un thermomètre :-)

Exercice 11.5 : Changer de base afin de diagonaliser la forme quadratique (11.1) servant dans l'équation de l'ellipse de la figure 11.1. Quelle est la nouvelle forme de l'équation ?

Suggestions de lecture

Khan Academy
`https://www.youtube.com/watch?v=1j5WnqwMdCk`

Salman Khan a créé un excellent site gratuit d'enseignement des mathématiques et d'autres disciplines, au niveau collège et lycée. Il se lance maintenant dans la présentation et l'utilisation de l'IA générative. Il a raison. Nous prédisons en effet qu'elle surmontera peu à peu les handicaps que nous mentionnons dans la note n°2 page 192. Nous pensons que l'IA générative représente une révolution dans l'informatique du même ordre que l'Internet en 1969, le web en 1989, les navigateurs, les moteurs de recherche entre 1995 et 2005, les réseaux, etc.

ALTLAND Alexander & VON DELFT Jan, *Mathematics for Physicists : Introductory Concepts and Methods*, Cambridge University Press, 2019.

Ouvrage de niveau universitaire, mais dont le contenu montrera au lecteur et à la lectrice à quoi servent les mathématiques. La table des matières du livre n'est pas très différente de la somme de celles de nos ouvrages.

Leçon 12 : Suites définies par une équation de récurrence

Notre cours de terminale est organisé en quatre grandes parties :

I Analyse : calcul intégral et séries de fonctions

II Algèbre : nombres complexes, structures algébriques, algèbre linéaire et matrices

III Probabilités et statistiques

IV Programmation

Ces sujets, qui sont assez variés, représentent la clé de voute des mathématiques du collège et du lycée que nous étudions depuis maintenant sept ans, et que couvre notre collection de livres de mathématiques pour le collège et le lycée. Ce sont des outils et techniques dont il faut au moins avoir une connaissance élémentaire quand on arrive au baccalauréat. Nos leçons sont aussi des introductions à un traitement plus approfondi à l'université ou en classe préparatoire.

Nous avons fini notre étude des parties I et II. Avant d'attaquer les parties III et IV, pour faire une césure consacrons deux leçons à des sujets qui étaient à la mode au XXe siècle et qui le sont moins de nos jours.

La leçon 12 est consacrée aux suites définies par une équation de récurrence. On va voir que nos connaissances nouvellement acquises sur les matrices vont nous servir.

La leçon 13 sera consacrée aux dénombrements qui peuvent rapidement devenir des casse-tête. On ne pourra pas dire que nous disons qu'il n'y a jamais de casse-tête en mathématiques :-)

Mais les casse-tête et énigmes ne sont pas l'essence des mathématiques, contrairement à ce que semblent penser certains auteurs, dont le regretté Martin Gardner (1914, 2010) qui a tenu une rubrique de problèmes mathématiques insolites ou de puzzles pendant vingt-cinq ans dans le magazine de vulgarisation scientifique *Scientific American*.

Voici des exemples de suites définies par des équations de récurrence :

1. Suite arithmétique : $u_0 = a$, cela s'appelle l'initialisation. Puis
$$u_{n+1} = u_n + r \tag{12.1}$$
où r est un nombre appelé le pas ou la raison de la suite.

2. Suite géométrique : $u_0 = a$, puis
$$u_{n+1} = \lambda u_n \tag{12.2}$$
où λ est un nombre. Il a plusieurs noms : taux de croissance uniforme, coefficient de croissance géométrique, ratio u_{n+1}/u_n, etc.

3. Suite de Fibonacci[1] : Ici on initialise les deux premiers termes. $u_0 = 1$, $u_1 = 1$, puis
$$u_{n+1} = u_n + u_{n-1} \tag{12.3}$$

4. Suite de Lucas[2] : Initialisation $u_0 = 2$, $u_1 = 1$, puis
$$u_{n+1} = u_n + u_{n-1} \tag{12.4}$$

5. Suite de Pell[3] : Initialisation $u_0 = 0$, $u_1 = 1$, puis
$$u_{n+1} = 2u_n + u_{n-1} \tag{12.5}$$

L'exemple 1 est trivial. Les écoliers du primaire savent tout ce qu'il faut savoir dessus.

L'exemple 2 l'est à peine moins. Si $|\lambda| > 1$, la suite diverge, soit en croissant simplement vers plus l'infini, soit en alternant les termes pairs croissant vers plus l'infini et ceux impairs croissant vers moins l'infini. Si $|\lambda| = 1$, soit la suite est constante soit elle alterne. Si $|\lambda| < 1$, la suite converge. Nous avons vu tout cela.

Nous avons étudié la suite de Fibonacci l'année dernière. Elle croît vers plus l'infini, en accélérant même. Mais le ratio u_{n+1}/u_n tend vers le nombre d'or, autrement dit elle ressemble de plus en plus à une suite géométrique. Le lecteur et la lectrice sont invités à se reporter à notre livre de première pour voir comment on le démontre. Ou mieux, ils sont invités à le démontrer.

1. Nommée d'après Fibonacci (c. 1170, c. 1250).
2. Nommée d'après Édouard Lucas (1842, 1891).
3. Nommée d'après John Pell (1611, 1685).

Pour étudier les autres suites, nous allons faire des mathématiques expérimentales, avant de démontrer des résultats.

Quand on a appris, comme l'auteur, les mathématiques à une époque où le moindre calcul un peu substantiel demandait beaucoup de temps, d'effort et de soin, c'est toujours amusant de faire des mathématiques expérimentales – c'est-à-dire demander à un ordinateur de faire des gros calculs et des dessins en une fraction de seconde pour voir comment se comportent différentes choses en fonction de la valeur que l'on donne à des paramètres.

Par exemple la suite de Lucas est une variante de la suite de Fibonacci. Et on peut voir expérimentalement à l'aide d'un tableur qu'elle se comporte de la même manière : u_{n+1}/u_n tend vers $(1+\sqrt{5})/2$.

u_0	2	u_0/u_1
u_1	1	0,5
	3	3
	4	1,333333
	7	1,75
	11	1,571429
	18	1,636364
	29	1,611111
	47	1,62069
	76	1,617021
	123	1,618421
	199	1,617886
	322	1,61809
	521	1,618012
	843	1,618042
	1364	1,618031
	2207	1,618035
	3571	1,618034
	5778	1,618034
	9349	1,618034
	15127	1,618034

Figure 12.1 : Étude expérimentale de la suite de Lucas.

Exercice 12.1 : Montrer expérimentalement à l'aide d'un tableur que la suite de Lucas a le même comportement, quelles que soient les deux valeurs initiales.

Si on part avec $u_0 > 0$ et $u_1 < -u_0$, la suite devient négative est croît vers moins l'infini. Mais le ratio u_{n+1}/u_n reste positif, et continue à tendre vers le nombre d'or. Ce n'est pas plus compliqué à démontrer que ce que nous avons fait sur la suite de Fibonacci, et nous n'allons pas passer de temps dessus.

Note historique sur les tableurs : L'origine des tableurs est le besoin d'étudier le comportement d'objets mathématiques quand on fait varier des paramètres. Elle date de la fin des années 1970. Certes on faisait depuis longtemps des simulations de toutes sortes sur de gros ordinateurs (appelés en anglais *main frame*). Mais l'apparition des premiers microprocesseurs Intel au début des années 70 avait donné l'idée à de jeunes geeks de construire des microordinateurs – que les fabricants de main frame regardaient de haut, les tenant pour des gadgets. Le plus célèbre microordinateur de la seconde moitié des années 70 est l'Apple II de Steve Jobs (1955, 2011) et Steve Wozniak (né en 1950).

Les microordinateurs servirent d'abord à des jeux, comme *Pong* d'Atari. Mais dès le milieu des années 70, on avait développé des programmes de traitement de texte utilisables sur des microordinateurs. Et on avait découvert qu'ils surpassaient largement les machines à écrire[4].

À la fin des années 70, deux étudiants à l'école de commerce d'Harvard, Dan Bricklin (né en 1951) et Bob Frankston (né en 1949) dans leurs cours de finance avaient beaucoup de scénarios d'investissement à étudier en fonction de paramètres variés (investissement initial, hypothèses sur les cash flows, etc.). C'était de gros calculs à refaire en changeant les paramètres. En 1979, ils eurent l'idée de construire sur un Apple II une sorte de « calculateur visuel » qui montrerait à l'écran des cases ou cellules organisées en carrelage, dans lesquelles on pourrait soit entrer des nombres ou des formules, soit afficher des résultats. Ils l'appelèrent VisiCalc.

Si cette histoire présente un intérêt particulier, c'est parce que les tableurs, peut-être plus encore que les traitements de texte, montrèrent l'utilité des microordinateurs. Les microordinateurs quittèrent rapidement les garages de geeks et les chambres d'étudiants pour pénétrer dans les bureaux des entreprises. IBM se rendit compte de son erreur de prendre les microordinateurs de haut. La société lança un programme secret en urgence pour fabriquer un microordinateur. Ce fut l'IBM PC, qui sortit en 1981.

4. Les machines à écrire, telles qu'on les connaissait au XXe siècle avant les ordinateurs, ont été conçues progressivement au XIXe siècle.

L'apparition d'Internet à la fin des années 60 précède celle des microordinateurs. Mais les microordinateurs accélérèrent considérablement son développement. Le Web, c'est-à-dire l'Internet distribuant des pages écrites en html, facilement affichables sur un écran et contenant des hyperliens très commodes, apparut en 1989 au CERN à Genève. La suite, comme on dit en anglais, « is history », et nous n'allons pas la décrire.

Pour terminer, soulignons que les tableurs ont rendu possible la pratique des maths expérimentales par n'importe quel étudiant ou ingénieur sans devoir passer par un gros ordinateur [5].

D'une certaine manière cette révolution est encore en cours, car il n'est pas totalement entré dans les esprits au début du XXIe siècle que les maths expérimentales font aussi partie des mathématiques. Pour beaucoup de gens, dont la plupart des profs de maths, les mathématiques c'est d'abord des théorèmes, des démonstrations plus ou moins abstraites et arides, avec quelques fois des illustrations en physique, ou préférablement en mathématiques mêmes.

Mais ce n'est pas notre point de vue. Nous pensons d'une part que les mathématiques doivent être exposées en français, dans le langage courant, en utilisant les formules avec parcimonie, quand elles simplifient les idées et clarifient les calculs, mais sans goût maniaque pour les forêts de signes. On doit montrer le côté naturel des mathématiques, et somme toute familier quand on observe la nature avec un esprit délié. D'autre part nous encourageons la pratique des maths expérimentales dans l'étape d'exploration de nouveaux territoires. Évidemment nous ne remettons pas en cause l'idée que les mathématiques sont caractérisées par le fait que ce sont des modèles clairs et quantitatifs de phénomènes que l'on observe dans la nature [6], et par le fait que les démonstrations mathématiques doivent être logiquement impeccables pour être acceptables.

Commençons par utiliser à nouveau un tableur pour étudier expérimentalement la suite de Pell, qui a une équation de récurrence un peu plus élaborée que celle de Fibonacci. Elle croît évidemment vers plus l'infini. Mais regardons l'évolution du ratio u_{n+1}/u_n.

L'étude expérimentale, montrée sur la figure 12.2, montre que la quantité $(u_{n+1}/u_n) - 1$ tend vers $\sqrt{2}$.

5. En confiant fébriles des paquets de cartes Hollerith à des opérateurs irascibles en blouse blanche sur leur doudoune dans la salle des calculs.

6. Nous n'abordons pas la question platonicienne de savoir si on découvre ou invente les mathématiques. Elle nous paraît du même niveau d'intérêt que celle du sexe des anges.

u_0	0	u_0/u_1 - 1
u_1	1	
	2	1
	5	1,5
	12	1,4
	29	1,4166666667
	70	1,4137931034
	169	1,4142857143
	408	1,4142011834
	985	1,4142156863
	2378	1,414213198
	5741	1,4142136249
	13860	1,4142135516
	33461	1,4142135642
	80782	1,4142135621
	195025	1,4142135624
	470832	1,4142135624
	1136689	1,4142135624
	2744210	1,4142135624
	6625109	1,4142135624
	15994428	1,4142135624

Figure 12.2 : Étude expérimentale de la suite de Pell. La colonne de droite montre l'évolution de $(u_{n+1}/u_n) - 1$.

C'est une chose de montrer expérimentalement que, dans la suite de Pell, u_{n+1}/u_n tend vers $1 + \sqrt{2}$. Ça en est une autre de le démontrer. Il y a plusieurs façons de le faire. La plus simple est de partir de l'équation (12.5) et de la réécrire

$$\frac{u_{n+1}}{u_n} = 2 + \frac{1}{\frac{u_n}{u_{n-1}}} \tag{12.6}$$

Pour alléger les notations, définissons v_n par

$$v_n = \frac{u_n}{u_{n-1}}$$

alors on a plus simplement

$$v_{n+1} = 2 + \frac{1}{v_n} \tag{12.7}$$

Pour montrer que v_n a une limite, et que celle-ci est $1 + \sqrt{2}$, on peut procéder comme on l'a fait dans notre étude de la suite de

Fibonacci l'année dernière[7]. On commence par démontrer que les termes pairs de la suite v_n croissent tout en étant bornés. Ils ont donc une limite l (car $\mathbb{R}$ est complet). Un peu d'epsilonite montre que la limite l doit satisfaire l'équation

$$l = 2 + \frac{1}{l} \tag{12.8}$$

> **Exercice 12.2** : Montrer que $l = 1 + \sqrt{2}$.

J'ai dit plus haut que la méthode ci-dessus est la plus simple pour démontrer que u_{n+1}/u_n tend vers $1 + \sqrt{2}$. J'aurais dû plutôt dire la plus traditionnelle.

Il y a en effet une autre méthode très simple utilisant de manière inattendue les matrices. On part à nouveau de l'équation fondamentale de l'équation de Pell

$$u_{n+1} = 2u_n + u_{n-1}$$

et on observe qu'on peut l'écrire sous la forme

$$\begin{pmatrix} u_{n+1} \\ u_n \end{pmatrix} = \begin{pmatrix} 2 & 1 \\ 1 & 0 \end{pmatrix} \begin{pmatrix} u_n \\ u_{n-1} \end{pmatrix} \tag{12.9}$$

On a maintenant une équation de récurrence matricielle liant le vecteur $\begin{pmatrix} u_{n+1} \\ u_n \end{pmatrix}$ et le vecteur $\begin{pmatrix} u_n \\ u_{n-1} \end{pmatrix}$.

De l'équation (12.9), on déduit que

$$\begin{pmatrix} u_{n+1} \\ u_n \end{pmatrix} = \begin{pmatrix} 2 & 1 \\ 1 & 0 \end{pmatrix}^2 \begin{pmatrix} u_{n-1} \\ u_{n-2} \end{pmatrix} \tag{12.10}$$

et même

$$\begin{pmatrix} u_{n+1} \\ u_n \end{pmatrix} = \begin{pmatrix} 2 & 1 \\ 1 & 0 \end{pmatrix}^n \begin{pmatrix} u_1 \\ u_0 \end{pmatrix} \tag{12.11}$$

L'étude du vecteur $\begin{pmatrix} u_{n+1} \\ u_n \end{pmatrix}$, et finalement du terme u_n lui-même, se ramène plus simplement à l'étude du comportement de la suite des puissances de la matrice $\begin{pmatrix} 2 & 1 \\ 1 & 0 \end{pmatrix}$.

7. Voir notre livre *Mathématiques du lycée, volume 2 : première*, Les Éditions du Bec de l'Aigle, 2023, leçon 3, p. 32 et seq.

Nous allons laisser en exercice l'étude de cette matrice, après qu'on aura vu une équation de récurrence plus générale que celle de Pell. Il va aussi y avoir une matrice. Nous allons montrer comment on étudie puis démontre son comportement, et l'exercice consistera à appliquer la même méthode à la matrice de l'équation de Pell.

Équation de récurrence plus générale

Rien ne nous limite à deux termes pour définir u_{n+1} par une équation de récurrence avec des termes précédents.

On va étudier quelques suites de la forme

$$u_{n+1} = au_n + bu_{n-1} + cu_{n-2} \tag{12.12}$$

Et, pour ne pas se compliquer la vie, l'initialisation sera

$$u_0 = u_1 = u_2 = 1$$

Comme d'habitude en science commençons par quelques travaux à la paillasse [8].

Observons pour commencer qu'on peut réécrire l'expression (12.12) sous la forme

$$\begin{pmatrix} u_{n+1} \\ u_n \\ u_{n-1} \end{pmatrix} = \begin{pmatrix} a & b & c \\ 1 & 0 & 0 \\ 0 & 1 & 0 \end{pmatrix} \begin{pmatrix} u_n \\ u_{n-1} \\ u_{n-2} \end{pmatrix} \tag{12.13}$$

Pour notre première expérience, on va prendre

$$a = 1 \quad b = -0,7 \quad c = -0,3 \tag{12.14}$$

8. C'est un terme plus familier en biologie qu'en mathématiques. La paillasse est la table couverte de carreaux blancs en céramique sur laquelle, dans leur laboratoire, les biologistes au milieu de cornues électrisent des cuisses de grenouille ou découpent au CRISPR-Cas 9 des gènes de lapin, avant d'aller dans leur bureau construire des modèles explicatifs de ce qu'ils ont observé.

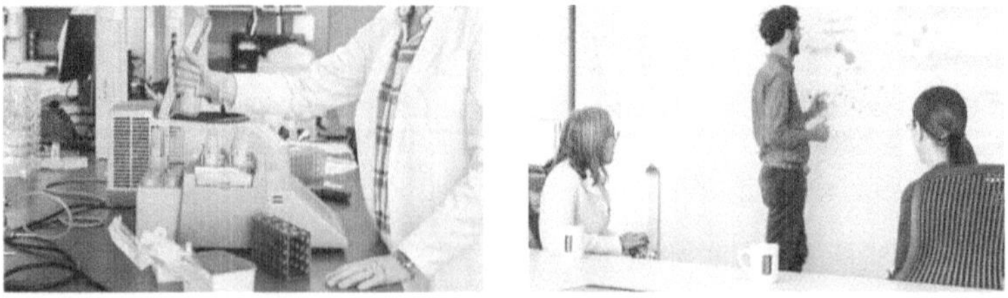

Figure 12.3 : Travail à la paillasse, puis réflexion théorique. Source : page linkedin de Cindy Yee.

On va regarder le comportement de u_n lui-même. Étant donné qu'on n'est pas intéressé par une simple explosion, on a pris u_{n+1} égal à u_n « corrigé » en soustrayant 70% de u_{n-1} et 30% de u_{n-2}. L'idée est qu'on devrait obtenir une forme de stabilité. Mais voyons ce qu'il en est.

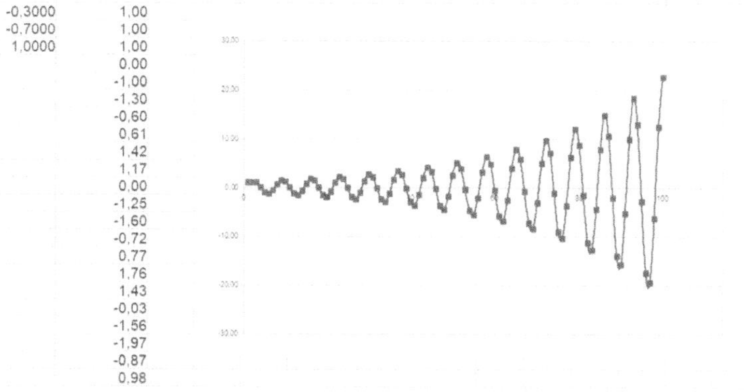

Figure 12.4 : Comportement de la suite $u_{n+1} = u_n - 0,7u_{n-1} - 0,3u_{n-2}$. La figure représente les cent premiers termes. Ils révèlent un comportement sinusoïdal de fréquence constante et d'amplitude croissante[9].

On a dit qu'on travaillait avec l'initialisation $u_0 = u_1 = u_2 = 1$. Signalons tout de suite que quelques expériences en faisant varier, même grandement, ces trois premiers termes montrent qu'ils n'ont pas d'incidence notable sur le comportement de la suite. On observe toujours la même croissance avec la même fréquence constante.

Exercice 12.3 : Construire avec un tableur ou tout autre logiciel de votre choix un programme permettant d'étudier la suite

$$u_{n+1} = u_n - 0,7u_{n-1} - 0,3u_{n-2}$$

Faire varier les trois valeurs initiales et observer que ça ne change pas grand-chose.

9. Note : pour faciliter la visualisation on n'a pas seulement représenté les cent points $(n,\ u_n)$, on a aussi fait passer une courbe lisse à travers eux, qui n'appartient pas strictement au modèle, mais qui rend les choses nettement plus facile à voir.

Maintenant dans l'expression

$$u_{n+1} = u_n - 0,7u_{n-1} - 0,3u_{n-2}$$

diminuons en valeur absolue le coefficient devant u_{n-2}. Regardons

$$u_{n+1} = u_n - 0,7u_{n-1} - 0,2u_{n-2} \tag{12.15}$$

en s'attendant à ce que ça croisse encore plus vite.

Ce n'est pas du tout ce qui se passe ! Maintenant la suite décroît à fréquence constante. Les cent premiers points sont sur ce qu'on appelle en physique une *sinusoïde amortie.*

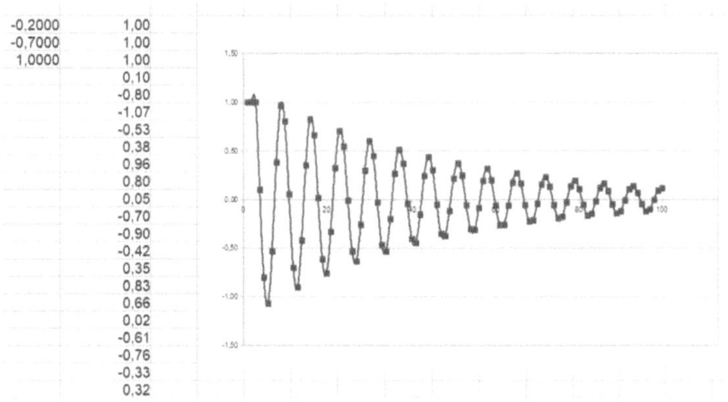

Figure 12.5 : Comportement de la suite $u_{n+1} = u_n - 0,7u_{n-1} - 0,2u_{n-2}$.

Les choses sont donc plus compliquées qu'il n'y paraît. Et c'est intéressant d'essayer de comprendre ce qui se passe.

Avant de rentrer dans le cœur du problème avec un scalpel sophistiqué, on peut faire ce qu'on fait souvent en maths appliquées quand on a une fonction qui a un certain comportement « positif » (ici on veut dire croissant) pour certaines valeurs d'un paramètre et « négatif » pour d'autres valeurs, avec une évolution continue en fonction du paramètre : on recherche par tâtonnements pour quelle valeur du paramètre la fonction a un comportement stable.

Exercice 12.4 : Montrer par tâtonnements que le comportement de la suite

$$u_{n+1} = u_n - 0,7u_{n-1} - \alpha u_{n-2}$$

est stable quand $\alpha \approx -0,2415$.

Recherche d'une explication au comportement de la suite $u_{n+1} = u_n - 0,7u_{n-1} - \alpha u_{n-2}$

Retournons à l'équation (12.13). Exactement comme on l'a fait pour l'équation de Pell, on peut l'écrire

$$\begin{pmatrix} u_{n+1} \\ u_n \\ u_{n-1} \end{pmatrix} = \begin{pmatrix} a & b & c \\ 1 & 0 & 0 \\ 0 & 1 & 0 \end{pmatrix}^{n-1} \begin{pmatrix} u_2 \\ u_1 \\ u_0 \end{pmatrix} \tag{12.16}$$

Soit avec les données qu'on a

$$\begin{pmatrix} u_{n+1} \\ u_n \\ u_{n-1} \end{pmatrix} = \begin{pmatrix} 1 & -0,7 & \alpha \\ 1 & 0 & 0 \\ 0 & 1 & 0 \end{pmatrix}^{n-1} \begin{pmatrix} 1 \\ 1 \\ 1 \end{pmatrix} \tag{12.17}$$

Donc, encore une fois, on a transformé notre problème en l'étude du comportement de la suite des puissances de la matrice dans le membre de droite.

Maintenant nous allons déployer tout notre savoir-faire :-) On va changer de base. On va en chercher une où la matrice est plus facile à manier.

À la fin de la leçon 11, nous avons brièvement mentionné que certaines matrices peuvent être diagonalisées en changeant de base. Nous n'avons pas présenté toute la théorie de la diagonalisation, et n'avons pas l'intention de le faire ici non plus. En revanche nous allons diagonaliser quelques matrices dans la pratique. Ce sera une excellente préparation à leur étude théorique dans les années à venir.

On peut donner à la matrice d'un endomorphisme une forme diagonale (en changeant de base) si on peut trouver une collection de vecteurs propres, c'est-à-dire de vecteurs tels que

$$T(\vec{v}) = \lambda \vec{v} \tag{12.18}$$

et formant une base.

Une telle collection de vecteurs propres n'existe pas toujours, mais pour le savoir une des méthodes est d'essayer. Si l'équation (12.18) est satisfaite pour un certain λ, alors en notation matricielle on a

$$M\vec{v} = \lambda I \vec{v} \tag{12.19}$$

où M est la matrice de T dans la base initiale dans laquelle on travaille (ce qu'on appelait dans la leçon précédente l'« ancienne base »), et I est la matrice identité (avec une diagonale de 1 d'en haut à gauche à en bas à droite et des 0 ailleurs). L'équation (12.19) peut être réécrite

$$(\lambda I - M)\vec{v} = \vec{0} \tag{12.20}$$

Et elle doit être satisfaite pour au moins un vecteur $\vec{v}$ différent de $\vec{0}$[10]. Cela a une conséquence très importante : il faut que le déterminant de $(\lambda I - M)$ soit nul.

Autrement dit, chercher les valeurs propres d'une matrice M c'est chercher les valeurs λ telles que

$$\det(\lambda I - M) = 0 \tag{12.21}$$

Le membre de gauche de cette équation est un polynôme de degré n en λ. Il s'agit donc de chercher les racines d'un polynôme.

Nous avons maintenant une bonne expérience de la question. Nous savons même que dans $\mathbb{C}$ un polynôme de degré n a toujours exactement n racines (certaines pouvant être multiples).

Nous savons aussi qu'un polynôme dans $\mathbb{R}$ peut toujours être décomposé en produit de polynômes du premier degré (comme $ax+b$) et de polynômes du second degré irréductibles (comme $cx^2 + dx + e$ avec $d^2 - 4ce < 0$). Le polynôme réel peut avoir des racines complexes, mais quand il a une racine complexe, il a toujours aussi sa conjuguée.

Cherchons les valeurs propres de la matrice

$$M_e = \begin{pmatrix} 1 & -0,7 & -0,3 \\ 1 & 0 & 0 \\ 0 & 1 & 0 \end{pmatrix}$$

On peut faire les calculs à la main ou utiliser un logiciel ou un site internet. Par exemple, le site `https://matrixcalc.org/` nous indique qu'il y a trois valeurs propres distinctes

$$\begin{aligned} \lambda_1 &\approx -0,282 \\ \lambda_2 &\approx 0,641 + i0,807 \\ \lambda_3 &\approx 0,641 - i0,807 \end{aligned} \tag{12.22}$$

C'est un cas favorable en ce sens que, quand il y a n valeurs propres distinctes, il y a forcément une base de vecteurs propres.

10. Dans la suite, je ne noterai pas toujours la petite flèche au-dessus du vecteur nul, mais il est entendu qu'il faut bien faire la différence entre le vecteur nul $\vec{0}$ et le scalaire nul, le nombre 0.

L'inconvénient ici c'est que ce sont des vecteurs à coefficients complexes. Mais en prenant exemple sur Raffaele Bombelli (1526, 1672) ne nous laissons pas intimider par cela.

D'après ce qu'on a appris sur les changements de base dans la leçon précédente, il y a donc une matrice de changement de base P exprimant les anciens vecteurs dans les nouveaux telle que

$$M_e = P^{-1} M_f P \tag{12.23}$$

où M_e est notre matrice dans la base initiale, et M_f est la matrice du même endomorphisme dans la base des vecteurs propres de T, voir équations (12.18) et (12.19)).

La formule (12.23) est simplement la formule (11.28) de la leçon précédente, page 188.

La matrice P ainsi que son inverse ont des coefficients complexes, mais cela ne va pas jouer de rôle dans les raisonnements qui suivent. Et même si `https://matrixcalc.org/` nous donne aussi les vecteurs propres (exprimés dans la base initiale), on n'en a pas besoin.

Ce qui compte c'est la matrice diagonalisée M_f. Elle a la forme

$$M_f = \begin{pmatrix} -0.282 & 0 & 0 \\ 0 & 0,641 + i0,807 & 0 \\ 0 & 0 & 0,641 - i0,807 \end{pmatrix}$$

La formule (12.17) devient

$$\begin{pmatrix} u_{n+1} \\ u_n \\ u_{n-1} \end{pmatrix} = \left(P^{-1} M_f P\right)^{n-1} \begin{pmatrix} 1 \\ 1 \\ 1 \end{pmatrix} \tag{12.24}$$

Il est facile de voir que c'est aussi

$$\begin{pmatrix} u_{n+1} \\ u_n \\ u_{n-1} \end{pmatrix} = P^{-1} M_f^{n-1} P \begin{pmatrix} 1 \\ 1 \\ 1 \end{pmatrix} \tag{12.25}$$

Le cœur de l'explication du comportement de la suite u_n montré sur la figure 12.4 est la matrice M_f élevée à la puissance n (ou $n-1$ pour être précis, mais ça ne fait pas de différence).

$$M_f^n = \begin{pmatrix} -0.282 & 0 & 0 \\ 0 & 0,641 + i0,807 & 0 \\ 0 & 0 & 0,641 - i0,807 \end{pmatrix}^n \tag{12.26}$$

On peut réécrire cette formule

$$M_f^n = \begin{pmatrix} (-0.282)^n & 0 & 0 \\ 0 & (0,641 + i0,807)^n & 0 \\ 0 & 0 & (0,641 - i0,807)^n \end{pmatrix} \quad (12.27)$$

C'est la beauté d'une diagonalisation.

Maintenant il est facile de raisonner. Dans la formule (12.25), dénotons par $\begin{pmatrix} x \\ y \\ z \end{pmatrix}$ le vecteur $P \begin{pmatrix} 1 \\ 1 \\ 1 \end{pmatrix}$

Peu importe ce que sont ses composantes. Ce sont des nombres complexes, mais ce sont surtout des nombres fixes.

Quand n augmente, la composante a_{11} de M_f^n tend vers 0 et on peut l'oublier. Les deux autres composantes vont servir à multiplier respectivement y par $(0,641 + i0,807)^n$ et z par $(0,641 - i0,807)^n$.

La formule (12.25) devient

$$\begin{pmatrix} u_{n+1} \\ u_n \\ u_{n-1} \end{pmatrix} = P^{-1} M_f^{n-1} \begin{pmatrix} x \\ y \\ z \end{pmatrix} \quad (12.28)$$

soit encore, en assimilant la composante a_{11} à 0,

$$\begin{pmatrix} u_{n+1} \\ u_n \\ u_{n-1} \end{pmatrix} = P^{-1} \begin{pmatrix} 0 \\ y(0,641 + i0,807)^{n-1} \\ z(0,641 - i0,807)^{n-1} \end{pmatrix} \quad (12.29)$$

Une multiplication par $(0,641 + i0,807)$ est une rotation d'un angle égal à son argument et une élongation (ou une contraction) égale à son module.

Ici le module au carré de $(0,641 + i0,807)$ est égal à $0,641^2 + 0,807^2 = 1,06213$. Donc le module de la deuxième composante du vecteur sur la droite va croître. Idem par sa troisième composante.

La multiplication par la matrice fixe P^{-1} va simplement combiner ces deux produits.

Il est heuristiquement logique que le module de u_n croisse – pas nécessairement d'un pas sur l'autre, mais ce sera le trend de son maximum entre les pas 3 et n. C'est ce qu'on observe sur la figure 12.4.

L'étape précédente pour être rendue rigoureuse exigerait qu'on analyse plus précisément ce que fait la matrice P^{-1} au vecteur

$$\begin{pmatrix} 0 \\ y(0,641+i0,807)^{n-1} \\ z(0,641-i0,807)^{n-1} \end{pmatrix}$$

dans la formule (12.29), car on peut en théorie additionner des vecteurs [11] de plus en plus grands sans que leur somme ne devienne aussi de plus en plus grande.

Nous allons cependant nous satisfaire du niveau de l'analyse ci-dessus. Elle a éclairé ce qui se passait.

Regardons à présent l'autre cas, celui avec la matrice

$$M_e = \begin{pmatrix} 1 & -0,7 & -0,2 \\ 1 & 0 & 0 \\ 0 & 1 & 0 \end{pmatrix}$$

Cette fois-ci on a

$$\begin{aligned} \lambda_1 &\approx -0,210 \\ \lambda_2 &\approx 0,605+i0,767 \\ \lambda_3 &\approx 0,605-i0,767 \end{aligned} \tag{12.30}$$

Le module au carré de $0,605+i0,767$ est égal à $0,605^2+0,767^2 = 0,964314$. Pour les mêmes raisons que précédemment le module de u_n va cette fois-ci logiquement décroître – pas nécessairement d'un pas sur l'autre, mais ce sera le trend de son maximum entre les pas 3 et n. C'est ce qu'on observe sur la figure 12.5.

Exercice 12.5 : Regarder quel est le module des valeurs propres λ_2 et λ_3 quand α, dans la formule (12.17), est égal à $-0,2145$.

Aide : Vous devez trouver que ces valeurs propres sont approximativement $0,621 \pm i0,784$. Et leur module est presque exactement égal à 1.

Expliquer pourquoi la suite u_n est alors globalement stable, figure 12.6.

11. On se rappelle que les nombres complexes peuvent être vus comme des vecteurs dans le plan.

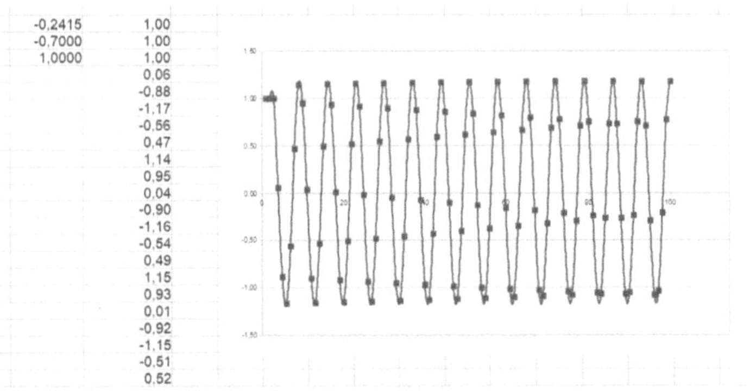

Figure 12.6 : Comportement de la suite $u_{n+1} = u_n - 0,7u_{n-1} - 0,2415u_{n-2}$. Visualisation des 100 premières valeurs.

Exercice 12.6 : Faire la même analyse qu'on vient de faire pp. 207 à 211, à l'aide d'une matrice, de sa diagonalisation, et de son élévation à la puissance n, etc., avec la suite de Pell.

Encouragement : Elle est plus simple :-)

Exercice 12.7 : Faire la même analyse avec la suite de Fibonacci.

Suite de Syracuse

Terminons en mentionnant la suite de Syracuse. Elle n'est pas à proprement parler une suite définie par une équation de récurrence, mais l'algorithme de sa définition en est proche.

Définition de la suite de Syracuse : *On part d'un nombre entier u_0 strictement positif. S'il est pair, $u_1 = u_0/2$. S'il est impair, $u_1 = 3u_0 + 1$. Et on recommence avec u_1.*

Celui produit une suite u_n.

On a observé qu'apparemment quel que soit le nombre u_0 à partir duquel on démarre la suite, au bout d'un certain nombre d'itérations u_n finit toujours par atteindre le nombre 1. Puis la suite parcourt indéfiniment le cycle 1, 4, 2, 1, 4, 2, 1, etc.

Quand je dis « quel que soit » u_0, pour être exact on a vérifié jusqu'à u_0 égal environ 3×10^{20}.

Cette propriété de la suite de Syracuse en vérité reste donc une conjecture qui jusqu'à présent défie les mathématiciens.

Le problème n'a pas grand intérêt en soi, mais on sent qu'il recèle peut-être des secrets sur les nombres. Si on trouve un jour le moyen de démontrer la conjecture (ou de démontrer qu'elle est fausse) la méthode révèlera des secrets dans d'autres domaines [12]. C'est l'une des raisons pour lesquelles les mathématiciens ont essayé pendant 350 ans de résoudre le grand théorème de Fermat, avant de réussir en 1995. Ce faisant ils ont développé un grand nombre de techniques mathématiques infiniment plus utiles que seulement pour ce problème.

Suggestions de lecture

`https://en.wikipedia.org/wiki/Pell_number`

12. Il se peut aussi qu'elle soit indécidable. C'est une étrangeté des nombres entiers. Voir `https://pro.univ-lille.fr/fileadmin/user_upload/pages_pros/francois_boulier/GIS4-IR/Les-Propositions-Indecidables.pdf`
Disponible également à `https://lapasserelle.com/documents/Les-Propositions-Indecidables.pdf`

Leçon 13 :
Dénombrements

Les dénombrements dans leur forme la plus simple sont à l'origine de l'arithmétique, c'est-à-dire de la moitié des mathématiques, l'autre moitié étant la géométrie. En effet de tout temps les hommes ont compté. Ils ont compté des noix de coco, des moutons, des personnes, des cauris, des sous, etc. Notre espèce semble être la seule capable de l'observation suivante : si un homme a 15 noix de coco, et pendant la nuit on lui en vole une, le lendemain matin il se rend compte qu'il y a un problème – il lui manque une noix de coco. Les autres espèces animales les plus intelligentes sont capables d'une telle observation jusqu'à $n = 4$ ou 5, pas plus. La notion de différence de nombre ou de quantité leur est étrangère si la différence n'est pas très grande. Donnez à votre chat le choix exclusif entre une écuelle avec 7 croquettes et une autre avec 8, il choisira l'écuelle dans laquelle il va manger au hasard. L'évolution ne leur a pas conféré la capacité de compter. Pourtant ils connaissent les heures, mais cela semble davantage résulter d'une routine que d'un comptage. C'est une question intéressante du reste, la différence entre une routine et un comptage, mais nous sortirions du cadre d'un livre consacré aux mathématiques.

Les comptages élémentaires ont conduit au concept de nombre. Cela a été une aventure mentale extraordinaire d'élaborer le concept abstrait de nombre. Elle a sans doute pris des millions d'années chez nos ancêtres.

Nous l'avons dit au début de notre cours de sixième, les hommes ont compris que les collections d'objets avaient une caractéristique qui permettait d'associer (au sens de faire une bijection entre) certaines collections, et d'en distinguer d'autres. Lire notre livre de sixième et cinquième pour réviser cette histoire. Les auteurs Alexandrov, Kolmogorov et Lavrentiev en donnent aussi une excellente présentation, plus détaillée que la nôtre, dans le premier volume de leur ouvrage, *Mathématiques*, Les Éditions du Bec de l'Aigle, 2020/21, dans le premier chapitre de plus de cent pages consacré à l'histoire du développement des mathématiques.

Commençons par quelques problèmes de comptage un peu plus élaborés que le comptage le plus simple. On parle alors plutôt de *dénombrement.*

Problème 1 : Soit une collection de quatre objets distinguables entre eux. Combien y a-t-il de façons différentes de séparer la collection en deux sous-collections, la sous-collection A et la sous-collection B, si les deux sous-collections ont la même taille ?

Réponse : Il y a 6 façons de construire la première collection. On choisit un premier élément parmi les quatre, puis un second élément parmi les trois restants, cela fait 12 possibilités a priori pour construire la collection A. Mais ce faisant on a compté chaque possibilité deux fois, selon qu'on a pris dans un ordre ou dans l'autre les deux éléments qui composent A. Donc il faut diviser 12 par 2. Cela donne 6 sous-collections A distinctes possibles.

Ensuite la sous-collection B est automatiquement construite aussi.

On voit d'ailleurs qu'on parle de possibilités. Quand on fait des calculs de dénombrement, on n'est jamais très loin des concepts de la théorie des probabilités. Mais ce n'est pas le sujet de cette leçon. Nous parlerons de la théorie des probabilités dans les prochaines leçons.

Exercice 13.1 : Soit une collection de quatre objets distinguables entre eux. Combien y a-t-il de façons différentes de séparer la collection en deux sous-collections, la sous-collection A et la sous-collection B, si les deux sous-collections n'ont pas nécessairement la même taille ?

Aide : Commencer par construire la sous-collection A. Pour chaque objet de la collection initiale, on a un choix.

Exercice 13.2 : Montrer que l'exercice 1 est identique à l'exercice consistant à compter combien l'ensemble initial d'objets a de sous-ensembles.

Exercice 13.3 : On a six objets distinguables. Combien y a-t-il de façons de les répartir entre trois personnes P, Q, R, chacune recevant deux objets ?

Exercice 13.4 : Répondre à la même question que dans l'exercice 13.3, si cette fois-ci les six objets sont indistinguables (par exemple si ce sont six pommes) ?

Problème 2 : On a un ensemble E composé de n objets

$$o_1,\ o_2,\ ...,\ o_n$$

On veut en extraire une paire de 2 objets. L'ordre dans la paire compte, c'est-à-dire qu'on distingue la paire $\{o_i, o_j\}$ de la paire $\{o_j, o_i\}$.

Combien peut-on former de paires ordonnées ?

Réponse : Il y a $n(n-1)$ paires ordonnées possibles. Ce nombre est généralement noté A_n^2 (lire « a n deux »).

Si le problème avait été d'extraire une collection ordonnée de p éléments, la réponse aurait été

$$A_n^p = n(n-1)(n-2)...(n-p+1) \tag{13.1}$$

Noter que ce nombre est aussi

$$A_n^p = \frac{n!}{(n-p)!} \tag{13.2}$$

où le signe factorielle n (avec le point d'exclamation) veut dire le produit de tous les nombres entiers de 1 à n.

Ce nombre A_n^p (lire « a n p ») s'appelle le nombre d'*arrangements* de p éléments parmi n. C'est pourquoi on utilise la lettre A.

Problème 3 : On a un ensemble E composé de n objets

$$o_1,\ o_2,\ ...,\ o_n$$

On veut en extraire une paire de 2 objets. L'ordre dans la paire cette fois-ci ne compte pas, c'est-à-dire qu'on ne distingue pas la paire $\{o_i, o_j\}$ de la paire $\{o_j, o_i\}$.

Combien peut-on former de paires non ordonnées ?

Réponse : On commence par compter le nombre de paires ordonnées qu'on peut fabriquer. Puis on observe que chaque paire non ordonnée apparaît deux fois. Donc on divise A_n^p par 2.

On note le nombre obtenu C_n^2 (lire « c n deux »).

Si la question avait été « de combien de façons peut-on construire une sous-collection de p objets (où l'on ne tient pas compte de leur ordre) ? », la réponse aurait été A_n^p divisé par $p!$.

On note ce nombre C_n^p (lire « c n p »). On a donc

$$C_n^p = \frac{n!}{p!(n-p)!} \tag{13.3}$$

Ce nombre C_n^p s'appelle le nombre de *combinaisons* de p éléments parmi n. C'est pourquoi on utilise la lettre C.

Quelques éléments d'histoire [1]

Dans les mathématiques occidentales, les premiers éléments d'analyse combinatoire formalisée sont apparus seulement dans l'école tardive d'Alexandrie durant les premiers siècles de notre ère. Les mathématiciens alexandrins connaissaient la formule $\frac{n(n-1)}{2}$ pour le nombre de paires non ordonnées qu'on peut extraire d'un ensemble de n objets.

Le mathématicien indien Bhāskara II (c. 1114, c. 1185) connaissait la formule générale (13.3) pour C_n^p.

Le mathématicien juif provençal Gersonide (1288, 1344) approfondit la connaissance des C_n^p. Il proposa les règles équivalentes à nos formules modernes

$$C_n^p = \frac{A_n^p}{p!} \quad \text{et} \quad C_n^p = C_n^{n-p}$$

Il comprit et formalisa ce qu'on appelle aujourd'hui les relations de récurrence entre les différents C_n^p, permettant de les calculer simplement.

Plus tard Fermat et Pascal ont retrouvé indépendamment l'un de l'autre, ainsi que des mathématiciens du passé, les formules (13.2) et (13.3) et fondèrent le calcul des probabilités.

Exercice 13.5 : On considère un ensemble de 100 objets distincts. Combien y a-t-il de façons d'en extraire 12 objets sans tenir compte de leur ordre dans la sous-collection de 12 objets qu'ils forment ?

1. Tirés de BOURBAKI Nicolas, *Éléments d'histoire des Mathématiques*, Springer, 2006.

Le problème suivant est traditionnellement présenté au début d'un cours de probabilités, mais c'est aussi un problème de dénombrement, alors présentons-le ici.

Problème 4 : Dans une grande pièce, par exemple lors d'une réception, il y a n personnes. On suppose que $n \leq 365$. Combien y a-t-il de façons de construire (abstraitement) des distributions distinctes de leur jour de naissance dans les 365 jours de l'année ? Combien de façons y a-t-il de les distribuer de telle sorte qu'il n'y ait pas deux personnes avec le même anniversaire ?

Réponse : Suivons le conseil de George Polya [2] (1887, 1985) : *regarder une version simplifiée du problème pour avoir un premier éclairage.*

Commençons donc par essayer de résoudre le problème avec 2 personnes P_1 et P_2 et une année de 3 jours J_1, J_2, J_3.

On a 3 possibilités pour la personne P_1 et 3 possibilités pour la personne P_2. Cela fait a priori $3^2 = 9$ distributions.

Mais a-t-on compté des distributions identiques plusieurs fois ? Réponse : Cela dépend de ce qu'on entend par distributions identiques.

Voici les neuf distributions possibles (une ligne = une distribution) avant de se soucier de doublons éventuels :

n°	J_1	J_2	J_3
1	P_1P_2		
2	P_1	P_2	
3	P_1		P_2
4	P_2	P_1	
5		P_1P_2	
6		P_1	P_2
7	P_2		P_1
8		P_2	P_1
9			P_1P_2

Si les personnes sont « indistinguables » comme des pommes, alors la distribution n°2, par exemple, est identique à la distribution n°4. Et on a en réalité, en tout, seulement 6 distributions différentes de deux personnes, voir exercice 13.8 page 222.

2. Voir le chapitre I.16 Résoudre un problème : les conseils de George Polya, de notre livre de 4e et 3e.

On n'imaginerait pas que « compter les façons de mettre deux personnes dans trois jours » soulève des questions !

Nous allons y revenir avec le théorème des « stars and bars » qui utilise une astuce élégante pour compter dans certains problèmes.

Si l'on songe qu'au XXIe siècle on peut encore avoir du mal à percevoir tout de suite et de manière indiscutable combien il y a de façons de mettre deux personnes dans trois jours, on comprend mieux que l'élaboration des nombres dans la tête de nos ancêtres, en remontant bien avant les australopithèques, ait pris des millions d'années.

En tout cas, si on compte toutes les distributions sans se préoccuper du fait qu'on peut compter plusieurs fois certaines d'entre elles (selon l'interprétation qu'on donne au concept de distributions différentes), alors le problème devient simple. Il y a 365^n façons de distribuer n personnes dans 365 jours.

Tournons-nous vers la deuxième question : combien y a-t-il de possibilités qu'il n'y ait pas deux personnes avec le même anniversaire ?

1. Pour la première personne, il y a 365 jours possibles pour son anniversaire.
2. Pour la deuxième personne, il y a 364 jours possibles (puisqu'il faut éviter l'anniversaire de la première personne). Et ainsi de suite.

Le nombre total de façons d'attribuer des anniversaires uniques à n personnes est donc

$$365 \times 364 \times 363 \times \ldots \times (365 - n + 1) \tag{13.4}$$

Dans cette façon de compter, la ligne n°2 et la ligne n°4 du tableau précédent sont deux distributions différentes.

D'autre part, le nombre total de distributions possibles d'anniversaires pour n personnes, on vient de le voir plus haut, est 365^n. Par conséquent on peut dire que la probabilité $P(n)$ qu'il n'y ait pas deux personnes avec le même anniversaire est :

$$P(n) = \frac{365 \times 364 \times 363 \times \ldots \times (365 - n + 1)}{365^n} \tag{13.5}$$

En utilisant la notation factorielle cela s'écrit :

$$P(n) = \frac{365!}{365^n \times (365 - n)!} \tag{13.6}$$

Cette formule donne une probabilité exacte. Pour les grands nombres n, il existe une approximation de (13.6) avec une formule plus commode [3].

Exercice 13.6 : Il y a 10 personnes dans une salle. Quelle est la probabilité qu'il n'y en ait pas deux avec le même anniversaire ?

Aide : Vous devez trouver environ 88%.

Exercice 13.7 : Il y a n personnes dans une salle.

Montrer que la probabilité qu'il n'y en ait pas deux avec le même anniversaire en fonction de n est donnée par le tableau suivant (où on a arrondi les probabilités) :

n	$P(n)$
10	88%
20	59%
30	29%
40	11%
50	3%
60	0,6%
70	négligeable

Retenons du problème 4, quand on s'occupe de dénombrements, qu'on est constamment sur la ligne de crête entre le très simple et le casse-tête [4].

En forçant un peu le trait, admettons-le, on peut dire que le début de la solution du problème 4 est un casse-tête (en tout cas on peut complexifier le problème et en faire un authentique casse-tête), alors voyons une question très simple : montrer que si $n > 366$, la probabilité qu'il n'y ait pas deux personnes avec le même anniversaire est 0 :-)

3. Elle utilise la formule de Stirling pour approximer une factorielle avec une formule plus maniable, cf. `https://fr.wikipedia.org/wiki/Formule_de_Stirling`

4. Andreï Kolmogorov a un jour déclaré qu'il y avait une fine bande entre les problèmes évidents et ceux insolubles, et que c'était dans cette bande que travaillaient les mathématiciens.

Exercice 13.8 : On a réparti deux personnes dans trois jours, tableau de gauche ci-dessous. Puis on les a rendues « indistinguables », tableau de droite.

n°	J_1	J_2	J_3
1	P_1P_2		
2	P_1	P_2	
3	P_1		P_2
4	P_2	P_1	
5		P_1P_2	
6		P_1	P_2
7	P_2		P_1
8		P_2	P_1
9			P_1P_2

n°	J_1	J_2	J_3
1	● ●		
2	●	●	
3	●		●
4	●	●	
5		● ●	
6		●	●
7	●		●
8		●	●
9			● ●

Expliquer pourquoi à gauche on a 9 configurations sans double compte. Mais à droite il y a trois doublons, donc seulement 6 configurations différentes.

Exercice 13.9 : On considère n personnes « indistinguables », ou si l'on préfère n pommes.

Combien y a-t-il de configurations différentes pour leur répartition dans 365 cases ?

Combien y a-t-il de configurations où aucune case n'en contient deux ou plus ?

Obtient-on les mêmes ratios que dans l'exercice 13.7 ?

Aide : Regarder les deux tableaux de l'exercice 13.8.

Exercice 13.10 : On a deux dés, D_1 et D_2, identiques. On les lance ensemble.

Combien de configurations différentes peut-on obtenir pour le résultat du lancer des deux dés ?

Combien y a-t-il de résultats où les deux dés montrent le même nombre ?

Combien y a-t-il de résultats où un dé montre 5 et l'autre montre 6 ?

Doit-on considérer les tirages $(5,6)$ et $(6,5)$ comme un doublon ?

Si on regarde la somme des deux nombres obtenus lors d'un tirage, est-il plus probable d'obtenir 11 ou d'obtenir 12 ?

Qu'est-ce qui est le plus probable : obtenir 10, obtenir 11 ou obtenir 12 ?

Problème 5 : On a neuf billes indistinguables et trois gobelets distinguables. Combien y a-t-il de répartitions différentes des neuf billes dans les trois gobelets ? La figure 13.1 montre une telle répartition.

Figure 13.1 : Neuf billes indistinguables dans trois gobelets distinguables.

Réponse : On a va utiliser la méthode dite des « stars and bars ». C'est l'astuce fort jolie et toute simple consistant à observer que le problème est le même que celui de compter les façons d'insérer 2 barres verticales dans une collection de 9 étoiles. Par exemple, la configuration de la figure 13.1 est la même chose que la configuration ci-dessous

$$\ast\ast\ast\ast \,\Big|\, \ast\ast \,\Big|\, \ast\ast\ast$$

Figure 13.2 : Deux barres insérées dans neuf étoiles.

Maintenant on voit mieux que c'est aussi le problème de choisir une paire non ordonnée d'objets parmi 11 objets. Le nombre de façons de faire est $C_{11}^2 = 55$.

Et si au lieu de neuf balles et trois gobelets, on a n balles et p gobelets, le nombre de répartitions différentes des n balles indistinguables dans les p gobelets distinguables devient C_{n+p-1}^{p-1}.

Exercice 13.11 : Combien y a-t-il de façons de répartir 20 balles indistinguables dans 5 gobelets distinguables ?

Aide : Vous devez trouver 10 626.

Et si elles étaient distinguables ?

Problème 6 : De combien de façons différentes peut-on disposer les lettres du mot « ANANAS » ?

Réponse : Le mot « ANANAS » a six lettres avec des répétitions. La lettre S apparaît 1 fois, la lettre N 2 fois, et la lettre A 3 fois.

Le nombre de façons possibles de disposer ces six lettres est donné par la formule

$$\frac{6!}{1!2!3!} = \frac{720}{12} = 60 \tag{13.7}$$

La démonstration est laissée en exercice.

Problème 7 : De combien de façons peut-on distribuer 10 biscuits identiques à 3 enfants de telle sorte que chaque enfant reçoive au moins 1 biscuit ?

Réponse : C'est un problème de répartition avec contrainte. Distribuer d'abord un biscuit à chaque enfant. Il reste 7 biscuits. Ensuite il s'agit du problème de distribuer 7 objets indistinguables dans 3 gobelets distinguables. La solution est $C_{7+3-1}^{3-1} = C_9^2 = 36$.

Le but de cette leçon est d'être une introduction aux problèmes de dénombrement, pas de traiter la question à fond, ce qui nécessiterait plusieurs volumes. Elle a aussi pour but de faire réfléchir à ce que compter veut dire. Quand faut-il distinguer des éléments, quand ne faut-il pas les distinguer ? [5]

C'est également une préparation aux leçons suivantes sur les probabilités et les statistiques.

Enfin c'est un intermède entre les parties I et II et les parties III et IV.

Alors terminons avec deux problèmes :

1. Un problème de carrés magiques.
2. Un problème de dénombrement qui est aussi un jeu célèbre.

5. Parmi les sujets non traités dans la leçon, il y a le problème de compter les nuages. Ça fait passer le temps les jours de pluie.

Carrés magiques : Il existe une célèbre gravure par Albrecht Dürer (1471, 1528), intitulée Melencolia, qui contient un carré magique en haut à droite.

Figure 13.3 : *Melencolia*, par Albrecht Dürer (1471, 1528).

Le carré magique est

16	3	2	13
5	10	11	8
9	6	7	12
4	15	14	1

Figure 13.4 : Carré magique dans *Melencolia*.

Un carré magique est une répartition des nombres de 1 à 16 en carré, de telle sorte que la somme de chaque ligne, la somme de chaque colonne, et la somme des deux diagonales, soit toujours égale au même nombre, lequel doit évidemment être égal au quart de $\dfrac{16 \times 17}{2}$, c'est-à-dire 34.

Vérifier que le carré de la figure 13.4 est magique.

Si on dénote par $a_{11}, a_{12}, ..., a_{44}$, comme pour une matrice, les seize nombres du carré magique, vérifier les propriétés suivantes pour le carré magique de *Melencolia* :

propriété 1 : $\displaystyle\sum_{j=1}^{j=4} a_{1j}^2 = \sum_{j=1}^{j=4} a_{4j}^2$, c'est-à-dire la somme des carrés de la première ligne est égale à la somme des carrés de la quatrième.

propriété 2 : $\displaystyle\sum_{j=1}^{j=4} a_{2j}^2 = \sum_{j=1}^{j=4} a_{3j}^2$, c'est-à-dire la somme des carrés de la deuxième ligne est égale à la somme des carrés de la troisième.

Et on a les propriétés comparables pour les colonnes.

propriété 3 : $\displaystyle\sum_{i=1}^{i=4} a_{i1}^2 = \sum_{i=1}^{i=4} a_{i4}^2$.

propriété 4 : $\displaystyle\sum_{i=1}^{i=4} a_{i2}^2 = \sum_{i=1}^{i=4} a_{i3}^2$.

Exercice 13.12 : Donner la forme que doit avoir chacun des seize nombres a_{ij} d'un carré magique 4×4, construit avec les entiers de 1 à 16, avec une expression algébrique.

Les propriétés 1 à 4 ci-dessus sont-elles toujours vraies ?

<u>Tours de Hanoï</u> : On a trois tours représentées par trois bâtonnets verticaux fixés sur une planchette. Sur la tour du milieu sont empilés n disques plats, avec un trou au milieu, et de taille décroissante de bas en haut, figure 13.5.

<u>Problème</u> : On veut déplacer la tour centrale vers la tour de gauche, en respectant les règles suivantes :

1. On ne peut déplacer qu'un disque à la fois.
2. On ne peut placer un disque que sur un disque plus grand ou sur une tour vide.

Figure 13.5 : Jeu des Tours de Hanoï. Source : Logica Jeux Art.

Donner un algorithme pour résoudre le problème.

Quel est le nombre minimal de déplacements élémentaires nécessaires pour déplacer une tour de 9 disques ? La solution est laissée en exercice.

Suggestions de lecture

Bóna Miklós, *Walk Through Combinatorics : An Introduction To Enumeration And Graph Theory*, WSPC, 2016.

Bourbaki Nicolas, *Éléments d'histoire des Mathématiques*, Springer, 2006.

Wallis Walter & George John, *Introduction to Combinatorics (Discrete Mathematics and Its Applications)*, Chapman and Hall, 2016.

`http://villemin.gerard.free.fr/Wwwgvmm/CarreMag/CMordre4.htm`

`https://fr.wikipedia.org/wiki/Tours_de_Hanoi` (rajouter le tréma sur le i pour que le lien fonctionne)

Leçon 14 :
Probabilités, généralités

Nous avons introduit en douceur, les années passées, dès la fin du collège, les notions fondamentales des probabilités. La première d'entre elles est la distinction entre les expériences au résultat déterministe et celles au résultat aléatoire.

Des simulations au tableur nous ont servi à développer les intuitions de base. Par exemple malgré les résultats changeants d'une expérience aléatoire, il y a une forme de stabilité sur le long terme a priori étonnante, formalisée sous le nom de loi des grands nombres. Non seulement on l'observe très bien, mais on peut en donner une explication liée aux dénombrements dans une série de tirages.

L'année dernière nous avons présenté des premiers résultats mathématiques plus élaborés, comme l'inégalité de Bienaymé-Tchebychev. Nous avons même introduit l'idée que certains résultats mathématiques peuvent avoir une démonstration traditionnelle sans faire appel au hasard, et une autre s'appuyant sur le calcul des probabilités. C'est le cas de la loi des grands nombres appliquée à une série de tirages à pile ou face.

Le lecteur et la lectrice sont invités à consulter nos ouvrages de collège et de seconde et première pour réviser ces notions. Nous allons maintenant nous rapprocher d'une présentation axiomatique théorique plus dépouillée.

Retenons qu'on peut faire des mathématiques avec une approche traditionnelle, mais aussi avec une approche probabiliste – les deux étant parfaitement rigoureuses [1]. C'est vrai même de l'observation de la nature. C'est l'une des raisons pour lesquelles les probabilités ont été progressivement introduites dans les programmes du secondaire depuis quelques années, alors qu'au XXe siècle elles étaient considérées comme un sujet pour l'université [2].

1. Comme les fondateurs de Bourbaki ne comprenaient pas bien les probabilités, ils ne les ont pas incluses dans leur série de traités présentant les mathématiques de manière soi-disant impeccablement rigoureuse.

2. Noter que la même chose est vraie de l'algèbre linéaire. En revanche nous avons dit à plusieurs reprises que l'introduction de la théorie des ensembles dans le secondaire dans les années 1960 a été une décision mal inspirée et désastreuse.

Parcourons rapidement la construction axiomatique de la théorie élémentaire des probabilités [3] en restant à mi-chemin entre l'informel et le rigoureux.

Expérience $\mathcal{E}$, univers Ω, évènements

Les résultats possibles d'une *expérience aléatoire* $\mathcal{E}$ forment un ensemble Ω, appelé *univers de l'expérience.* Quand on effectue une fois l'expérience, on produit un élément $\omega \in \Omega$. Cet élément ω est appelé « l'état de l'univers produit par une itération [4] de $\mathcal{E}$ ».

En théorie des probabilités, on considère un univers Ω fini, infini dénombrable, ou infini continu.

- exemple d'Ω fini : les six résultats possibles du lancement d'un dé.
- exemple d'Ω infini dénombrable : choisir un nombre entier naturel au hasard (on ne peut pas donner la même probabilité à tous les entiers, car sinon Ω aurait une probabilité infinie, voir axiomes de la distribution de probabilité P ci-dessous).
- exemple d'Ω infini continu : lancer une fléchette sur un disque et regarder où elle est arrivée. Les ω ont deux dimensions, en coordonnées cartésiennes (x, y), ou en coordonnées polaires (r, θ).

Un sous-ensemble E de Ω est appelé un *évènement* [5], car au terme d'une itération de $\mathcal{E}$ on peut observer $\omega \in E$ ou $\omega \notin E$.

Distribution de probabilité P

Il existe une fonction P allant des sous-ensembles d'Ω, c'est-à-dire des évènements d'Ω, vers $\mathbb{R}$. Elle a les propriétés suivantes

1. Quel que soit $E \subset \Omega$, on a $0 \leq \mathrm{P}(E) \leq 1$ (14.1)
2. $\mathrm{P}(\Omega) = 1$ (14.2)

---

3. Une théorie plus avancée des probabilités a été construite par A. Kolmogorov au début des années 1930. Elle fait appel à la théorie de la mesure, aux tribus boréliennes et à l'intégrale de Lebesgue, qui dépassent le niveau de la classe de terminale. Les deux théories sont cohérentes entre elles, celle avancée ne contredit pas celle élémentaire, elle l'approfondit et la rend plus rigoureuse. Cf. A. Kolmogorov, *Grundbegriffe der Wahrscheinlichkeitsrechnung* (Fondements de la théorie des probabilités), Springer, 1933.

4. On dit « une itération » quand on a effectué *une fois* l'expérience, « deux itérations » quand on l'a effectuée deux fois, etc.

5. La théorie avancée des probabilités précise que tous les sous-ensembles d'Ω ne sont pas des évènements, mais seulement les sous-ensembles *mesurables.* On ne va pas s'occuper de cette distinction ici.

3. Si deux évènements E et F d'Ω ne se coupent pas, c'est-à-dire ont une intersection nulle (on dit encore sont « disjoints »), alors

$$\mathrm{P}(E \cup F) = \mathrm{P}(E) + \mathrm{P}(F) \tag{14.3}$$

<u>Cas où Ω est fini ou dénombrable</u> : Chaque ω est un évènement possible en soi, et a une probabilité non nulle [6]. Alors si $\Omega = \{\omega_1, \omega_2, ..., \omega_n\}$, un ensemble fini, on peut écrire

$$\sum_{i=1}^{n} \mathrm{P}(\omega_i) = 1 \tag{14.4}$$

Et si $\Omega = \{\omega_1, \omega_2, ..., \omega_n, ...\}$, un ensemble infini dénombrable,

$$\sum_{i=1}^{\infty} \mathrm{P}(\omega_i) = 1 \tag{14.5}$$

Dans les deux cas de figure, la probabilité d'un sous-ensemble E quelconque d'Ω est la somme des probabilités des éléments ω qui composent E.

Exercice 14.1 : Soit l'expérience $\mathcal{E}$ consistant à lancer un dé.

Quel est l'univers Ω de $\mathcal{E}$?

Lister les 64 évènements attachés à Ω. (Attention, il y a 6 ω's, mais il y a beaucoup plus d'évènements.)

Quelle est la probabilité de l'évènement $E = \{\text{on a tiré un nombre pair}\}$?

Quelle hypothèse naturelle avez-vous faite sur la distribution de probabilité P ?

Exercice 14.2 : Soit l'expérience $\mathcal{E}$ consistant à lancer une pièce de monnaie.

Quel est l'univers Ω de $\mathcal{E}$?

Lister les 4 (oui, quatre) évènements attachés à Ω.

6. Dans le cas d'un univers fini ou dénombrable, considérer un ω avec une probabilité nulle revient à ne pas le considérer comme faisant partie d'Ω. Dans le cas d'un univers infini continu, ce n'est plus vrai.

<u>Cas où Ω est infini continu</u> : On va pour commencer se limiter à l'exemple où Ω est le segment fermé formé par tous les nombres réels entre 0 et 1 y compris les deux bornes, car il illustre suffisamment bien tous les ensembles Ω infinis continus.

Dans la majorité des distributions de probabilité utilisées en pratique, la probabilité des évènements consistant en un point unique ω est nulle. Donc ce n'est plus un concept utile.

On introduit une *fonction de probabilité cumulative* F définie par

$$F(x) = \mathrm{P}\{0 \leq \omega \leq x\} \tag{14.6}$$

Et on définit la notion de *densité de probabilité* p qui est tout simplement la dérivée de F [7].

Alors on a

$$\mathrm{P}\{a \leq \omega \leq b\} = \int_a^b p(x)dx \tag{14.7}$$

La densité de probabilité la plus simple sur $[0,1]$ est la densité uniforme.

Noter que jusqu'ici, dans le déroulé des axiomes des probabilités élémentaires, on n'a pas encore parlé de variable aléatoire.

On va y venir. Mais il faut d'abord bien comprendre que la distribution de probabilité P, ou la densité de probabilité p, ne font pas référence à une quelconque variable aléatoire [8].

7. Selon les présentations de la théorie élémentaire des probabilités, on dénote la dérivée de $F(x)$ par $f(x)$ ou par $p(x)$.

L'année dernière nous avons introduit F pour parler de la fonction cumulative *attachée à une variable aléatoire* X, et sa dérivée était la densité de probabilité de la v.a. X. Nous avons noté cette densité avec la lettre f. On aurait pu aussi utiliser f_X, car c'était la densité d'une variable aléatoire particulière.

Ici nous introduisons la probabilité cumulative avant toute considération de variable aléatoire. C'est simplement une fonction liée à P, qui a une forme naturelle quand $\Omega = [0,1]$, formule (14.6).

Alors il est plus logique de dénoter sa dérivée avec la lettre p, car c'est en quelque sorte la « dérivée de P ». En théorie de la mesure, $p(x)$ s'appelle une *mesure de probabilité*, et ne fait pas référence à une quelconque variable aléatoire.

8. Ce qui est vrai, c'est, quand on considère une expérience aléatoire $\mathcal{E}$, que si on ne s'intéresse qu'à une seule variable aléatoire X, alors on peut prendre pour l'univers Ω l'ensemble des valeurs possibles de X, et on est donc amené à parler de v.a. avant même de probabilité P. Nous avons déjà expliqué cela en seconde et en première, nous n'allons pas y revenir. Ici nous exposons rapidement les axiomes en faisant l'hypothèse que le lecteur et la lectrice ont déjà une certaine familiarité avec les probabilités, acquise en troisième, seconde et première. Si nécessaire, reportez-vous à nos livres pour ces classes.

Probabilités conditionnelles

Supposons qu'on ait effectué $\mathcal{E}$ une fois. On a donc produit un élément ω de son univers Ω.

Pour tout sous-ensemble A on peut dire si on observe $\{\omega \in A\}$ ou pas.

Par ailleurs, d'après les axiomes ci-dessus, à l'évènement A est attachée une probabilité $\mathrm{P}(A)$ qui est un nombre positif ou nul entre 0 et 1.

Avant de parler de probabilités conditionnelles, parlons de probabilités tout court, car, après les explications qui suivent, la notion de probabilité conditionnelle va devenir évidente.

Origine de la notion de probabilité

La notion de probabilité de A ne vient pas de nulle part. Elle vient de l'observation expérimentale, remontant sans doute à la préhistoire, que si on répète $\mathcal{E}$ de nombreuses fois il semble y avoir une proportion plus ou moins fixe de fois où on observe A.

J'aime bien prendre l'exemple plus moderne suivant :

1. Définissez bien votre expérience $\mathcal{E}$ et son univers Ω.
2. Définissez un évènement A qu'on peut observer ou pas.
3. Effectuez $\mathcal{E}$ un grand nombre N de fois.
4. Comptez le nombre de fois n que vous avez observé A. Alors n/N sera proche d'un nombre donné entre 0 et 1.
5. Téléphonez à une amie, et décrivez-lui avec précision l'expérience $\mathcal{E}$ et l'évènement A. Et invitez-la à faire elle-même l'expérience un grand nombre M de fois.
6. Demandez-lui quel ratio m/M elle obtient, où m est le nombre de fois où elle a observé A.

Il est très probable qu'elle obtiendra un ratio m/M proche de votre ratio n/N.

Alors on modélise, ou « mathématise » si l'on préfère, cette expérience en disant qu'il existe un nombre $P(A)$ sous-jacent qui est la probabilité de A.

Rétrospectivement c'est la loi des grands nombres bien sûr. Mais il faut garder l'esprit clair sur la séquence logique du travail du mathématicien. *C'est l'expérience qui conduit au modèle mathématique*, pas l'inverse. Puis le modèle mathématique démontre ce que montrait l'expérience. Et donc on est content, car les conclusions de notre modèle probabiliste sont cohérentes avec l'expérience.

Comment trouve-t-on les probabilités en pratique ?

Il y a trois méthodes :

1. Des arguments de symétrie nous conduisent à attribuer une probabilité à chaque évènement possible. Par exemple, sauf si on des raisons de ne pas le faire, on attribue la probabilité $1/6$ à chaque face d'un dé.
2. On estime expérimentalement, par la loi des grands nombres, les probabilités des évènements qui nous intéressent.
3. Par des calculs à partir de certaines probabilités que l'on connaît, on peut en déterminer d'autres. Par exemple, on peut déterminer la probabilité que dans le lancer de deux dés on obtienne une somme supérieure ou égale à 8 à l'aide de calculs, quand on connaît la probabilité de chaque face.

Exercice 14.3 : On a la roue de la Fortune suivante :

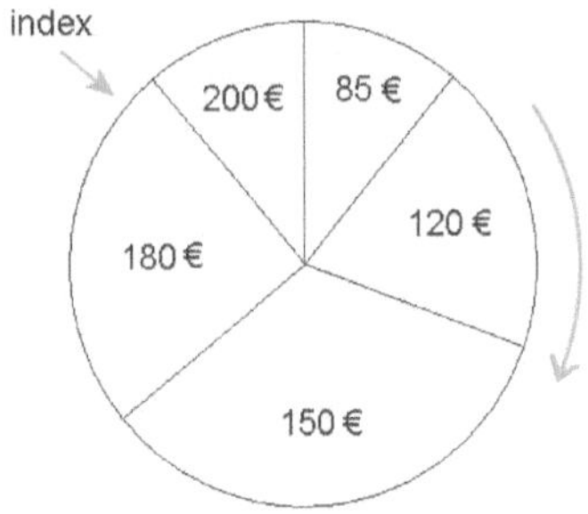

Figure 14.1 : On lance la roue de la Fortune et quand elle s'est arrêtée de tourner, l'index pointe sur la somme qu'on a gagnée.

Les angles en degré sont respectivement

Angles	35	60	125	65	75
Gains	85	120	150	180	200

On lance la roue une fois. Quelle est la probabilité de tirer 150 euros ?

Aide 1 : Utiliser un argument de symétrie : chaque angle d'un degré a la même probabilité $1/360$. En déduire la probabilité de tomber dans un angle de 125°.

> *Aide 2* : Si on a la flemme de faire des calculs – bien qu'ici ils soient très simples :-) –, on peut déterminer expérimentalement la probabilité de tirer 150 euros en lançant la roue un grand nombre de fois, et en comptant combien de fois on tire 150 euros. Une simulation à l'aide d'un tableur est disponible à `https://lapasserelle.com/documents/roue_de_la_fortune_terminale.ods`
>
> Autre question (pour plus tard) : Combien seriez-vous disposé à payer pour jouer à ce jeu ?

Nous sommes maintenant prêts pour aborder le thème de cette section : les probabilités conditionnelles.

Soit une expérience $\mathcal{E}$ et deux évènements possibles A et B. Supposons qu'on effectue $\mathcal{E}$ un grand nombre N de fois. On va appeler n_A le nombre de fois qu'on a observé A, n_B le nombre de fois qu'on a observé B, et n_{AB} le nombre de fois qu'on a observé les deux ensemble[9].

On a dit que l'observation d'une sorte de stabilité de n_A/N a conduit à modéliser l'existence d'une probabilité sous-jacente $\mathrm{P}(A)$. De même pour B.

Et, on ne l'a pas dit plus haut, mais ces probabilités sous-jacentes satisfont forcément les axiomes (14.1), (14.2) et (14.3), si on ne veut pas arriver à des contradictions.

Pour des raisons purement arithmétiques, on observe forcément aussi une stabilité du ratio n_{AB}/n_B, c'est-à-dire le nombre de fois qu'on observe A et B divisé par le nombre de fois qu'on observe B. Alors on fait l'hypothèse qu'il existe aussi une probabilité sous-jacente correspondante. On l'appelle la ***probabilité conditionnelle de A étant donné B***. Et on la dénote

$$\mathrm{P}(A|B)$$

Pour l'instant on ne l'a pas définie mathématiquement. On a simplement suggéré qu'il faudrait que notre modèle probabiliste contienne aussi une telle notion. Mais étant donné qu'on a la relation suivante

$$\frac{n_{AB}}{n_B} = \frac{n_{AB}}{N} \div \frac{n_B}{N} \tag{14.8}$$

9. On pourrait aussi le noter $n_{A\cap B}$, mais ne multiplions pas les notations.

et que les probabilités sous-jacentes qu'on modélise sont les limites de ratios expérimentaux, la logique exige qu'on définisse $\mathrm{P}(A|B)$ comme ceci

$$\mathrm{P}(A|B) = \frac{\mathrm{P}(A \cap B)}{\mathrm{P}(B)} \tag{14.9}$$

où $\mathrm{P}(A \cap B)$ veut dire $\mathrm{P}(A \text{ et } B)$.

Exercice 14.4 : On a effectué $\mathcal{E}$ 1000 fois. On a observé A 600 fois et B 200 fois. Et on a observé A et B ensemble 150 fois[10].

Donnez des estimations de

- $\mathrm{P}(A)$
- $\mathrm{P}(B)$
- $\mathrm{P}(A \cap B)$
- $\mathrm{P}(A|B)$

L'observation de B rend-elle l'observation de A plus probable, moins probable, ou bien ça ne change rien ?

Évènements indépendants

Dans l'exercice précédent, vous devez avoir trouvé $\mathrm{P}(A) = 60\%$, $\mathrm{P}(B) = 20\%$, $\mathrm{P}(A \cap B) = 15\%$ et $\mathrm{P}(A|B) = 75\%$. Rappelons-nous que ce ne sont que des estimations. La loi des grands nombres ne permet d'avoir que des estimations. Néanmoins considérons qu'ici ce sont de bonnes estimations. On apprendra plus tard à mesurer la qualité d'estimations de ce genre.

Donc il semble que quand on a observé B, on ait plus de chance d'observer A aussi que dans le cas général.

On conçoit aisément des expériences aléatoires où l'observation de B n'a aucune incidence sur l'observation de A. Par exemple dans un casino soit l'expérience $\mathcal{E}$ consistant à observer un croupier qui lance la roulette une fois, $A = \{$la bille est tombée sur « manque »$\}$ et $B = \{$le croupier a sorti une cigarette pendant les mises$\}$. Il est vraisemblable que l'observation ou non de B n'a pas d'incidence sur l'observation ou non de A. Autrement dit si on répète $\mathcal{E}$ un grand nombre de fois, on aura vraisemblablement

10. On a pris des chiffres ronds. Le lecteur et la lectrice savent bien que c'est rare d'avoir des nombres aussi ronds. Mais pour le besoin de la pédagogie, ici cela nous semble mieux.

$$\frac{n_{AB}}{n_B} \approx \frac{n_A}{N} \tag{14.10}$$

Noter qu'il n'y a aucune prestidigitation dans ces formules. Elles disent simplement que regarder la probabilité expérimentale d'obtenir « manque » au sein de tous les lancements de la roulette, ou bien au sein seulement de ceux où le croupier a sorti une cigarette pendant la période où les joueurs pouvaient encore miser, avant qu'il n'annonce « rien ne va plus », ne change rien.

Évidemment je fais l'hypothèse qu'on n'est pas dans un casino où le croupier est d'une part très habile, d'autre part de mèche avec certains joueurs [11].

Quand l'observation de B n'a aucune incidence sur l'observation de A, ou inversement quand l'observation de A n'a aucune incidence sur l'observation de B (on va voir dans un instant que c'est équivalent), on dit que les deux évènements sont indépendants.

La définition de l'indépendance de deux évènements est la suivante :

Définition de l'indépendance de deux évènements : *Dans une expérience aléatoire $\mathcal{E}$, deux évènements A et B sont dits indépendants si et seulement si*

$$\mathrm{P}(A \cap B) = \mathrm{P}(A) \times \mathrm{P}(B) \tag{14.11}$$

Exercice 14.5 : Montrer que l'indépendance de A et B est équivalente à

$$\mathrm{P}(A) = \mathrm{P}(A|B) \tag{14.12}$$

Et c'est aussi équivalent à

$$\mathrm{P}(B) = \mathrm{P}(B|A) \tag{14.13}$$

11. Il y a quelques années, de célèbres joueurs français de handball perdaient intentionnellement des matches pour faire gagner des copines qui avaient parié sur leur défaite dans des paris sportifs, aussi improbable leur défaite fût-elle, car elles empochaient alors des gains considérables.

Les paris où l'homme joue un rôle dans la création du hasard sont très vulnérables à ce type de pratique. On ne compte plus les courses de chevaux où le vainqueur avait pris du « jus d'éléphant ». À l'inverse, dans les années 1950, un parieur avait trouvé le moyen de gagner souvent au PMU de manière parfaitement légale. Il avait découvert que c'était plus facile d'éliminer de sûrs perdants que de sélectionner les trois gagnants, alors il faisait beaucoup de paris différents, mais seulement sur tous les chevaux en mesure de gagner. Le PMU mauvais joueur avait ensuite changé les règles.

Variables aléatoires

On a un modèle probabiliste complet $(\mathcal{E}, \Omega, \mathcal{A}, \mathrm{P})$. Nous sommes familiers avec ces lettres, sauf la troisième. Alors faisons un aparté pour apporter des précisions.

Aparté sur le modèle probabiliste : $\mathcal{E}$ est l'expérience. Ω est son univers. P est la distribution de probabilité sur les sous-ensembles d'Ω pour lesquels on peut en avoir une. $\mathcal{A}$ est la collection des sous-ensembles d'Ω pour lesquels on peut avoir une probabilité. Nous avons brièvement mentionné ce raffinement imposé par la théorie de la mesure. Dans le cas d'un univers infini continu, il se trouve qu'on ne peut pas avoir une probabilité pour tous les sous-ensembles, seulement pour ceux « mesurables » [12]. Ils forment la collection $\mathcal{A}$. Comme nous l'avons dit, nous n'allons pas nous soucier de cette notion. Quand on parle de la probabilité d'un sous-ensemble, on fait référence implicitement à un sous-ensemble mesurable. On a vu, en outre, que cette notion de mesurabilité qui distingue certains sous-ensembles d'autres, n'a d'importance que si Ω est infini continu. Dans le cas d'un Ω fini ou dénombrable, tous les sous-ensembles ont une probabilité.

Dans les manuels de probabilités plus arides que notre leçon, l'expérience $\mathcal{E}$ n'est généralement pas mentionnée dans le modèle probabiliste $(\mathcal{E}, \Omega, \mathcal{A}, \mathrm{P})$. Cela nous semble regrettable, car c'est en ne précisant pas exactement de quelle expérience aléatoire $\mathcal{E}$ on parle qu'on peut construire des paradoxes amusants en probabilités élémentaires.

Les manuels plus arides mentionnent le modèle probabiliste comme étant seulement $(\Omega, \mathcal{A}, \mathrm{P})$. Pour nous, ce sera $(\mathcal{E}, \Omega, \mathrm{P})$. Nous ne nous occuperons plus de $\mathcal{A}$.

Fin de l'aparté.

---

12. Un exemple classique d'ensemble non mesurable dans l'intervalle (0,1) est l'ensemble V construit à l'aide de l'axiome du choix comme ceci :

1. On définit la relation d'équivalence suivante sur les nombres réels dans (0,1) : deux nombres x et y sont équivalents si leur différence $x - y$ est un nombre rationnel.
2. À l'aide de l'axiome du choix, on construit l'ensemble V en prenant un représentant de chaque classe d'équivalence.

L'ensemble V, qui est un exemple d'ensemble de Vitali, n'est pas mesurable au sens de la mesure de Lebesgue. Cela signifie qu'il n'existe aucun moyen cohérent de lui attribuer une mesure qui corresponde à la définition standard de longueur (ou mesure) pour les intervalles. Cet ensemble illustre les difficultés qui surviennent lorsque l'on veut définir une mesure raisonnable valable pour n'importe quel ensemble.

Une *variable aléatoire* est une fonction X de Ω vers un ensemble image quelconque A.

$$X : \omega \in \Omega \to X(\omega) \in A \tag{14.14}$$

Attention, ici A n'est pas un sous-ensemble de Ω, c'est un ensemble quelconque numérique ou non sans rapport avec Ω.

Dans la suite, on va travailler surtout avec des variables aléatoires numériques, mais il est bon de savoir qu'on peut aussi considérer des variables non numériques. Par exemple, soit $\mathcal{E}$ l'expérience aléatoire suivante : on a un large groupe de personnes ; l'univers Ω est l'ensemble de ces personnes ; et on en prend une au hasard à l'aide d'une distribution de probabilité P.

Effectuer $\mathcal{E}$ c'est choisir une personne, appelée ω.

Puis on regarde la couleur de sa chemise. La variable X est la fonction $X(\omega)$ = couleur de la chemise de ω. Ce n'est pas une variable aléatoire numérique [13].

On peut très bien considérer deux v.a. dans la même expérience $\mathcal{E}$. Par exemple X est la couleur de la chemise de ω et Y est son âge. On peut même définir une troisième variable aléatoire Z prenant deux valeurs : 0 si la chemise est bariolée, 1 si elle est classique. Comme on l'imagine, on va sans doute découvrir que la variable Z et la variable Y ne sont pas indépendantes.

Mais nous n'allons plus constamment prendre des exemples de $\mathcal{E}$, Ω et P. Dans la suite pour nous, le cadre probabiliste général avec lequel on a mathématisé une situation ou un phénomène donnés issus de la nature est $(\mathcal{E}, \Omega, \mathrm{P})$.

Les v.a. qu'on va étudier seront des fonctions X, Y, Z, etc. de Ω vers l'ensemble des entiers $\mathbb{N}$ ou l'ensemble des réels $\mathbb{R}$.

Exemples de v.a. discrètes

Tirage à pile ou face : L'expérience $\mathcal{E}$ consistant à lancer une pièce et, quand elle est tombée, à regarder quel côté elle montre est modélisée de la manière suivante : l'univers Ω est formé de deux éléments ω_1 = « pile », ω_2 = « face ». La distribution de probabilité P attribue la probabilité p à pile et $1 - p$ à face. Il n'y a qu'une seule v.a. intéressante X c'est celle qui à pile associe 1 et à face 0.

13. Dans la suite, pour le terme variable aléatoire on utilise l'abréviation v.a.

Noter qu'il y a des variantes dans la définition de X. On peut aussi définir X avec $X(\text{pile}) = 1$ et $X(\text{face}) = -1$.

On peut même définir la v.a. non numérique $X(\text{pile}) = \text{pile}$ et $X(\text{face}) = \text{face}$. C'est simplement l'identité sur Ω. Nous ne mentionnons cela, au risque d'être pédants, que pour être complets.

Le tirage à pile ou face porte parfois le nom d'épreuve de Bernoulli (en anglais Bernoulli trial). Car c'est Jacob Bernoulli (1655, 1705) qui le premier l'a étudié systématiquement. Jacob Bernoulli est l'un des membres les plus éminents en mathématiques et physique de la célèbre famille suisse des Bernoulli qui vivaient à Bâle.

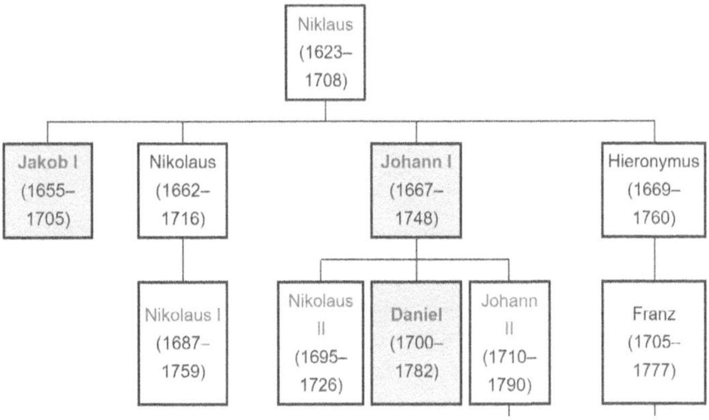

Figure 14.2 : Famille des Bernoulli. Les trois membres les plus éminents en mathématiques et physique sont Jacob, Jean et Daniel. Jean fut par exemple le directeur de thèse d'Euler.

<u>Variable binomiale</u> : Quand on répète n fois une expérience $\mathcal{E}$, on peut considérer cela comme une seule expérience $\mathcal{F}_n$ dont l'univers Ω_n est le produit $\Omega \times \Omega \times \ldots \times \Omega$, où Ω apparaît n fois dans le produit.

Considérons l'expérience consistant à tirer n fois à pile ou face.

Pour l'instant cela paraît pédant de parler d'ensemble produit pour n tirages à pile ou face. Mais quand on avance dans l'étude des probabilités, ce concept d'ensemble produit pour une suite de répétitions d'une expérience élémentaire clarifie les choses.

Un élément produit par $\mathcal{F}_n$ est une suite de n piles ou faces.

Sur Ω_n on peut définir la variable aléatoire suivante : $Z(\omega) =$ nombre de fois qu'on a obtenu pile en produisant ω.

La v.a. Z est une fonction de Ω_n vers l'ensemble $\{0, 1, 2, ..., n\}$.

On sera amenés à considérer n variables aléatoires X_1, X_2, ..., X_n, où X_k est le résultat du k-ième tirage dans la série de n tirages à pile ou face qui constituent globalement l'expérience $\mathcal{F}_n$.

Alors on pourra écrire

$$Z = X_1 + X_2 + ... + X_n \tag{14.15}$$

où les X_k sont des variables aléatoires indépendantes.

Le concept de variables aléatoires indépendantes est plus ou moins évident et intuitif, tout particulièrement quand il s'agit de variables aléatoires obtenues dans une suite de répétitions d'une expérience élémentaire. Donnons-en néanmoins une définition formelle.

Variables aléatoires indépendantes : cas discret

Soit le cadre probabiliste habituel $(\mathcal{E}, \Omega, \mathrm{P})$. Et soit deux v.a. X et Y, toutes deux donc des fonctions de Ω vers des ensembles images A et B.

Pour fixer les idées, considérons que l'ensemble image de X est $A = \{a_1, a_2, ..., a_p\}$ et l'ensemble image de Y est $B = \{b_1, b_2, ..., b_q\}$. *Ce ne sont pas des sous-ensembles de* Ω. Ce sont des ensembles images quelconques. On peut aussi les prendre infinis dénombrables (ou même infinis continus, mais on n'est plus dans le cas discret).

En revanche l'ensemble des ω's tels que $X(\omega) = a_1$ *est* un sous-ensemble d'Ω. De même, l'ensemble des ω's tels que $Y(\omega) = b_1$ est un sous-ensemble d'Ω.

Pour que la définition que l'on va donner de l'indépendance de deux v.a. soit irréprochable, il faut introduire un sous-ensemble A' quelconque de A, c'est-à-dire une collection de a_i's, et un sous-ensemble B' quelconque de B.

Définition de l'indépendance de deux v.a. : *X et Y sont dites indépendantes, si et seulement si, quels que soient les sous-ensembles images A' et B', les sous-ensembles de Ω définis comme*

$$\{\omega : X(\omega) \in A'\} \quad et \quad \{\omega : Y(\omega) \in B'\}$$

sont des sous-ensembles indépendants.

Note : Cette définition s'applique aux cas discrets et continus. Mais pensons surtout au cas discret. Dans le cas continu nous allons voir plus loin une formule avec les densités.

Rappelons-nous que nous avons défini ce que sont deux sous-ensembles d'Ω indépendants avec l'équation (14.11) page 237.

La définition qu'on vient de donner page précédente peut apparaître un peu lourde. Intuitivement elle dit simplement que les v.a. X et Y n'ont pas d'influence l'une sur l'autre. En particulier si avec l'élément ω qu'on a tiré, $X(\omega) = a_1$, cela ne change rien à ce que peut être $Y(\omega)$.

Voyons des exemples avec deux variables aléatoires discrètes X et Y pour clarifier tout cela.

Supposons que l'expérience $\mathcal{E}$ consiste à lancer deux dés. L'univers Ω est composé de 36 éléments. Ce sont les 36 paires ordonnées

$$\{(1,1),(1,2),...,(1,6),(2,1),...,(6,6)\}$$

Si les dés sont bien équilibrés, et – pour être rigoureux et complet – ne s'influencent pas l'un l'autre :-) [14], chacune de ces paires ordonnées a la même probabilité $1/36$.

Si X est le résultat du premier dé, et Y celui du deuxième, les v.a. X et$Y$ sont indépendantes. Par exemple

$$\text{P}(X \in \{2,4,6\} \text{ et } Y \in \{1,2,3,4\})$$

est égal au produit

$$\text{P}(X \in \{2,4,6\}) \times \text{P}(Y \in \{1,2,3,4\})$$

Exercice 14.6 : Soit X et Y les résultats du lancer de deux dés bien équilibrés. Calculer

- $\text{P}(X \in \{2,4,6\} \text{ et } Y \in \{1,2,3,4\})$
- $\text{P}(X \in \{2,4,6\})$
- $\text{P}(Y \in \{1,2,3,4\})$

Vérifier que la première probabilité est égale au produit de la deuxième avec la troisième.

Une façon d'aborder de manière systématique les probabilités des paires de résultats possibles de X et Y est de regarder le tableau des probabilités suivant :

14. On pourrait avoir dissimulé de faibles aimants à l'intérieur de chaque.

	$X=1$	2	3	4	5	6
$Y=1$	$1/36$	$1/36$	$1/36$	$1/36$	$1/36$	$1/36$
2	$1/36$	$1/36$	$1/36$	$1/36$	$1/36$	$1/36$
3	$1/36$	$1/36$	$1/36$	$1/36$	$1/36$	$1/36$
4	$1/36$	$1/36$	$1/36$	$1/36$	$1/36$	$1/36$
5	$1/36$	$1/36$	$1/36$	$1/36$	$1/36$	$1/36$
6	$1/36$	$1/36$	$1/36$	$1/36$	$1/36$	$1/36$

Considérons maintenant une expérience $\mathcal{E}$ plus abstraite et deux v.a. X et Y prenant toujours chacune leurs valeurs entre 1 et 6. Les v.a. X et Y sont néanmoins plus abstraites aussi. Le tableau des probabilités des paires ordonnées (x, y) est

	$X=1$	2	3	4	5	6
$Y=1$	0	0	$1/24$	$1/24$	$1/24$	$1/24$
2	0	0	$1/24$	$1/24$	$1/24$	$1/24$
3	0	$1/24$	$1/24$	$1/24$	$1/24$	0
4	0	$1/24$	$1/24$	$1/24$	$1/24$	0
5	$1/24$	$1/24$	$1/24$	$1/24$	0	0
6	$1/24$	$1/24$	$1/24$	$1/24$	0	0

Supposons qu'on effectue un tirage. On regarde le résultat de X, tout en prenant soin de ne pas regarder celui de Y. Si on observe que $X(\omega) = 2$, est-ce que cela nous donne des informations sur Y sans même le regarder ? Réponse : Oui, on sait déjà que Y n'est pas égal à 1 ou 2.

Dans ce deuxième tableau, les v.a. X et Y ne sont pas indépendantes. Quand $X(\omega)$ est petit, $Y(\omega)$ a tendance à être grand, et inversement. On verra dans la leçon suivante que les deux v.a. sont corrélées négativement [15].

Variables aléatoires continues à densité de probabilité

Jusqu'à présent on a parlé seulement de v.a. discrètes, c'est-à-dire prenant leurs valeurs dans un ensemble fini ou dénombrable. C'était le cas bien sûr de l'épreuve de Bernoulli et de la variable binomiale que nous avons vues l'année dernière et révisées plus haut.

Tournons-nous vers les variables aléatoires continues. Dans ce cas Ω doit évidemment aussi être infini continu.

15. On est habitué à voir une corrélation négative comme un nuage de probabilités (ou de tirages expérimentaux) incliné d'en haut à gauche à en bas à droite, mais ici les valeurs croissantes de Y vont vers le bas.

Nous avons brièvement mentionné dans la formule (14.7) ce qu'est une densité de probabilité sur l'univers Ω. C'est une notion qui appartient plus naturellement à la théorie de la mesure qu'à celle des probabilités élémentaires.

On va donc maintenant plutôt regarder des *variables aléatoires* continues à densité de probabilité, comme nous en avons parlé dès la classe de première.

Le vocable densité de probabilité est un peu équivoque, car il s'applique à une mesure de probabilité sur Ω sans faire référence à la moindre v.a. Mais il s'applique aussi à une v.a. continue, auquel cas la densité dont on parle est *spécifique* pour chaque v.a. considérée. Ce sont en vérité des concepts distincts, même s'ils sont cousins, et il est regrettable qu'on utilise le même terme. Quoi qu'il en soit, dans la suite, quand on parlera de la densité de probabilité d'une v.a. X on l'appellera f_X. On l'appellera seulement f s'il n'y a pas de confusion possible avec la densité d'une autre v.a.

Qu'est-ce que la densité de probabilité d'une v.a. continue ?

On est dans le cadre probabiliste usuel $(\mathcal{E}, \Omega, \mathrm{P})$. Soit une variable aléatoire X de Ω vers $\mathbb{R}$, telle que, quel que soit $x \in \mathbb{R}$, la probabilité du sous-ensemble dans Ω des ω, dont l'image par X est x, est égale à zéro. Les sous-ensembles dont l'image par X est un ensemble d'une certaine taille dans $\mathbb{R}$, en revanche, ont une probabilité non nulle.

Nous l'avons vu en classe de première, mais répétons-le. On définit d'abord la distribution cumulative F_X comme ceci

$$F_X(x) = \mathrm{P}\{a : X(a) \leq x\} \tag{14.16}$$

En langage courant, $F_X(x)$ est la probabilité que la v.a. X prenne une valeur inférieure ou égale à x.

Exemple de v.a. continue

Lancer d'une balle en l'air : Supposons qu'on lance une balle en l'air verticalement aussi haut que possible. La hauteur que va atteindre la balle peut être considérée comme une variable aléatoire. Appelons-la H pour changer.

Dans le vocabulaire des fonctions, le domaine de H est Ω, et son codomaine (c'est-à-dire l'image de Ω) est mettons le segment 0 à 30 mètres. Comme c'est difficile de lancer une balle à plus de trente mètres de haut cela doit suffire. Alors la distribution cumulative de la v.a. H est la fonction qui à n'importe quelle valeur de la variable indépendante h associe la probabilité que H n'excède pas h. Autrement dit

$$F_H(h) = \mathrm{P}\{a : H(a) \leq h\} \tag{14.17}$$

On a utilisé la lettre h pour la hauteur, qui est la variable indépendante, mais on pourrait aussi bien écrire cela

$$F_H(x) = \mathrm{P}\{a : H(a) \leq x\}$$

Et on pourrait aussi utiliser n'importe quelle lettre pour la variable muette a, pourvu qu'on ne crée pas de confusion.

En général, pour une v.a. X continue quelconque on utilisera la notation $F_X(x)$ comme dans la formule (14.16), car c'est la plus usuelle.

Comme l'on sait la densité de probabilité de la v.a. X au point x est la dérivée de F_X par rapport à x. On la dénote f_X.

On peut écrire avec des différentielles la formule suivante qui est très explicite

$$f_X(x)\,dx \;=\; \mathrm{P}\{x < X \leq x + dx\} \tag{14.18}$$

On a mis un signe $<$ à gauche de X et un signe $\leq$ à droite, mais cela n'a pas d'importance, car on suppose que la probabilité de tirer n'importe quel nombre donné est zéro.

Reprenons l'exemple du lancer d'une balle verticalement où la hauteur atteinte est la v.a. H. Imaginons que la moyenne de H soit aux alentours de 10 mètres, qu'on dépasse toujours 2 mètres, et jamais 30 mètres. Alors la densité de H peut avoir l'allure suivante

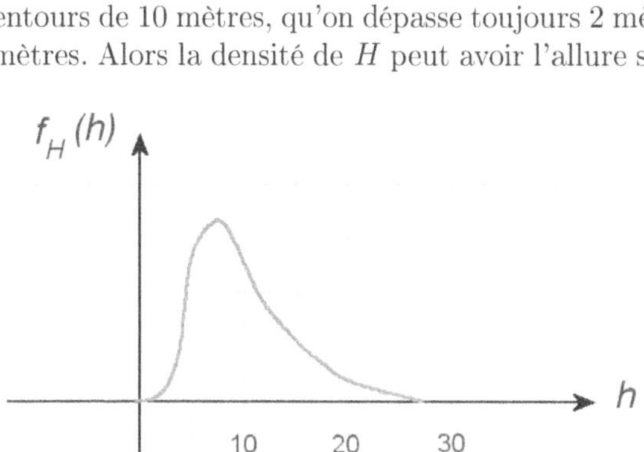

Figure 14.3 : Densité de probabilité de la hauteur aléatoire H.

Il faut faire un petit effort pour lire ce graphique : la hauteur h est le long de l'axe horizontal. Elle ne dépasse jamais 30 mètres. Et sa moyenne est aux alentours de 10 mètres. Attention : sa valeur moyenne n'est ni le point où la densité est maximale, ni la position de la droite verticale séparant la surface sous la courbe en deux parties égales.

Disons tout de suite que c'est l'équivalent en calcul intégral de la moyenne des valeurs h pondérées par les poids $f_H(h)\Delta h$ si on avait une partition finie du segment 0 à 30 mètres dont la largeur de chaque élément serait Δh. Mais n'allons pas trop vite. Nous y reviendrons plus loin, voir formule (14.24) et exercice 14.9.

Distribution conjointe de deux variables aléatoires

Dans le cadre probabiliste $(\mathcal{E}, \Omega, \mathrm{P})$, quand on a deux variables aléatoires X et Y qui, pour un ω produit par une itération de $\mathcal{E}$, prennent chacune une valeur dans leur domaine image respectif, on parle de distribution de probabilité conjointe, ou jointe.

Cas discret : la collection de probabilités

$$\mathrm{P}\{X = a_i \text{ et } Y = b_j\} \tag{14.19}$$

s'appelle la distribution conjointe de X et Y. Les deux tableaux de la page 243 sont des exemples.

Considérons l'expérience consistant à lancer en même temps un dé et une pièce de monnaie, tous deux bien équilibrés. Appelons X le résultat du lancer du dé, et Y le résultat du lancer de la pièce. Alors le tableau des probabilités conjointes est

	$X = 1$	2	3	4	5	6
$Y =$ pile	$1/12$	$1/12$	$1/12$	$1/12$	$1/12$	$1/12$
$Y =$ face	$1/12$	$1/12$	$1/12$	$1/12$	$1/12$	$1/12$

Exercice 14.7 : Montrer que X et Y sont indépendantes.

Cas continu : De même que la distribution de probabilité d'une v.a. discrète devient, dans le cas continu, la densité de probabilité d'une v.a. à densité, pour deux variables aléatoires on passe d'un tableau de probabilités de paires (a_i, b_j) à une fonction de deux variables $f_{XY}(x, y)$, représentant la densité conjointe de X et Y. On dit aussi la densité jointe de X et Y.

L'équation fondamentale à retenir est la généralisation de l'équation (14.18). Elle devient

$$f_{XY}(x, y)\, dx\, dy = \mathrm{P}\{x < X \leq x + dx \text{ et } y < Y \leq y + dy\} \tag{14.20}$$

La première fois qu'on rencontre une densité jointe, son expression peut intimider. Mais observons que le membre de droite a un sens clair : c'est la probabilité que conjointement X soit dans l'intervalle $(x, x+dx)$ et Y soit dans l'intervalle $(y, y+dy)$. Une densité jointe se représente à l'aide d'un graphe à trois dimensions. Voici un exemple :

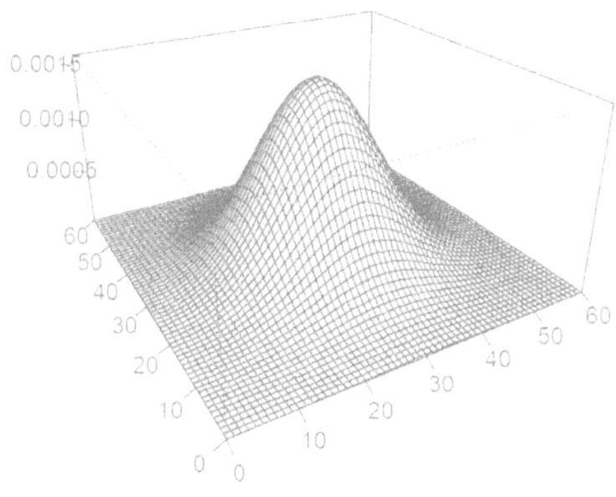

Figure 14.4 : Exemple de densité jointe. Source : `https://bookdown.org/kevin_davisross/probsim-book/`

Nous n'allons pas utiliser dans ce cours de terminale les densités de probabilités jointes dans un cadre général. Cela appartient au calcul intégral avec des fonctions à plusieurs variables. On a alors des intégrales doubles ou triples, etc. C'est un sujet pour le début de l'université [16].

En revanche nous allons voir comment elles se simplifient dans le cas de deux variables continues indépendantes.

16. Au départ ce n'est pas plus compliqué que le calcul intégral avec les fonctions à une seule variable. Mais on atteint rapidement de très beaux résultats comme le théorème de Green-Ostrogradski, appelé aussi théorème de la divergence, ou le théorème de Stokes, qui nécessitent d'avoir d'abord une bonne pratique des intégrales simples pour les aborder confortablement.

Densité jointe de deux variables continues indépendantes

De même que pour deux variables discrètes indépendantes, on a

$$\mathrm{P}\{X = a_i \text{ et } Y = b_i\} = \mathrm{P}\{X = a_i\} \times \mathrm{P}\{Y = b_i\} \qquad (14.21)$$

pour deux variables continues indépendantes, on a

$$f_{XY}(x, y) = f_X(x) f_Y(y) \qquad (14.22)$$

Autrement dit, *la densité jointe se factorise.*

Cela permet de simplifier des calculs comme celui de l'espérance mathématiques de la variable aléatoire $Z = XY$. Nous l'avons déjà fait en première dans le cas discret.

Moyenne d'une v.a. discrète et d'une v.a continue

Nous avons vu en classe de première ce qu'on appelle la moyenne, ou l'*espérance mathématique*, d'une v.a. discrète. Rappelons-le brièvement. Soit une variable aléatoire X prenant les valeurs possibles $\{a_1, a_2, ..., a_n\}$ avec les probabilités $\{p_1, p_2, ..., p_n\}$. On appelle espérance mathématique de X la quantité

$$\mathrm{E}(X) = \sum_{i=1}^{n} a_i p_i \qquad (14.23)$$

C'est la moyenne pondérée des valeurs possibles de X, pondérée avec pour poids les probabilités respectives des a_i.

La formule (14.23) se généralise à une v.a. discrète dénombrable. Le membre de droite devient une somme sur un ensemble dénombrable. La série peut converger ou pas. Quand elle ne converge pas, X n'a pas de moyenne. Quand elle converge, c'est $\mathrm{E}(X)$.

Pour une v.a. continue la formule (14.23) devient

$$\mathrm{E}(X) = \int x f_X(x) dx \qquad (14.24)$$

où l'intégrale est une intégrale définie sur tout l'ensemble sur lequel X prend ses valeurs.

Variance d'une v.a. discrète et d'une v.a continue

Nous avons vu que la variance d'une v.a. X discrète est définie comme la moyenne de la v.a. $(X - E(X))^2$. C'est aussi égal à la moyenne de X^2 moins le carré de la moyenne de X. Donc on écrit

$$\mathrm{Var}(X) = E(X^2) - (EX)^2 \qquad (14.25)$$

À nouveau la quantité (14.25) peut exister ou pas.

La généralisation à une v.a. continue est immédiate. C'est la même formule que (14.25) où les moyennes sont calculées avec une intégrale comme dans (14.24).

L'écart-type d'une v.a., qu'elle soit discrète ou continue, est par définition la racine carrée de sa variance.

Théorèmes sur la moyenne et la variance

Exactement comme on l'a fait, l'année dernière, pour des variables discrètes, on démontre pour des variables continues les résultats suivants :

1. La moyenne de la somme de deux v.a. quelconques est la somme de leurs moyennes.
2. La variance de la somme de deux v.a. *indépendantes* est la somme de leurs variances.

Concluons cette leçon avec la loi des grands nombres et l'inégalité de Bienaymé-Tchebychev que nous avons déjà étudiées l'année passée.

Loi des grands nombres

La loi des grands nombres est vraie pour des variables continues exactement comme pour des variables discrètes.

Sa formulation la plus simple est comme suit :

Loi des grands nombres : *Soit le cadre probabiliste* $(\mathcal{E}, \Omega, \mathrm{P})$, *et une variable aléatoire* X, *discrète ou continue, ayant une moyenne* $\mathrm{E}(X)$ *et une variance* $\mathrm{Var}(X)$. *Si on répète l'expérience* $\mathcal{E}$ *un nombre* n *de fois, on produit des variables aléatoires* X_1, X_2, ..., X_n *toutes de même distribution que* X *et indépendantes entre elles. Alors la variable aléatoire*

$$M_n = \frac{1}{n}(X_1 + X_2 + ... + X_n) \qquad (14.26)$$

a pour moyenne $\mathrm{E}(X)$ *et a une variance qui tend vers zéro à mesure que* n *augmente.*

Autrement dit, M_n « tend vers sa moyenne ». Mais cette formulation n'a pas le même sens que quand on dit d'une suite de nombres qu'elle tend vers une limite, car ici les M_n avec n qui augmente forment une suite de variables aléatoires.

La démonstration est la même que pour des variables discrètes.

Inégalité de Bienaymé-Tchebychev

Inégalité de Bienaymé-Tchebychev : *Soit une expérience aléatoire* $\mathcal{E}$ *produisant une v.a.* X*, ayant une espérance* $\mathrm{E}(X)$ *et une variance* $\mathrm{Var}(X)$*, dénotées respectivement* m *et* σ^2*, et soit un coefficient* k *réel positif quelconque donné. Alors on a toujours*

$$\Pr\left\{ \left|\frac{X-m}{\sigma}\right| \geq k \right\} \leq \frac{1}{k^2} \tag{14.27}$$

Sa démonstration est identique que X soit discrète ou continue.

Exercice 14.8 : Une v.a. continue U uniforme sur le segment $(0,1)$ est une v.a. dont la densité $f_U(x)$ est égale à 1 quand $0 \leq x \leq 1$ et à 0 quand x est en dehors de ce segment.

1. Dessiner la densité de U avec un graphique comparable à celui de la figure 14.3.
2. Calculer $\mathrm{E}(U)$.
3. Calculer $\mathrm{Var}(U)$.

On construit une expérience $\mathcal{E}$ qui produit U. On répète $\mathcal{E}$ n fois produisant n v.a. U_1, U_2, ..., U_n mutuellement indépendantes. Soit M_n la moyenne des U_i de $i = 1$ à n.

4. Quelle est l'espérance mathématique de M_n ?
5. Quelle est la variance de M_n ?

Le tableur suivant présente une simulation de la somme de 8 v.a. uniformes sur $(0,1)$: `https://lapasserelle.com/documents/RV8uniforms.ods`

6. La moyenne expérimentale des 8 v.a. est-elle cohérente avec vos calculs ?
7. L'écart-type expérimental des 8 v.a. est-il cohérent avec vos calculs ?

Aide : On a reproduit 5000 fois la somme de 8 v.a. uniformes $(0,1)$ pour étudier expérimentalement sa densité.

Exercice 14.9 : L'objectif est de calculer approximativement l'espérance mathématique de la hauteur H atteinte par la balle qu'on lançait en l'air dans l'exemple de la page 244.

On a donné pour l'instant sa densité de probabilité seulement à l'aide de son graphe, fig. 14.3.

Supposons que les valeurs de la densité, pour une collection de hauteurs h possibles, soient données par le tableau suivant :

h	*f(h)*
2,5	4
5	14
7,5	17,5
10	12,5
12,5	8
15	5
17,5	3
20	3
22,5	2
25	1

1. Normaliser les valeurs de la densité pour que l'intégrale sous la courbe vaille 1.
2. Calculer approximativement l'espérance mathématique de H.
3. Calculer approximativement l'écart-type de H.

Aide : Vous devez trouver $\mathrm{E}(H) \approx 9{,}91$ mètres.

Suggestions de lecture

Bernstein Peter L., *Against the Gods : The Remarkable Story of Risk*, Wiley, 1998.

Breiman Leo, *Probability*, SIAM, 1992.

Feller William, *An Introduction to Probability Theory and Its Applications*, 2 volumes, Wiley, 1968.

Leçon 15 :
Variables aléatoires conjointes

Nous avons maintenant une bonne connaissance de base théorique et pratique des variables aléatoires étudiées séparément les unes des autres [1]. L'objet de cette leçon est d'examiner des variables produites conjointement dans une même expérience et les relations qu'elles peuvent avoir entre elles.

Nous avons commencé à parler des variables aléatoires conjointes dans la leçon précédente, quand nous avons parlé de v.a. dépendantes ou indépendantes. Dans la leçon présente nous allons approfondir notre compréhension des v.a. conjointes. En particulier nous aborderons les notions de covariance et de corrélation.

Nous ne distinguerons plus entre les v.a. discrètes et les v.a. continues. Tout ce qu'on va dire – résultats et démonstrations – s'appliquera de la même façon aux deux cas de figure. Néanmoins nous prendrons nos exemples parmi les v.a. discrètes prenant leurs valeurs dans des ensembles finis, car dans une première approche les calculs sont plus faciles qu'avec des densités jointes, voir formule (14.20) page 247. Et ça ne change rien aux idées exposées.

Production de plusieurs v.a. dans une même expérience aléatoire

Nous sommes dans le cadre probabiliste usuel $(\mathcal{E}, \Omega, \mathrm{P})$. Au terme d'une itération de l'expérience aléatoire $\mathcal{E}$ nous observons les valeurs prises par plusieurs variables aléatoires X, Y, Z, etc.

Ce sont chacune des fonctions de Ω vers leurs codomaines respectifs qu'on va dénoter A, B, C, etc. Rappelons que A, B, C... ne sont pas des sous-ensembles d'Ω.

1. Pour étoffer votre connaissance, aussi bien théorique que pratique, des variables aléatoires, vous devrez faire beaucoup plus d'exercices que seulement ceux proposés dans nos livres. Vous devrez vous procurer des livres orientés vers la pratique, sinon le bachotage, pour trouver ces exercices. Nos livres ont pour objectif d'expliquer aussi clairement et simplement que possible les notions, d'où elles viennent, pourquoi elles sont utiles et importantes, comment on les utilise. L'apprentissage de base qu'ils offrent doit être complété par beaucoup d'exercices, y compris des exercices que vous construisez vous-mêmes.

Par exemple $A = \{a_1, a_2, ..., a_n\}$ est l'ensemble des valeurs que peut prendre X. Quand on a effectué $\mathcal{E}$ une fois, on a produit un ω qui est un « état de l'univers ». C'est un élément de l'univers Ω.

Alors la v.a. X prend la valeur $X(\omega)$. Si on regarde un $a \in A$ donné, l'ensemble des ω tels que $X(\omega) = a$ est dénoté

$$\{\omega : X(\omega) = a\} \tag{15.1}$$

et *c'est* un sous-ensemble de Ω. On se rappelle qu'on appelle les sous-ensembles de Ω des *évènements.*

Chaque évènement dans Ω a une probabilité. Elle est spécifiée par la distribution de probabilité P, qui est supposée totalement connue. La probabilité de l'évènement défini par (15.1) est dénotée

$$\mathrm{P}\{\omega : X(\omega) = a\} \tag{15.2}$$

C'est un nombre entre 0 et 1. Nous n'allons pas revenir sur les différents axiomes et propriétés de P, voir la leçon précédente et nos livres des années passées.

Après avoir effectué $\mathcal{E}$ une fois, et produit un état de l'univers, ω, on s'intéresse à plusieurs v.a. Pour commencer nous allons en considérer deux : X et Y. Elles prennent chacune une valeur, respectivement dans A et B :

$$X(\omega) = a \in A \quad \text{et} \quad Y(\omega) = b \in B \tag{15.3}$$

Les v.a. X et Y peuvent avoir des « relations entre elles » ou ne pas en avoir.

Nous savons qu'elles sont indépendantes si et seulement si, quelles que soient les images a et b possibles, la probabilité d'observer à la fois $X = a$ et $Y = b$ est le produit des probabilités. Avec des symboles, en allégeant nos notations par rapport à (15.2), on l'écrit

$$\mathrm{P}\{X = a \ \text{ et } \ Y = b\} = \mathrm{P}\{X = a\} \times \mathrm{P}\{Y = b\} \tag{15.4}$$

On serait tenté de dire que si X et Y n'ont pas de relation entre elles, l'étude des deux ensemble ne présente pas d'intérêt. Mais ce serait faire bon marché de la loi des grands nombres qui justement repose sur la production d'une série de v.a. indépendantes et identiquement distribuées.

En effet, si on effectue $\mathcal{E}$ n fois, on dit qu'on a effectué une expérience $\mathcal{F}_n$ une fois. Dans cette expérience $\mathcal{F}_n$ on regarde X_1, X_2, ...,

X_n qui sont indépendantes. Nous avons rappelé la loi des grands nombres dans la leçon précédente. Et nous allons l'approfondir dans la suivante. Pour l'instant ce n'est pas le sujet.

On s'intéresse à deux v.a. X et Y, et préférablement à des v.a. qui « ont des relations entre elles », c'est-à-dire qui ne sont pas indépendantes.

Exercice 15.1 : Construire plusieurs exemples d'expérience aléatoire, dans laquelle on regarde deux v.a. X et Y.

Donner des exemples où X et Y sont indépendantes, et des exemples où elles sont dépendantes.

Exercice 15.2 : Dans le cadre $(\mathcal{E}, \Omega, \mathrm{P})$, on produit une v.a. X. Et on définit Y par la formule

$$Y = \alpha X + \beta \tag{15.5}$$

où α et β sont des nombres fixes.

Montrer que X et Y sont dépendantes.

Si on définissait Y par la formule

$$Y = f(X) \tag{15.6}$$

où f est une fonction donnée, est-ce que ça changerait quelque chose ? C'est-à-dire, est-ce que X et Y seraient toujours dépendantes ?

Moyenne et variance d'une v.a.

Pour être complet, rappelons qu'on calcule la moyenne (= l'espérance mathématique) d'une v.a. X, prenant les valeurs $\{a_1, a_2, ..., a_n\}$ avec les probabilités $\{p_1, p_2, ..., p_n\}$, comme ceci

$$\mathrm{E}(X) = \sum_{i=1}^{n} a_i p_i \tag{15.7}$$

Quand l'espace image de la v.a. est fini, comme ci-dessus, la moyenne existe toujours.

Quand son espace image est infini dénombrable, dans la formule (15.7) la somme va jusqu'à l'infini.

$$\mathrm{E}(X) = \sum_{i=1}^{\infty} a_i p_i \tag{15.8}$$

Et quand c'est une v.a. continue avec une densité, la somme discrète est remplacée par une intégrale

$$\mathrm{E}(X) = \int x f_X(x) dx \tag{15.9}$$

où l'intégrale est sur tout le codomaine de X.

Les formules (15.8) et (15.9) ne produisent pas toujours un nombre fini. Dans ce cas la v.a. n'a pas d'espérance mathématique.

Exercice 15.3 : La v.a. X peut prendre les valeurs h_i avec les probabilités p_i données dans le tableau suivant

h_i	p_i
2,5	5,71%
5,0	20,00%
7,5	25,00%
10,0	17,86%
12,5	11,43%
15,0	7,14%
17,5	4,29%
20,0	4,29%
22,5	2,86%
25,0	1,43%

Quelle est E(X) ?

Exercice 15.4 : On a une pièce de monnaie non équilibrée. Quand on la lance, la probabilité d'obtenir pile est p, la probabilité d'obtenir face est $1 - p$.

On tire à pile ou face jusqu'à ce qu'on obtienne pile pour la première fois. Le nombre d'essais nécessaires est appelé X. C'est une variable aléatoire.

Montrer que X est discrète avec un codomaine infini dénombrable.

Quelle est sa distribution de probabilité ?

Quelle est sa moyenne ?

Note : X est une v.a. avec une *distribution géométrique*.

Exercice 15.5 : Dans l'exercice 15.4, expliquer la relation entre le paramètre p et la moyenne de la v.a. géométrique X.

Calculer la variance de la variable géométrique X.

Exercice 15.6 : Soit une v.a. continue X avec la densité de Cauchy, c'est-à-dire que son codomaine est tout $\mathbb{R}$ et sa densité est

$$f_X(x) = \frac{1}{\pi(1+x^2)} \tag{15.10}$$

Montrer que c'est bien une densité.

Montrer que X n'a pas d'espérance mathématique.

Aide : La fonction $1/(1+x^2)$ est la dérivée de la fonction $\arctan x$.

La variance d'une variable aléatoire X est la moyenne de la v.a. $Y = (X - \mathrm{E}X)^2$. Il faut bien sûr que $\mathrm{E}X$ existe.

De même que la moyenne n'existe pas toujours, la variance n'existe pas toujours. Mais si X est une v.a. discrète avec un codomaine fini, alors elle a une variance.

On a vu l'année dernière que si $\mathrm{E}X$ et $\mathrm{Var}X$ existent alors on a le petit théorème

$$\mathrm{Var}X = \mathrm{E}\left(X^2\right) - \left(\mathrm{E}X\right)^2 \tag{15.11}$$

L'écart-type d'une variable aléatoire est la racine carrée de sa variance. Il faut naturellement que la variance existe pour que l'écart-type existe.

En anglais écart-type se dit standard deviation. Aussi utilise-t-on parfois en français le terme déviation standard.

Deux v.a. conjointes : approche expérimentale

Soit une expérience aléatoire $\mathcal{E}$. Supposons que nous ayons deux v.a. X et Y que l'on peut mesurer après avoir effectué $\mathcal{E}$ une fois.

De la même manière qu'on applique expérimentalement la loi des grands nombres à une variable pour estimer sa moyenne, plaçons-nous dans le cas où on ne connaît pas les distributions de X et de Y, mais on connaît les résultats d'un grand nombre N de tirages conjoints de X et Y.

Appelons-les

$$(a_1, b_1),\ (a_2, b_2),\ \ldots,\ (a_N, b_N) \tag{15.12}$$

Rappelons-nous qu'en mathématiques, quand on a de nouvelles données (une fonction, une suite, des tirages, etc.), il faut toujours, autant que possible, commencer par les dessiner, ou en tout cas les examiner attentivement avant de commencer tout travail sur elles.

Alors supposons qu'en représentant ces données on obtienne le dessin suivant :

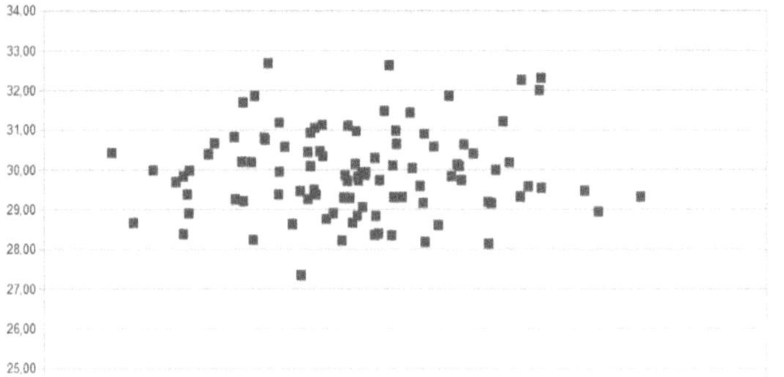

Figure 15.1 : Représentation de 100 tirages de (X, Y).

Clairement, les deux v.a. ne semblent pas avoir beaucoup de lien entre elles. La v.a. X varie apparemment entre 9 et 15, autour de 12. La v.a. Y varie autour de 30, entre 25 et 35.

Si je tire une nouvelle paire (a_{101}, b_{101}), que je vous dis que $a_{101} = 13$, et que je vous demande combien vous pensez que vaut b_{101}, vous me répondrez : « Eh bien, comme les autres, b_{101} est sans doute aux alentours de 30, entre 25 et 35. » Autrement dit, pour un nouvel ω_{101}, la connaissance de $X(\omega_{101}) = 13$ ne vous donnera aucune information particulière sur $Y(\omega_{101})$. Vous saurez juste qu'il est sans doute comme les précédents entre 25 et 35, autour de 30.

Bref X et Y, à en juger par une centaine de tirages conjoints, ont l'air indépendantes.

Considérons maintenant deux autres v.a. Z et W. On les tire N fois et on obtient

$$(c_1, d_1),\ (c_2, d_2),\ ...,\ (c_N, d_N) \tag{15.13}$$

Supposons que cette fois-ci le graphe de 100 tirages de (Z, W) produise le dessin suivant :

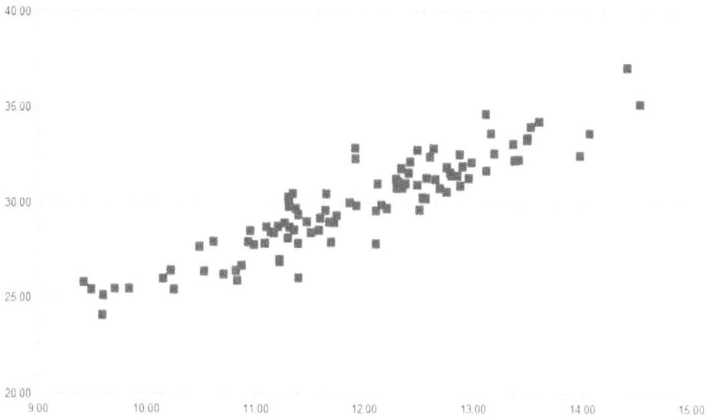

Figure 15.2 : Représentation de 100 tirages de (Z, W).

Z varie toujours autour de 12, entre 9 et 15. W varie autour de 30, entre 20 et 40. Mais il y a une grosse différence avec le cas précédent : si je tire un 101-ième ω, et produis donc $Z(\omega_{101})$ et $W(\omega_{101})$, vous dis que $Z(\omega_{101}) = 13$, et vous demande qu'est-ce que vous pensez que vaut $W(\omega_{101})$, vous n'allez pas me répondre : « Eh bien, comme les autres, d_{101} est sans doute aux alentours de 30, entre 20 et 40. ». Vous allez me répondre : : « Ah, si c_{101} vaut 13, alors d_{101} est sans doute aux alentours de 32, entre 25 et 40. »

Cette fois-ci la connaissance de la valeur prise par Z dans une itération de $\mathcal{E}$, donne des informations sur la valeur prise par W dans la même itération.

Bref Z et W ont l'air dépendantes.

Noter que la connaissance de Z ne permet pas de dire exactement ce que vaut W, mais les deux variables ont « un certain lien ».

C'est ce que va mesurer leur covariance.

Nous allons maintenant retourner à des considérations théoriques sur les v.a.

Covariance de deux v.a. conjointes

Définition de la covariance de deux v.a. : *Soit le cadre habituel* $(\mathcal{E}, \Omega, P)$, *et deux v.a.* X *et* Y, *ayant chacune une moyenne et un écart-type. On définit la* covariance *de* X *et* Y *par*

$$\text{Covar}(X, Y) = \text{E}\{\,(X - \text{E}X)\,(Y - \text{E}Y)\,\} \tag{15.14}$$

Exercice 15.7 : Montrer que la variance de X est la covariance de X avec elle-même.

Exercice 15.8 : On vient de définir

$$\text{Covar}(X, Y) = \text{E}\{\,(X - \text{E}X)\,(Y - \text{E}Y)\,\}$$

Montrer qu'on a aussi

$$\text{Covar}(X, Y) = \text{E}(XY) - (EX)(EY) \tag{15.15}$$

Exercice 15.9 : Montrer que

$$\text{Covar}(X, aY + b) = a\text{Covar}(X, Y)$$

La covariance est un outil pour mesurer le lien entre X et Y. Si X et Y sont indépendantes, $\text{Covar}(X, Y) = 0$, car dans la formule

(15.15) on a alors $E(XY) = (EX)(EY)$ et donc leur différence est égale à zéro.

À l'inverse, si Y est totalement liée à X par un lien déterministe comme $Y = aX + b$, avec $a > 0$, alors il est facile de voir que leur covariance est positive. En effet,

$$\begin{aligned}\text{Covar}(X, aX + b) &= \text{E}\{X(aX + b)\} - \text{E}X\text{E}(aX + b) \\ &= a\text{E}(X^2) + b\text{E}X - a(\text{E}X)^2 - b\text{E}X \\ &= a\text{Var}X \qquad (15.16)\end{aligned}$$

Espace vectoriel des v.a. d'une expérience

À vrai dire, les variables aléatoires au sein du cadre $(\mathcal{E}, \Omega, \text{P})$ forment un espace vectoriel. Ce n'est pas difficile à vérifier.

La covariance y est un produit scalaire entre v.a. et la variance y est une norme. C'est la raison pour laquelle $\text{Covar}(X, X) = \text{Var}X$.

L'indépendance de deux v.a. se traduit par leur « orthogonalité » dans cet espace vectoriel.

Nous n'allons pas poursuivre loin dans cette direction fort riche de résultats, mais qui dépasse le cours de terminale. Profitons-en cependant pour noter que la structure d'espace vectoriel, qui pouvait sembler une construction pédante pour parler de l'espace 3D ordinaire et ses généralisations évidentes, prend tout à coup un relief nouveau.

Coefficient de corrélation

Un défaut de la covariance, dans la quantité $\text{Covar}(X, aY + b)$, est qu'elle est d'autant plus grande que a ou $\text{Var}Y$ ou $\text{Var}X$ sont plus grands. On préférerait que notre mesure de la dépendance entre X et Y ne soit pas affectée par un changement d'échelle dans l'une ou l'autre des v.a. Alors on définit le coefficient de corrélation qui est juste une « covariance normalisée ».

Définition du coefficient de corrélation entre deux v.a. : *Soit le cadre habituel $(\mathcal{E}, \Omega, P)$, et deux v.a. X et Y, ayant chacune une moyenne et un écart-type non nul. On définit la* corrélation *entre X et Y par*

$$\text{Corr}(X, Y) = \frac{\text{Covar}(X, Y)}{\sqrt{(\text{Var}X)(\text{Var}Y)}} \qquad (15.17)$$

On l'appelle aussi le coefficient de corrélation entre X et Y.

Le coefficient de corrélation entre X et Y est aussi un concept de l'espace vectoriel des v.a. de $\mathcal{E}$. C'est le cosinus de l'« angle » entre X et Y. Dans cet espace vectoriel, l'inégalité de Cauchy-Schwarz [2] est automatiquement vraie. Elle dit que le coefficient de corrélation entre X et Y est toujours compris entre -1 et $+1$.

Mais, comme dit plus haut, nous n'allons pas étudier les v.a. de $\mathcal{E}$ dans l'optique de l'espace vectoriel avec un produit scalaire qu'elles forment. En classe de terminale, il faut d'abord développer une connaissance simple et « concrète » des variables aléatoires – qui sont déjà suffisamment abstraites comme ça pour ne pas en rajouter :-)

Exemples de v.a. corrélées

Deux variables sont corrélées quand elles montrent « un certain degré de variation ensemble ». Pour commencer à sentir ce que peut être le lien entre le coefficient corrélation et la « variation ensemble » regardons le cas où Y est une simple fonction linéaire de X.

1) Cas où $Y = aX + b$: On a vu plus haut, formule (15.16), que dans ce cas la covariance de X et Y est a fois la variance de X. Alors, étant donné que la variance de Y est a^2 fois la variance de X, par la formule (15.17) on en déduit que la corrélation entre X et Y est $+1$ ou -1, selon que $a > 0$ ou $a < 0$.

Inversement, si $\text{Corr}(X, Y) = \pm 1$, alors on peut montrer à l'aide de l'inégalité de Cauchy-Schwarz qu'on a forcément $Y = aX + b$.

2) Cas où X et Y sont indépendantes : Alors on voit tout de suite que leur coefficient de corrélation est égal à zéro.

Note : on peut construire des v.a. qui ne sont pas indépendantes, mais dont le coefficient de corrélation est nul. Cela relève surtout des contre-exemples sans grand intérêt : il suffit de prendre une relation du genre $Y = f(X)$ où f est un cycle de sinusoïde.

Nous verrons dans la leçon suivante les variables gaussiennes, c'est-à-dire les célèbres v.a. dont la densité est une courbe en cloche. Au sein des variables gaussiennes, l'indépendance et la corrélation nulle sont équivalentes.

D'une manière générale, le coefficient de corrélation mesure le degré de *dépendance linéaire* entre deux variables.

2. Voir dans notre livre de première, la leçon 11 : Applications du produit scalaire, page 164.

Essayons de construire maintenant une relation intermédiaire entre corrélation $= \pm 1$ (dépendance totale) et corrélation $= 0$ (qui est le cas quand X et Y sont indépendantes).

3) Cas où $Y = aX + b + Z$: On construit Y comme la somme de $aX + b$ plus une variable Z indépendante de X et de moyenne zéro. Autrement dit, Y est une fonction linéaire de X « polluée » par un facteur additif Z qui est aussi une variable aléatoire (de moyenne zéro).

C'est exactement le cas de la figure 15.2.

Mais commençons par calculer le coefficient de corrélation entre Y et X.

On montre tout d'abord que

$$\text{Covar}(aX + b + Z, X) = a\text{Var}X \tag{15.18}$$

> **Exercice 15.10** : Montrer (15.18).
> *Aide* : Ne pas oublier que Z est indépendante de X.

Alors

$$\text{Corr}(Y, X) = \frac{a\sigma_X^2}{\sigma_Y \sigma_X}$$

où σ_X est la racine carrée de la variance de X et σ_Y est la racine carrée de la variance de Y. C'est-à-dire, ce sont leurs écarts-types respectifs.

D'autre part on vérifie aisément que

$$\text{Var}Y = a^2\text{Var}X + \text{Var}Z$$

Donc

$$\begin{aligned}\text{Corr}(Y, X) &= \frac{a\sigma_X^2}{\sqrt{a^2\sigma_X^2 + \sigma_Z^2}\sqrt{\sigma_X^2}} \\ &= \pm\frac{1}{\sqrt{1 + \frac{\sigma_Z^2}{a^2\sigma_X^2}}} \qquad (15.19)\end{aligned}$$

selon que a est positif ou négatif.

La relation (15.19) est très intéressante. Elle s'interprète comme ceci : si la variance (c'est-à-dire la variabilité) de Z est faible, alors la corrélation entre Y et X est presque égale à 1 en valeur absolue. C'est-à-dire que Y est presque une pure fonction linéaire de X.

À l'inverse, si on a ajouté à X une variable Z avec une forte variabilité, elle noie, si l'on peut dire, l'effet de X et la variable Y a une corrélation faible (i.e. proche de zéro) avec X.

Régression

Quand on a deux variables aléatoires X et Y, on est souvent intéressé par la construction d'un modèle où Y est une fonction linéaire de X plus une erreur aléatoire Z comme dans le cas n°3 ci-dessus. Les paramètres intéressants du modèle sont a, b et l'écart-type de l'erreur.

Ce n'est pas juste un exercice de mathématiques dans le cadre de l'étude théorique des variables aléatoires [3]. C'est très courant dans la pratique, en physique et dans d'autres sciences. On peut avoir une situation où on sait qu'une variable y est une fonction linéaire de x. On dispose de plusieurs mesures de x, qui peuvent elles-mêmes être des mesures d'une variable aléatoire ou pas, peu importe, et on a des mesures correspondantes de y.

Si la collection de points (x, y) forme une belle droite, comme sur la figure 15.3, il n'est pas trop difficile de trouver a et b.

Mais si la collection de points (x, y) forme un « nuage » suggérant une relation, mais qu'il est difficile de déterminer précisément, comme sur le figure 15.4, alors il existe plusieurs techniques mathématiques pour calculer la « meilleure droite », c'est-à-dire la plus vraisemblable.

La plus courante est la technique de la *régression*. On calcule les coefficients a et b qui minimisent la somme des carrés des distances entre $ax + b$ et y, pour la collection des points (x_i, y_i).

Alors la droite $y = ax + b$, appelée la *droite de régression* à travers le nuage, est considérée comme la meilleure estimation de la relation linéaire entre Y et X, polluée par l'erreur Z.

---

3. De toute façon, dans l'esprit de nos livres toutes les théories mathématiques ont pour but de représenter la réalité. Donc il n'y a pas d'étude mathématique théorique qui soit détachée de la réalité – même si elle peut être très abstraite.

La découverte de la mécanique quantique il y a un siècle a beaucoup perturbé à cet égard scientifiques et philosophes. On utilisait des mathématiques de plus en plus abstraites (par exemple, pour ne partler que des choses les moins exotiques, des espaces vectoriels de dimension infinie sur le corps des complexes) pour représenter des phénomènes physiques tout à fait concrets mais déroutants.

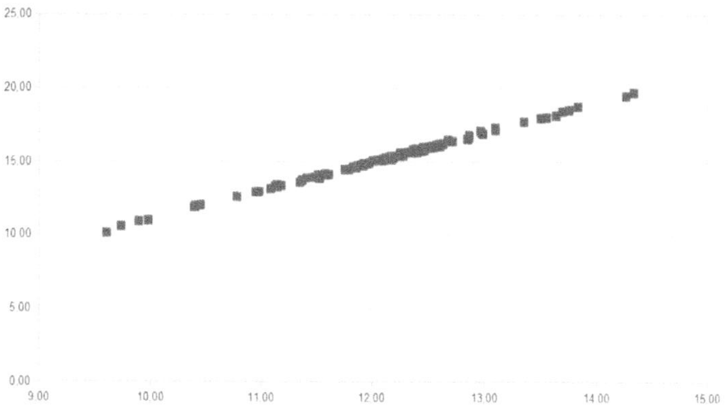

Figure 15.3 : Représentation de 100 points (x, y) issus d'une situation physique ou autre quelconque : cas où il y a une relation linéaire claire et facile à déterminer.

Exercice 15.11 : En examinant le graphique 15.3, déterminer les valeurs de a et b.

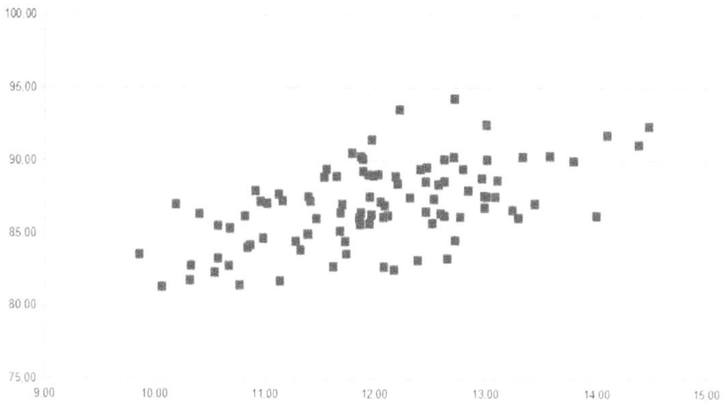

Figure 15.4 : Représentation de 100 points (x, y) issus d'une situation physique ou autre quelconque : cas où la relation linéaire entre Y et X est plus difficile à déterminer.

La technique de la régression fait partie des statistiques. C'est en particulier un moyen à la serpe de faire des prévisions. Nous n'allons pas l'étudier dans ce livre. C'est un sujet pour le début de l'université.

Exercice 15.12 : En examinant le graphique 15.4, ajuster approximativement une droite à travers le nuage de points et déterminer ainsi les valeurs vraisemblables de a et b.

Concept de causalité en science

Finissons avec quelques remarques sur un vaste sujet qui a fait et fait encore couler beaucoup d'encre parmi les philosophes et les scientifiques : la causalité.

Nous l'avons souvent dit dans nos livres, selon notre point de vue la science construit des modèles structurés, pour une large part mathématiques, pour représenter la réalité. La réalité, quant à elle, est cette chose mystérieuse qui déclenche dans l'esprit humain des perceptions. Ces perceptions sont brutes. C'est l'esprit humain qui les organise. Le scientifique considère que ce qu'« est ontologiquement » la réalité ou la nature ne lui est pas accessible, et au fond est une question sans intérêt ni même signification.

Nous sommes naturellement fort loin des explications religieuses et divines de la réalité. Dans l'Occident gréco-romain, les connaissances du monde par les hommes sont devenues fortement intégrées dans une description religieuse et divine de la réalité vers le Ve siècle avant J.-C. Cela s'est accentué durant la période hellénistique (c. -350, an 0) avec la philosophie stoïcienne tardive qui invitait à affronter la pénibilité de la vie sur terre avec... stoïcisme avant une vie meilleure dans l'Au-delà. Il s'est trouvé que cette façon philosophique de voir les choses était bien adaptée à une nouvelle religion qui s'opposait à la religion traditionnelle romaine. De subversive la religion chrétienne est devenue la religion officielle avec l'empereur Constantin (272, 337). Puis elle a carrément pris les rênes des structures sociales lors de l'effondrement de l'Empire romain d'Occident. De 400 à 1400 c'est devenu, en Occident, une théocratie qui s'est battue avec les pouvoirs temporels pour le pouvoir suprême.

C'est une longue histoire qui sort du cadre d'un ouvrage de mathématiques, sauf que cette théocratie a combattu aussi la connaissance qui ne cadrait pas avec ses mythes d'origine juive, perse et gréco-romaine. La Renaissance d'abord politique et artistique

(1350-1450 en Italie du Nord), puis géographique et scientifique (1450-1550 dans toute l'Europe) a bousculé la religion catholique. C'est aussi l'époque de la Réforme et ce n'est pas une coïncidence. En 1610 Rome pouvait encore menacer Galilée de mort s'il ne renonçait pas à ses idées scientifiques issues de ses expériences et qui participaient à la révolution dans la compréhension du monde [4].

Cette nouvelle compréhension du monde à l'aide de nouvelles idées et nouvelles techniques mathématiques s'avérait capable d'expliquer des choses jusqu'alors incompréhensibles, le mouvement des astres, de la Lune, les marées, le vent, le mouvement en général, la lumière, etc. On avait le sentiment qu'on découvrait ce qu'était le monde « pour de vrai », mais aussi « ontologiquement » [5].

Les esprits les plus pénétrants du XVIIIe siècle soulignaient que les nouvelles connaissances occidentales étaient très puissantes pour expliquer le monde, mais n'étaient pas le dernier mot, et, même en les raffinant et enrichissant, ne le seraient jamais. Autrement dit, la notion de *modèle* de la réalité commençait à poindre.

Aussi surprenant que cela puisse paraître, la notion de causalité fait partie des modèles davantage que de la réalité elle-même. On observe des séquences d'évènements, et on explique que certains en causent d'autres.

Quand un évènement, qui peut correspondre à certaines valeurs d'une variable aléatoire, en cause « en général », ou « a tendance à en causer », un autre, qui peut aussi correspondre à certaines valeurs d'une variable aléatoire, on observera une corrélation entre les mesures de X et celles de Y. D'où l'on modélisera une corrélation théorique entre X et Y. On pourra même modéliser que X est la cause de Y.

---

4. En 2024, on observe des théocraties comparables en Iran et dans la plus grande partie du monde arabe. En France, la religion musulmane telle que pratiquée par certains intégristes remet en cause les connaissances et aussi les traditions françaises : enseignement pour tous, liberté des femmes, etc. On observe également, en Russie et en Chine, une domination de l'idéologie politique sur la connaissance quand cette dernière menace le régime.

D'une manière générale, la religion – et le communisme et ses avatars sont une religion –, la religion est un ensemble mouvant de convictions qui vont d'une philosophie personnelle guidant la vie de chacun comme il l'entend, à une volonté d'imposer un ordre social sur toute la société. Dans cette deuxième approche la connaissance doit se soumettre à la religion contrôlée par le pouvoir. C'est pourquoi les discussions sont vives et sans fin – pour la raison habituelle : car on ne parle pas de la même chose.

5. Ontologie : partie de la philosophie qui a pour objet l'étude des propriétés les plus générales de l'être, telles que l'existence, la possibilité, la durée, le devenir. Source : Cnrtl.

Si la causalité implique la corrélation, l'inverse n'est pas vrai. La corrélation invite à investiguer un possible lien de causalité, mais cela s'arrête là.

Il est facile de trouver des situations où on observe une corrélation, mais où en déduire une causalité est ridicule. Par exemple, on observe une corrélation entre la consommation de crèmes glacées et les coups de soleil. Mais c'est ce qu'on appelle en anglais « a spurious correlation », une corrélation douteuse, ou trompeuse, une corrélation qui s'explique parce qu'il y a une troisième variable qui cause l'un et l'autre des deux phénomènes qu'on observe. Dans le cas des coups de soleil et des crèmes glacées, le modèle le plus raisonnable est de dire que c'est la chaleur du soleil l'été qui est la cause à la fois des coups de soleil et de la consommation accrue de crèmes glacées.

Il y a plus à dire sur les modèles, la causalité, et la nature. C'est un sujet sur lequel nous invitons le lecteur et la lectrice à ouvrir d'autres ouvrages de science, d'épistémologie, d'histoire et de philosophie, puis à se faire leur propre philosophie.

Suggestions de lecture

BACHELARD Gaston, *La formation de l'esprit scientifique*, Vrin, 1938.

BREIMAN Leo, *Statistics : with a view toward applications*, Houghton Mifflin, 1973.

PAPOULIS Athanasios & PILLAI Unnikrishna, *Probability, Random Variables and Stochastic Processes*, McGraw-Hill, 2001.

RUSSELL Bertrand, *A History of Western Philosophy*, Simon and Schuster, 1946.

TUFTE Edward, *The Visual Display of Quantitative Information*, Graphics Press, 2001.

Leçon 16 : Variables gaussiennes et théorème central limite

Nous avons déjà rencontré quelques variables aléatoires discrètes et continues.

Dans le domaine des v.a. discrètes, nous connaissons :

- le jeu de pile ou face, appelé aussi essai de Bernoulli,
- la v.a. avec une loi binomiale, qui est une somme d'essais de Bernoulli,
- la loi géométrique,
- la loi de Poisson.

Et dans celui des v.a. continues :

- le tirage d'un nombre avec la densité uniforme sur $[0, 1]$, et sa généralisation immédiate au segment $[a, b]$,
- la loi exponentielle.

Le lecteur et la lectrice sont encouragés à réviser la distribution et les principales propriétés de chacune de ces v.a. discrètes et continues.

Il est facile de fabriquer une v.a. discrète (à valeurs finies ou dénombrables) quelconque. On choisit n valeurs images a_i et une collection de n probabilités positives p_i dont la somme fait 1.

Il est également facile de fabriquer une variable aléatoire X continue de densité quelconque, même si c'est un peu moins intuitif que la fabrication d'une v.a. discrète. On choisit une fonction continue positive f quelconque dont l'intégrale de moins l'infini à plus l'infini vaut 1, et la v.a. X est telle que

$$\mathrm{P}\{X \leq x\} = \int_{-\infty}^{x} f(u)du \tag{16.1}$$

Il y a une famille de variables aléatoires continues dont nous n'avons pas encore parlé, bien qu'elles soient les variables aléatoires continues les plus importantes de la théorie des probabilités et même de toute la physique. Ce sont les *variables aléatoires gaussiennes*. Il s'agit d'une famille de densités continues définies par deux paramètres, le paramètre μ et le paramètre σ. La densité qui a les paramètres μ et σ a l'expression

$$f_{\mu,\sigma}(x) = \frac{1}{\sigma\sqrt{2\pi}}\, e^{-\frac{1}{2}\left(\frac{x-\mu}{\sigma}\right)^2} \tag{16.2}$$

Les lois gaussiennes sont aussi appelées *lois normales*. De même qu'on dénote $U(0,1)$ la loi uniforme sur $(0,1)$, on dénote $N(\mu,\sigma)$ la loi normale de paramètres μ et σ.

Sans être compliqués, la plupart des calculs avec les densités normales demandent une connaissance du calcul intégral du niveau première année d'université, aussi nous n'allons pas les détailler. Nous allons rester à un niveau descriptif.

Soit donc une v.a. X normale de paramètres μ et σ, c'est-à-dire dont la densité est donnée par l'expression (16.2).

Cette densité (16.2) est construite algébriquement à l'aide de fonctions élémentaires. Par définition c'est donc elle-même une fonction élémentaire. En revanche son intégrale de $-\infty$ jusqu'à x, qui est la distribution cumulative de la v.a. X, n'est pas une fonction élémentaire. On note simplement cette fonction cumulative

$$F_{\mu,\sigma}(x) = \frac{1}{\sigma\sqrt{2\pi}} \int_{-\infty}^{x} e^{-\frac{1}{2}\left(\frac{u-\mu}{\sigma}\right)^2} du \tag{16.3}$$

Il n'y a pas de symbole universellement accepté pour elle.

La densité normale la plus simple est celle de paramètres $\mu = 0$ et $\sigma = 1$. L'expression (16.2) devient

$$f_{0,1}(x) = \frac{1}{\sqrt{2\pi}}\, e^{-\frac{x^2}{2}} \tag{16.4}$$

Le fait que ce soit une densité, c'est-à-dire que

$$\frac{1}{\sqrt{2\pi}} \int_{-\infty}^{+\infty} e^{-\frac{u^2}{2}} du = 1 \tag{16.5}$$

se démontre par exemple en montrant que l'intégrale sur toute la surface du plan

$$\iint e^{-\frac{u^2}{2}} e^{-\frac{v^2}{2}} dudv$$

vaut 2π en opérant un astucieux changement de variable des coordonnées cartésiennes (u,v) vers des coordonnées polaires (r,θ).

Mais nous n'allons pas exposer dans ce cours de terminale le passage des intégrales simples aux intégrales doubles. C'est un sujet qu'on étudie en première année après le baccalauréat.

On montre de la même manière que la fonction (16.2) est une densité.

Moyenne et variance d'une loi normale

Une variable aléatoire X ayant pour densité la loi normale $N(\mu, \sigma)$ a la moyenne et la variance suivantes

$$\begin{cases} \mathrm{E}X = \mu \\ \mathrm{Var}X = \sigma^2 \end{cases} \tag{16.6}$$

En d'autres termes, le paramètre μ est son espérance mathématique, et le paramètre σ est son écart-type.

Graphe d'une loi normale

Le graphe d'une loi normale est la célèbre *courbe en cloche*[1], figure 16.1 :

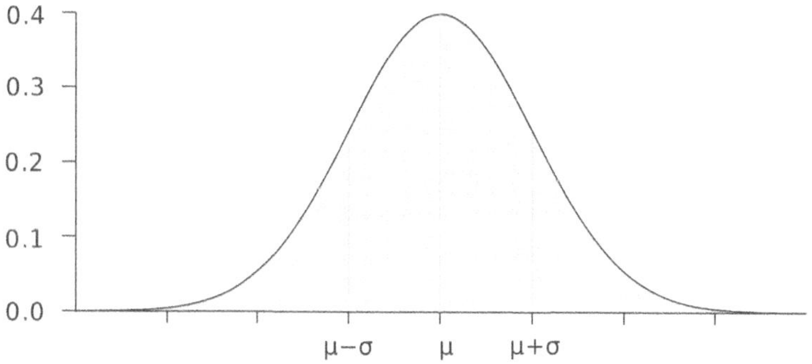

Figure 16.1 : Courbe en cloche de moyenne μ et d'écart-type σ. Son domaine de définition va de $-\infty$ à $+\infty$, mais elle est rapidement quasi nulle quand on s'éloigne de son centre de symétrie à l'abscisse μ.

1. On dit « la courbe en cloche », mais il y en a toute une famille puisqu'elle dépend de deux paramètres. De même on dit souvent « l'ellipse » ou « le cercle », mais il y en a beaucoup.

La densité normale est symétrique autour de sa moyenne μ. Et son écart-type se lit directement sur le graphe : c'est la distance entre μ et l'abscisse du point d'inflexion de la courbe avant μ. Étant donné que la courbe est symétrique, c'est aussi la distance entre μ et l'abscisse du point d'inflexion après μ. On se rappelle qu'un point d'inflexion sur une courbe est un endroit où la pente cesse de croître pour décroître, ou l'inverse.

La surface de toute la zone grisée, fig. 16.1, est évidemment égale à 1. Il est bon de connaître les surfaces suivantes :

$$\int_{\mu-\sigma}^{\mu} f_{\mu,\sigma}(u)du \approx 34,1\% \tag{16.7a}$$

$$\int_{\mu-\sigma}^{\mu+\sigma} f_{\mu,\sigma}(u)du \approx 68,2\% \tag{16.7b}$$

$$\int_{\mu-2\sigma}^{\mu} f_{\mu,\sigma}(u)du \approx 47,7\% \tag{16.7c}$$

$$\int_{\mu-2\sigma}^{\mu+2\sigma} f_{\mu,\sigma}(u)du \approx 95,4\% \tag{16.7d}$$

Exercice 16.1 : L'objectif est d'évaluer la qualité de la borne donnée par l'inégalité de Bienaymé-Tchebychev. Soit une v.a. Normale(μ, σ).

1. Quelle est la borne supérieure que l'inégalité de Bienaymé-Tchebychev donne à la probabilité suivante ?

$$\mathrm{P}\left\{\frac{|X-\mu|}{\sigma} > 2\right\}$$

Aide : Cf. leçon 19 de notre livre de première.

2. En lisant le graphique de la figure 16.1, donner une bien meilleure borne supérieure à la même quantité quand X est une gaussienne.

   Aide : Utiliser la formule (16.7d).

Exercice 16.2 : L'objectif est de réviser la loi binomiale. Soit une v.a. $Z = X_1 + X_2 + ... + X_{10}$ où les X_i sont des tirages à pile ou face (1 pour pile, 0 pour face) avec une pièce de monnaie équilibrée.

1. Montrer que la distribution discrète a l'allure suivante :

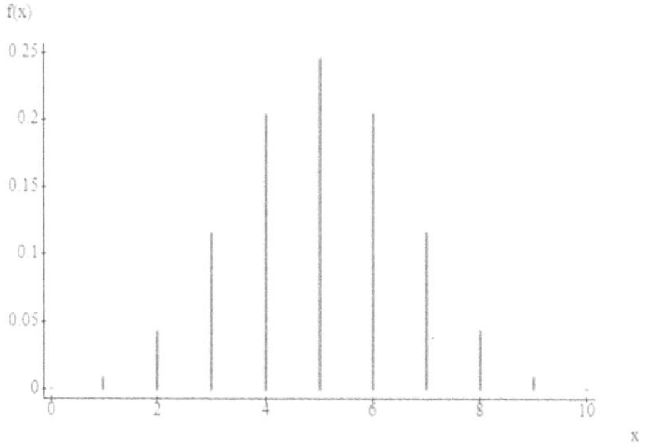

Figure 16.2 : Loi binomiale (10, $^1/_2$).

2. Quel est le dessin avec Binomiale (10, $^7/_{10}$) ?
3. Quel est le dessin avec Binomiale (100, $^8/_{10}$) ?
4. Quel est le dessin avec Binomiale (1000, $^9/_{10}$) ?

Aide : Utiliser le site `https://www.statcrunch.com/app/calculator.html?calculator=binomial`

Propriété fondamentale des lois normales

Commençons par énoncer informellement la propriété fondamentale :

Propriété fondamentale des lois normales : *Quand on a une collection de v.a. indépendantes, identiquement distribuées,* X_i*, leur somme est une v.a. dont la distribution de probabilité, ou la densité de probabilité, tend vers une courbe en cloche quand le nombre* n *de* X_i *dont on fait la somme s'accroît.*

Si $\mathrm{E}X_i = \mu \neq 0$ et $\mathrm{Var}X_i = \sigma$, alors évidemment la somme $Z = \sum_{i=1}^{n} X_i$ a une moyenne de plus en plus grande, et est de plus en plus étalée. Mais si on soustrait à Z sa moyenne et on divise le résultat par l'écart-type, alors on obtient une v.a. qui ressemble de plus en plus à la gaussienne canonique, c'est-à-dire celle de moyenne 0 et d'écart-type 1.

Cette convergence vers la loi normale est vraie même pour des v.a. indépendantes, non identiquement distribuées, si elles satisfont certaines conditions qui imposent, en gros, que la contribution de chacune soit petite par rapport à leur somme.

C'est parce qu'en physique beaucoup de phénomènes résultent de la somme d'un grand nombre de phénomènes élémentaires indépendants qu'on observe si fréquemment des v.a. proches de gaussiennes.

Avant de passer à des exemples, puis au théorème central limite, parlons brièvement des notions de convergence en probabilités.

Notions de convergence d'une suite de variables aléatoires

Nous avons jusqu'à présent utilisé informellement l'idée de convergence d'une suite de v.a. vers quelque chose, soit un nombre (comme dans la loi des grands nombres), soit une v.a. limite (comme dans la section précédente).

Cependant – nous l'avons déjà dit – même si l'idée intuitive reste assez claire, la convergence d'une suite de v.a. est une notion plus délicate que la convergence d'une suite de nombres.

Il existe plusieurs façons pour une suite de v.a. X_n de converger vers une v.a. X. Cantonnons-nous aux trois principales pour nous en terminale.

1. Convergence en moyenne quadratique :

$$\lim_{n \to +\infty} \mathrm{E}\left\{(X_n - X)^2\right\} = 0 \tag{16.8}$$

   Elle se généralise à la convergence en moyenne d'ordre p positif quelconque.

2. Convergence en probabilité :

$$\forall \epsilon > 0, \lim_{n \to +\infty} \mathrm{P}\left\{|X_n - X| > \epsilon\right\} = 0 \tag{16.9}$$

3. Convergence en loi : Si on note F_n la fonction cumulative de X_n et F celle de X, et on suppose ici pour rester simple toutes ces fonctions continues, alors X_n converge en loi vers X si

$$\forall x, \quad \lim_{n \to +\infty} F_n(x) = F(x) \tag{16.10}$$

Ces trois convergences sont différentes, mais on a les implications suivantes : la convergence en moyenne quadratique implique la convergence en probabilité, et la convergence en probabilité implique la convergence en loi.

Les implications dans l'autre sens ne sont pas vraies. On peut avoir la convergence en loi, sans avoir la convergence en probabilité. Et on peut avoir la convergence en probabilité sans la convergence en moyenne quadratique.

Nous n'allons pas étudier les propriétés de chacun de ces modes de convergence. Mais il est bon de les connaître, ou tout au moins de savoir qu'il y a plusieurs modes de convergence d'une suite de v.a. vers une v.a. Et nous y ferons référence quand nous parlerons du théorème central limite, qui est la version formelle de la propriété fondamentale des lois normales présentée p. 273.

Illustrations de la propriété fondamentale des lois normales

Binomiales : Nous avons vu dans l'exercice 16.2 que la loi binomiale a un dessin qui tend vers une courbe en cloche quand n s'accroît. C'est vrai, que le paramètre soit égal à 1/2 ou ait une valeur quelconque strictement entre 0 et 1.

Somme de 8 uniformes (0,1) : Regardons à l'aide d'une simulation le comportement de la somme de 8 $U(0,1)$. On a tiré 5000 fois, 8 $U(0,1)$ et on a fait chaque fois leur somme. Voici l'histogramme qu'on obtient quand on utilise 16 catégories pour classifier les résultats (qui varient continument entre 0 et 8) :

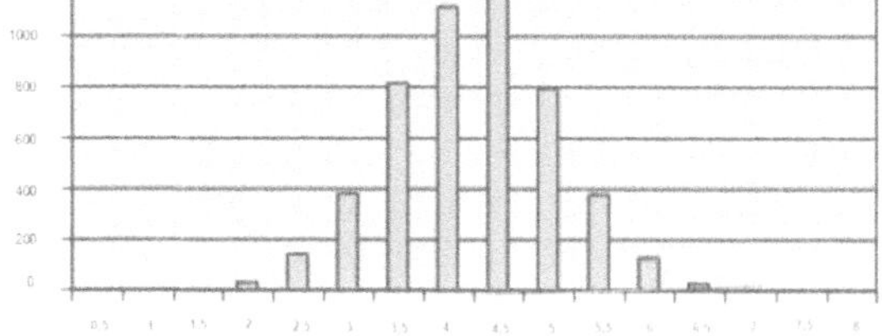

Figure 16.3 : Simulation de 5000 tirages de la somme de 8 $U(0,1)$.

Cet histogramme est une approximation discrète de la loi de distribution continue de la somme de huit uniformes (0,1). C'est clairement proche d'une courbe en cloche.

Le tableur effectuant la simulation est disponible à `https://lapasserelle.com/documents/RV8uniforms.ods`

Planchette de bois avec des clous plantés en quinconce : On laisse tomber un grand nombre N de billes à travers des clous plantés en quinconce sur une planchette de bois, comme sur la figure 16.4. La planchette est maintenue presque verticale. On obtiendra une simulation de N tirages d'une loi binomiale (N, 1/2).

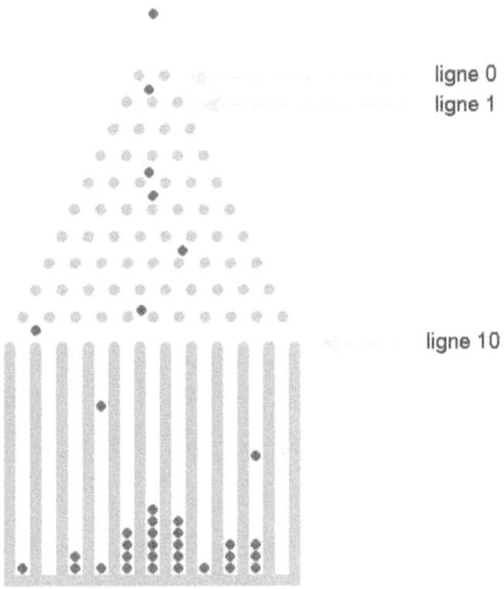

Figure 16.4 : Simulation de N tirages d'une v.a. binomiale (10, 1/2).

Une bille tombant à travers le quinconce passe tout d'abord entre les deux clous de la ligne d'en haut, appelée ligne 0. Après cette ligne 0, quand elle heurte le clou du milieu de la ligne 1, elle va soit à droite soit à gauche avec les probabilités 50% 50%. Elle arrive à la ligne 2. À nouveau elle va soit à droite soit à gauche du deuxième clou qu'elle heurte. Et ainsi de suite.

Appelons X_i le choix qu'elle fait à la ligne i, l'index i allant de 1 à 10. Si elle va à droite $X_i = 1$, si elle va à gauche $X_i = 0$.

Alors sa position finale est $Z = X_1 + X_2 + ... + X_{10}$. Cette position peut varier de 0 (la colonne la plus à gauche) jusqu'à 10 (la colonne la plus à droite). Donc chaque bille arrivée dans une des onze colonnes de réception est un tirage d'une v.a. binomiale de paramètres 10 et 1/2.

Théorème central limite

C'est la version plus formelle et mathématique de la propriété fondamentale des lois normales présentée page 273.

Théorème central limite : *Soit une suite de variables aléatoires $X_1, X_2, ..., X_n, ...$ indépendantes et identiquement distribuées, chacune de moyenne μ et variance σ^2. Soit*

$$S_n = X_1 + X_2 + ... + X_n \tag{16.11}$$

Alors :

1. $\mathrm{E}(S_n) = n\mu$
2. $\mathrm{Var}(S_n) = n\sigma^2$
3. *Quand n tend vers l'infini, la suite de v.a.*

$$Z_n = \frac{S_n - n\mu}{\sigma\sqrt{n}} \tag{16.12}$$

converge en loi vers la gaussienne canonique de moyenne 0 et variance 1.

Si on est amateur de symbolisme formidable, on peut l'écrire

$$\lim_{n\to\infty} \mathrm{P}\left\{\frac{S_n - n\mu}{\sigma\sqrt{n}} \leq x\right\} = \frac{1}{\sqrt{2\pi}}\int_{-\infty}^{x} e^{-\frac{u^2}{2}}du \tag{16.13}$$

qui énonce la convergence en loi de Z_n vers $N(0,1)$ conformément à la formule (16.10).

Schéma de la démonstration : La démonstration « la plus simple » du théorème central limite utilise les fonctions caractéristiques introduites par Pierre-Simon de Laplace (1749, 1827) et utilisées de manière rigoureuse pour la première fois par Alexandre Liapounov (1857, 1918).

La fonction caractéristique d'une variable aléatoire X est une variante complexe de sa fonction génératrice de moments que nous avons brièvement mentionnée en classe de première [2].

La fonction caractéristique d'une v.a. X est définie par

$$\phi_X(t) = \mathrm{E}\left(e^{itX}\right) \tag{16.14}$$

Si la variable X a une densité, alors

$$\phi_X(t) = \int_{-\infty}^{+\infty} f_X(x)e^{itx}dx \tag{16.15}$$

La fonction caractéristique de Laplace et Liapounov a de nombreuses propriétés très intéressantes et très utiles :

1. Sa première utilité est, comme son nom l'indique, qu'elle détermine de façon unique la loi d'une v.a. dans le sens que si $\phi_X = \phi_Y$, alors X et Y ont la même loi de probabilité.

   Par exemple, il se trouve que la fonction caractéristique de la gaussienne $N(0,1)$ est $\phi(t) = e^{-\frac{t^2}{2}}$. Donc si on a une v.a. qui nous intéresse et on montre que sa fonction caractéristique est $e^{-\frac{t^2}{2}}$, alors on sait que c'est une gaussienne canonique.
2. La seconde utilité de la fonction caractéristique est que si X et Y sont deux v.a. indépendantes, alors

   $$\phi_{X+Y} = \phi_X \phi_Y \tag{16.16}$$

   Autrement dit, la fonction caractéristique de la somme de deux v.a. indépendantes est le produit de leurs fonctions caractéristiques.
3. Une grande utilité, pour le cas qui nous occupe, est un théorème dû à Paul Lévy (1886, 1971) :

   Théorème de convergence de Lévy : *Si la suite $\phi_n(t)$ de fonctions caractéristiques d'une suite de v.a. X_n converge point par point vers $\phi(t)$, alors la suite X_n converge en loi vers une v.a. X de fonction caractéristique ϕ.*

La démonstration du théorème central limite utilise le fait que la fonction caractéristique d'une v.a. Y de moyenne $\mu = 0$ et écart-type $\sigma = 1$, compte tenu de sa définition à l'aide de la fonction

2. Voir A. Cabannes, *Mathématiques du lycée, volume 2 : première*, leçon 19, page 283, formule (19.9)

$$M_X(s) = \mathrm{E}\left(e^{sX}\right)$$

exponentielle complexe, formule (16.14), a le développement limité suivant au voisinage de $t = 0$

$$\phi_Y(t) = 1 - \frac{t^2}{2} + o(t^2) \tag{16.17}$$

Ensuite, étant donné que Z_n est une somme de v.a. indépendantes de moyenne $\mu = 0$ et écart-type $\sigma = 1$, le tout divisé par $\sqrt{n}$, on a [3]

$$\phi_{Z_n}(t) = \left(\phi_Y\left(\frac{t}{\sqrt{n}}\right)\right)^n \tag{16.18}$$

La fonction caractéristique de Z_n peut donc s'écrire

$$\left(1 - \frac{t^2}{2n} + o\left(\frac{t^2}{n}\right)\right)^n \tag{16.19}$$

Maintenant on utilise la propriété bien connue de la fonction exponentielle

$$\lim_{n\to+\infty}\left(1 + \frac{x}{n} + o\left(\frac{x}{n}\right)\right)^n = e^x$$

Il s'ensuit que la fonction caractéristique de Z_n tend vers $e^{-t^2/2}$, qui est la fonction caractéristique de $N(0,1)$.

On en conclut, en vertu du théorème de Lévy, que Z_n tend en loi vers la gaussienne canonique.

C.Q.F.D.

Intérêt du théorème central limite

On a dit plus haut que le théorème central limite explique pourquoi on rencontre si fréquemment des variables gaussiennes en physique.

Observons aussi que ce théorème apporte des précisions à la loi des grands nombres. En effet si on a une suite de v.a. X_i indépendantes et identiquement distribuées, chacune de moyenne μ et écart-type σ, alors la loi des grands nombres nous dit informellement que

$$\lim_{n\to+\infty}\frac{X_1 + X_2 + \ldots + X_n}{n} = \mu \tag{16.20}$$

J'écris « informellement » car à gauche on a des v.a. et à droite un nombre. Et nous savons que dire que des v.a. tendent vers un

3. Si X a la fonction caractéristique $\phi(t)$, alors $Y = \lambda X$ a la fonction caractéristique $\psi(t) = \phi(\lambda t)$. Cela découle immédiatement de la formule (16.14).

nombre demande pour être rigoureux une définition plus sophistiquée que celle de Cauchy pour la limite d'une suite de nombres.

Nous avons vu, page 274, trois façons pour une suite de v.a. de converger vers quelque chose (v.a. ou nombre [4]).

La loi des grands nombres assure que la convergence exprimée par (16.20) est vraie en loi, en probabilité, et en moyenne quadratique.

Le théorème central limite, quant à lui, précise quelle est la forme de l'erreur de plus en plus petite à mesure que n augmente. Il nous dit que l'erreur est de plus en plus gaussienne de moyenne zéro et écart-type $\frac{\sigma}{\sqrt{n}}$.

C'est pourquoi on dit que la loi des grands nombres est une loi en 1 sur racine de n. Mais on sait donc maintenant aussi que l'erreur est de plus en plus gaussienne.

Exercice 16.3 : Objectif : créer une variable aléatoire $N(\mu, \sigma)$ à l'aide d'un tableur. Avec par exemple OpenOffice, utiliser la fonction =ALEA() pour créer des tirages d'une uniforme (0,1). Puis utiliser la fonction =LOI.NORMALE.STANDARD.INVERSE(*nombre*), en mettant les tirages uniformes à la place de *nombre*.

Montrer que cela produit des tirages d'une v.a. gaussienne $(\mu = 0, \sigma = 1)$.

Généralisation : Comment fabriqueriez-vous une v.a. avec une densité donnée, dont vous connaissez une expression calculable pour la fonction cumulative ?

Suggestions de lecture

https://fr.wikipedia.org/wiki/Loi_normale

https://mathworld.wolfram.com/CharacteristicFunction.html

LÉVY Paul, *Quelques aspects de la pensée d'un mathématicien*, Albert Blanchard, 1970. Recension dans Persée du livre de Paul Lévy :

https://www.persee.fr/doc/rhs_0151-4105_1971_num_24_4_3250_t1_0382_0000_1

4. Un nombre n'est jamais qu'une v.a. avec un écart-type nul.

Leçon 17 : Introduction aux processus stochastiques

Dans son acception la plus large, un processus stochastique est n'importe quel ensemble infini de variables aléatoires. Ces variables aléatoires peuvent être indexées par les entiers naturels. C'est alors la collection $X(1), X(2), ..., X(n), ...$, notée comme d'habitude plutôt $X_1, X_2, ..., X_n, ...$. Ellès peuvent aussi dépendre d'une variable continue, auquel cas on notera chacune d'elle $X(t)$, la variable t appartenant à un intervalle de nombres réels, ou tous les réels positifs, ou même tous les réels.

Généralement l'index n ou la variable t représentent le temps, mesuré de façon discrète ou continue. Le processus stochastique modélise alors un phénomène aléatoire temporel. Nous étudierons des cas où les X_i ou les $X(t)$ forment des collections indépendantes, et d'autres cas où elles ne sont pas indépendantes.

On est toujours dans le cadre probabiliste fondamental que nous avons systématiquement noté $(\mathcal{E}, \Omega, \mathrm{P})$, omettant de mentionner la collection $\mathcal{A}$ des évènements de Ω, mais insistant sur l'importance d'une description claire et sans ambiguïté de l'expérience $\mathcal{E}$.

Nous sommes toutefois ici dans une situation plus complexe que l'étude d'une v.a., ou même quelques v.a., où on pouvait effectuer $\mathcal{E}$ une fois, puis au terme de l'expérience mesurer des v.a.

Ici chaque v.a. X_i ou $X(t)$ est comme toujours une fonction de Ω vers $\mathbb{R}$. Mais leur nombre infini et le fait que l'index i ou la variable t représentent le temps ont pour conséquence qu'on ne peut pas attendre la fin de l'expérience $\mathcal{E}$ pour observer, compter ou mesurer différentes choses qui nous intéressent.

Le cadre $(\mathcal{E}, \Omega, \mathrm{P})$ est donc plus complexe que ce que nous avons étudié jusqu'à présent, et la théorie avancée des probabilités ainsi que la théorie de la mesure sont nécessaires pour un traitement rigoureux et complet des processus stochastiques.

Cela ne va cependant pas nous concerner. Nous allons nous reposer sur l'intuition pour comprendre qu'une réplication de $\mathcal{E}$ permet de produire une instance de tout le processus stochastique, c'est-à-dire la collection dénombrable de mesures $X_1(\omega), X_2(\omega), ...$, $X_n(\omega), ...$, ou la collection infinie continue de mesures $X(t, \omega)$.

Exemple de processus discret (1) : L'exemple le plus simple de processus stochastique discret est la *marche aléatoire*. Chaque X_i est un déplacement dans un espace (typiquement $\mathbb{R}$ ou $\mathbb{R}^2$ ou $\mathbb{R}^3$) d'un point à un autre, et généralement on s'intéresse au déplacement global depuis un point de départ (qui peut être un point donné, par exemple 0 ou x, ou une v.a. initiale X_0). Au temps n on s'est alors déplacé de

$$S_n = x + X_1 + X_2 + ... + X_n \tag{17.1}$$

Exemple de processus continu (1) : Un exemple classique de processus continu dans le temps est le *processus de Poisson*[1]. Le temps est la variable continue t. Dans chaque intervalle de temps $(t, t+dt)$ il y a une certaine probabilité λdt qu'une « occurrence » d'un phénomène se produise, par exemple la désintégration d'un atome dans un corps radioactif, ou l'arrivée d'un nouveau client devant un guichet où il peut déjà y avoir une queue de clients attendant leur tour d'être servis. Dans un processus de Poisson, la probabilité que deux occurrences ou plus se produisent dans un intervalle infinitésimal dt est considérée comme négligeable.

Le processus stochastique fondamental est $X(t)$ qui pour chaque temps t peut valoir 0 ou 1. Cela correspond à la répartition de points ou occurrences dans le temps. Les distances entre deux points successifs, c'est-à-dire entre deux occurrences, sont des v.a. continues *exponentielles* indépendantes les unes des autres.

Dans un processus de Poisson, la variable principale qui nous intéresse n'est pas $X(t)$, mais le décompte N_t des occurrences qui se sont produites entre les temps 0 et t. C'est bien sûr également une variable aléatoire dépendant du temps continu t. Pour n'importe quelle période de temps 0 à t donnée, et n'importe quel nombre entier k entre 0 et plus l'infini on a

$$\mathrm{P}(N_t = k) = e^{-\lambda t} \frac{(\lambda t)^k}{k!} \tag{17.2}$$

C'est donc une v.a. discrète avec une *distribution de Poisson* de paramètre λt.

1. Nommé en l'honneur de Siméon Denis Poisson (1781, 1840), qui a déjà donné son nom à la v.a. discrète de Poisson.

Exemple de processus discret (2) : On a un ensemble fini d'états possibles $\{s_1, s_2, ..., s_k\}$ d'un système. À chaque temps discret n, un objet est dans un état. Entre n et $n+1$ il passe d'un état à un autre du système de manière aléatoire avec une distribution de probabilité représentée par une matrice carrée P de dimension $k \times k$. La composante (i, j) de P est la probabilité que l'objet s'il était dans l'état s_i au temps n soit passé dans s_j au temps $n+1$.

Le processus stochastique est la collection X_n où la valeur de X_n est l'état dans lequel se trouve l'objet au temps n.

Dans ce type de processus on s'intéresse par exemple aux états où l'objet reviendra régulièrement et ceux où avec une probabilité non nulle il peut ne jamais revenir. On s'intéresse aussi à la proportion de temps passée dans chaque état quand on considère une longue période de temps.

Exemple de processus continu (2) : Quand on regarde une marche aléatoire dans un espace physique quelconque et qu'on fait tendre la différence entre les temps discrets successifs vers 0, on arrive à un processus continu dont certaines propriétés, mais pas toutes, changent qualitativement.

L'exemple typique est ce qu'on appelle le mouvement brownien [2] d'un grain de pollen ou même d'une molécule donnée par exemple dans un liquide à cause des chocs moléculaires.

2. Nommé en l'honneur de Robert Brown (1773, 1858) qui a le premier observé et étudié ce genre de processus. Plus tard Albert Einstein (1879, 1955) a été capable de calculer le nombre d'Avogadro à partir des propriétés observables du mouvement brownien de gouttelettes d'huile dans de l'eau. Jean Perrin (1870, 1942) a fait une expérience comparable avec des grains de pollen conduisant aussi à une mesure du nombre d'Avogadro, cf. `http://www.chim.lu/chimie-nombre-Avogadro-Brown-Einstein.php`.

L'importance de ces expériences, utilisant des propriétés mathématiques des marches aléatoires quasi continues, résidait dans le fait qu'elles confortaient l'hypothèse atomique à une époque, la fin du XIXe siècle, où elle n'était pas encore universellement acceptée. Avant l'émergence progressive de la théorie atomique au cours du XIXe siècle, on avait une conception « motte de beurre » de la matière, c'est-à-dire formée non pas d'atomes distincts, mais « continue » comme une motte de beurre.

Les grands progrès vers la théorie atomique furent les explications beaucoup plus satisfaisantes qu'auparavant des rapports toujours simples entre les quantités de constituants qu'on observait dans les réactions chimiques, la théorie de la thermodynamique statistique développée par Ludwig Boltzmann (1844, 1906), et l'observation et l'explication du mouvement brownien.

Le nombre d'Avogadro est, par exemple, le nombre de molécules d'hydrogène dans 22,4 litres d'hydrogène à température et pression ordinaires (20° C et 1 atmosphère). Sa valeur est approximativement $6{,}02 \times 10^{23}$. C'est aussi le nombre d'atomes de carbone dans 12 grammes de carbone 12.

Marches aléatoires

Un processus stochastique aussi simple qu'une marche aléatoire présente déjà des caractéristiques étonnantes et pour beaucoup d'entre elles difficiles à démontrer mathématiquement.

Soit la marche aléatoire la plus simple. Elle est à une dimension spatiale. On est sur la droite des nombres entiers relatifs *représentée verticalement.* On démarre au temps 0 au point origine. Entre le temps 0 et le temps 1, on a fait un pas d'une unité soit vers le haut soit vers le bas. On est alors au temps 1 soit au point $+1$ soit au point -1. Puis entre le temps 1 et le temps 2, on fait à nouveau un pas soit vers le haut soit vers le bas. Au temps 2 on est alors soit au point 2, soit à nouveau au point 0. Et ainsi de suite. Cela porte aussi le nom de *processus de Bernoulli.*

Comme on vient de le dire, on représente la droite des nombres relatifs c'est-à-dire l'*axe spatial* verticalement. L'axe horizontal, quant à lui, est l'*axe temporel.* Il représente le temps s'écoulant vers la droite. La figure 17.1 montre une instance de marche aléatoire à une dimension spatiale.

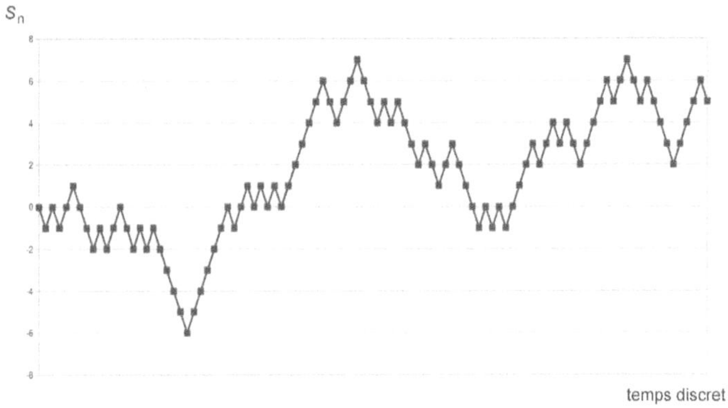

Figure 17.1 : Exemple de cent pas d'une marche aléatoire à une dimension spatiale représentée verticalement. La dimension temporelle est représentée horizontalement.

On peut aussi considérer une marche aléatoire dans le plan allant d'un point de $\mathbb{Z} \times \mathbb{Z}$ à un autre de la manière suivante. On démarre au temps 0 à l'origine. Entre le temps 0 et le temps 1, on se déplace d'un pas vers la droite, vers le haut, vers la gauche, ou vers le bas, avec des probabilités toutes égales à 25%.

On ne peut plus représenter commodément la marche aléatoire avec deux dimensions spatiales et une dimension temporelle. Alors on la représente généralement seulement avec ses dimensions spatiales, fig. 17.2.

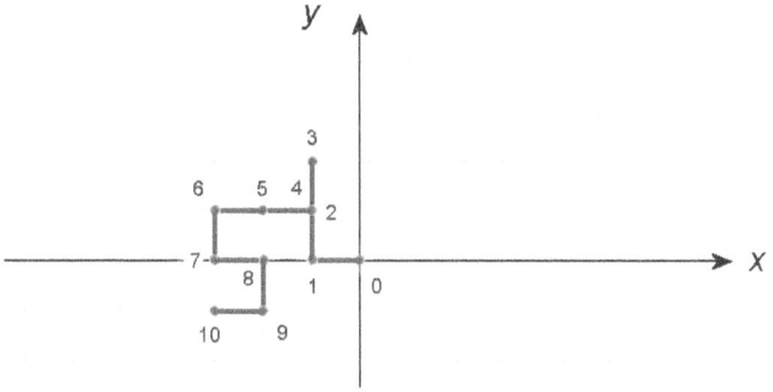

Figure 17.2 : Exemple des dix premiers pas d'une marche aléatoire à deux dimensions spatiales. On ne représente plus la dimension temporelle, mais on peut noter le temps à côté de chaque point.

On peut imaginer une marche aléatoire avec trois dimensions spatiales ou plus.

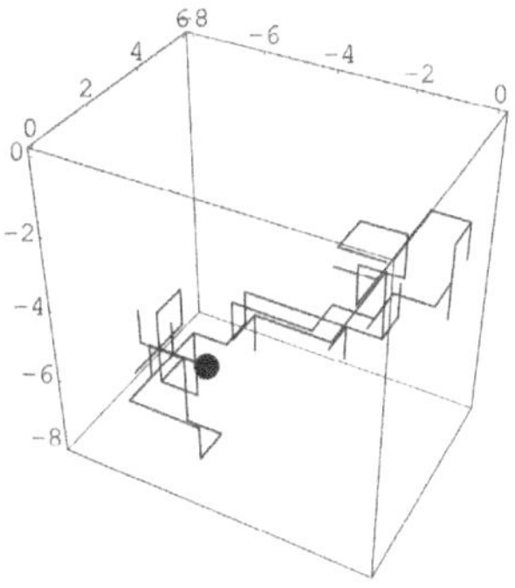

Figure 17.3 : Marche aléatoire à trois dimensions spatiales. Source : `https://mathworld.wolfram.com/RandomWalk3-Dimensional.html`

Quand on prend un pas tout petit, la marche aléatoire à trois dimensions spatiales devient un mouvement brownien en 3D.

Une des questions qui nous intéressent quand on étudie un processus stochastique est de savoir si et quand l'objet dont on suit l'évolution dans le temps va venir ou revenir à un point donné.

On peut montrer par exemple que dans la marche aléatoire à une dimension, fig. 17.1, le processus reviendra sûrement au bout d'un temps T au point 0. La durée T qu'il faudra attendre est bien sûr une variable aléatoire. On montre que son espérance mathématique est néanmoins infinie. Ce retour certain à l'origine est également vrai pour la marche aléatoire à deux dimensions spatiales.

En revanche dès que le nombre de dimensions spatiales est égal à 3 ou plus, la probabilité de revenir un jour à l'origine n'est plus égale à 1. Pour la marche aléatoire à trois dimensions, on a

$$\mathrm{P}\{\text{la marche aléatoire retourne un jour à l'origine}\} \approx 0.340537 \tag{17.3}$$

La démonstration de ces différents résultats dépassent le niveau de la classe de terminale. Le retour certain au bout d'un certain temps au point origine fut démontré, pour les dimensions 1 et 2, par George Pólya (1887, 1985) en 1921.

Dès le début du XXe siècle, pour la dimension 3 on soupçonnait grâce à des simulations (sans ordinateur !) que la probabilité était sans doute inférieure à 1, mais la probabilité de 34,0537...% ne fut démontrée qu'à la fin des années 1930. Pour les dimensions 3 à 8, les probabilités sont

d	$p(d)$
3	0.340537
4	0.193206
5	0.135178
6	0.104715
7	0.0858449
8	0.0729126

Source : `mathworld.wolfram.com/PolyasRandomWalkConstants.html`

Nous allons étudier avec des calculs et des démonstrations un problème plus simple.

Marche aléatoire avec « stopping time » [3]

Un « stopping time » [4] dans une marche aléatoire est un temps aléatoire où se produit un évènement qui fait s'arrêter la marche aléatoire.

Nous allons étudier l'évolution de la somme d'argent détenue par un joueur unique jouant au jeu suivant dans un casino. Le jeu est une suite potentiellement infinie de manches. Le joueur démarre avec en sa possession une somme x. Lors de la première manche, une somme aléatoire X_1 est tirée. Si elle est positive, le joueur la reçoit, si elle est négative le joueur doit la payer. Puis a lieu la deuxième manche. Une somme aléatoire X_2 est tirée. À nouveau si elle est positive, le joueur la reçoit, si elle est négative le joueur doit la payer. Et ainsi de suite.

Clairement au terme de la n-ième manche – si le jeu est arrivé jusque là – le joueur a en sa possession la somme

$$S_n = x + X_1 + X_2 + ... + X_n \tag{17.4}$$

La condition « si le jeu est arrivé jusque là » est importante, car la marche aléatoire a en outre deux stopping times :

1. Si la marche aléatoire S_n descend pour la première fois en dessous de la somme a au temps T_a, alors le jeu s'arrête.
2. De même, si au temps T_b la marche aléatoire S_n dépasse pour la première fois la somme b, alors le jeu s'arrête aussi.

On a évidemment $a < x < b$, où x est la somme initiale détenue par le joueur. On fait aussi l'hypothèse habituelle dans ce genre de processus stochastique que les v.a. X_i sont indépendantes et identiquement distribuées. On fait enfin l'hypothèse que, quel que soit i, $\mathrm{E}X_i = \mu$.

S'il n'y avait pas de considérations de stopping time, au temps n on aurait

$$\mathrm{E}S_n = x + n\mu \tag{17.5}$$

3. Nous suivons, pour cette section et la suivante, la présentation des processus aléatoires dans le chapitre 9 du livre de Paul Hoel, Sidney Port and Charles Stone, *Introduction to Probability Theory*, Houghton Mifflin, 1971. Nous recommanderions ce livre sans réserve, et les deux autres respectivement sur les statistiques et les processus stochastiques par les mêmes auteurs, si ces auteurs n'avaient pas, à notre sens, un tropisme excessif pour les formules mathématiques, au dépens d'explications simples illustrées par des exemples.

4. Appelé en français « temps d'arrêt », mais comme ce terme a aussi un autre sens en français, nous préférons le terme anglais.

Définissons un stopping time unique T comme ceci

$$T = \min(n \quad \text{tel que} \quad S_n \leq a \quad \text{ou} \quad S_n \geq b) \qquad (17.6)$$

On peut montrer que pour être assuré que la v.a. T ne soit pas éventuellement infinie, il suffit que $\mathrm{P}(X_i = 0) < 1$. On fait donc aussi l'hypothèse que

$$\mathrm{P}(X_i = 0) < 1$$

Il n'est alors pas difficile de montrer que $\mathrm{P}(T > n)$ décroît exponentiellement vers 0. Plus formellement, cela signifie qu'il existe deux constantes positives M et $c < 1$ telles que

$$\mathrm{P}(T > n) < Mc^n \quad n = 1, 2, 3, ... \qquad (17.7)$$

On peut même montrer que, quel que soit n, le moment d'ordre n de la v.a. T, c'est-à-dire $\mathrm{E}\left(|T|^n\right)$, est fini.

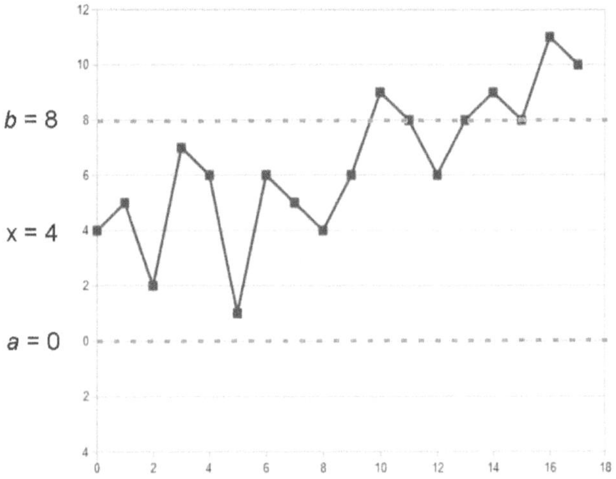

Figure 17.4 : Promenade aléatoire S_n avec stopping times à $a = 0$ et à $b = 8$. Dans cet exemple, S_{10}, qui vaut 9, a franchi b, donc $T = 10$.

Si le joueur s'arrête au temps T, son capital à ce moment-là sera S_T, fig. 17.4.

Un résultat remarquable dû à Abraham Wald (1902, 1950)[5] énonce que

$$\mathrm{E}S_T = x + \mu \mathrm{E}T \tag{17.8}$$

Elle est remarquablement similaire à (17.5), mais elle n'est pas évidente comme le serait simplement la moyenne de la somme de deux v.a., car *ici le stopping time T est un index qui dépend de la marche aléatoire.*

Démonstration du résultat d'Abraham Wald : Introduisons une notation commode dans les calculs en probabilité. Soit un événement A quelconque inclus dans l'univers Ω de l'expérience aléatoire $\mathcal{E}$. On dénote par 1_A la v.a. qui prend la valeur 1 si A est observé (c'est-à-dire $\omega \in A$) et 0 sinon. La v.a. 1_A s'appelle l'*indicateur de l'évènement A*. De même l'indicateur de l'évènement non A est dénoté $1_{\bar{A}}$. On a donc évidemment

$$1_A + 1_{\bar{A}} = 1$$

Avec cette notation, on peut écrire

$$S_T = x + \sum_{j=1}^{T} X_j = x + \sum_{j=1}^{\infty} X_j 1_{\{T \geq j\}} \tag{17.9}$$

Étant donné que le complément de l'évènement $\{T \geq j\}$ est l'évènement $\{T < j\}$, on peut réécrire (17.9) comme ceci

$$S_T = x + \sum_{j=1}^{\infty} X_j \left(1 - 1_{\{T<j\}}\right) \tag{17.10}$$

Il s'ensuit que

$$\mathrm{E}S_T = x + \mathrm{E}\sum_{j=1}^{\infty} X_j \left(1 - 1_{\{T<j\}}\right) \tag{17.11}$$

Nous avons dit que l'étude rigoureuse des processus stochastiques faisait partie de la théorie des probabilités avancées développée par Andreï Kolmogorov (1903, 1987) au début des années 1930,

5. Mathématicien hongrois, établi aux États-Unis dans les années 1930, spécialiste des processus stochastiques avec stopping time et plus généralement de l'*Analyse séquentielle*, mort tragiquement dans une catastrophe aérienne en Inde en 1950.

s'appuyant sur la théorie de la mesure et l'intégrale de Lebesgue. On peut montrer, en utilisant la théorie de la mesure, que dans la formule (17.11), on peut intervertir le signe de la moyenne E et le signe de la somme discrète infinie $\sum$[6].

Ainsi la formule (17.11) devient

$$\mathrm{E}S_T = x + \sum_{j=1}^{\infty} \mathrm{E}\left[X_j\left(1 - 1_{\{T<j\}}\right)\right] \tag{17.12}$$

Maintenant arrive la remarque clé de la démonstration de Wald : pour déterminer si $T < j$ ou non, il suffit de regarder les v.a. $X_1, X_2, ..., X_{j-1}$. Elles sont indépendantes de X_j. Autrement dit la v.a. $\left(1 - 1_{\{T<j\}}\right)$ est indépendante de X_j. Il s'ensuit que la moyenne de leur produit est le produit de leur moyenne. C'est-à-dire

$$\begin{aligned}\mathrm{E}\left[X_j\left(1 - 1_{\{T<j\}}\right)\right] &= \mathrm{E}X_j\mathrm{E}\left(1 - 1_{\{T<j\}}\right)\\ &= \mu(1 - \mathrm{P}(T < j))\\ &= \mu\mathrm{P}(T \geq j)\end{aligned}$$

La formule (17.12) devient

$$\mathrm{E}S_T = x + \mu\sum_{j=1}^{\infty} \mathrm{P}(T \geq j) \tag{17.13}$$

C'est un petit exercice de montrer que la somme dans le membre de droite est $\mathrm{E}T$. On en conclut que

$$\mathrm{E}S_T = x + \mu\mathrm{E}T \tag{17.14}$$

qui est la formule (17.8).

C.Q.F.D.

Nous avons donné cette démonstration pour montrer le type de calculs probabilistes qu'on fait quand on travaille avec des processus stochastiques. Comme on le voit, ils sont du même genre que ceux avec des collections finies de v.a., mais plus délicats.

---

6. Noter d'une part que si la somme $\sum$ était finie il n'y aurait aucun problème, d'autre part que nous avons déjà rencontré une situation où l'interversion d'une somme et d'une autre était autorisée et permettait de démontrer des choses utiles. C'était le cas quand nous avons montré qu'on peut calculer l'intégrale de la limite d'une série de fonctions uniformément convergentes sur un segment d'intégration en intégrant la série terme à terme.

Si les X_n ont une espérance mathématique $\mu = 0$ et une variance finie σ^2, il y un second résultat dû à Wald :

$$\mathrm{Var} S_T = \sigma^2 \mathrm{E} T \tag{17.15}$$

Sa démonstration est du même genre que celle du résultat précédent.

Marche aléatoire simple [7]

Nous allons faire l'hypothèse dans cette section que a, x et b sont des nombres entiers, avec $a < b$, et $a \leq x \leq b$. Les deux identités de Wald s'appliquent de façon particulièrement simple si l'on sait que

$$\mathrm{P}\{S_T = a \text{ ou } b\} = \mathrm{P}\{S_T = a\} + \mathrm{P}\{S_T = b\} = 1 \tag{17.16}$$

Comme on l'a dit on peut montrer que c'est certainement le cas si la probabilité que X_i soit nulle est strictement inférieure à 1.

On va aussi faire l'hypothèse que X_i ne peut prendre que trois valeurs : $+1$, 0 ou -1. Introduisons les trois notations suivantes

$$\begin{cases} p = \mathrm{P}(X_i = +1) \\ q = \mathrm{P}(X_i = -1) \\ r = \mathrm{P}(X_i = 0) \end{cases}$$

avec $p \geq 0$, $q \geq 0$, $0 \leq r < 1$, et $p + q + r = 1$.

La suite S_0, S_1, S_2, ... est appelée une *marche aléatoire simple*. La propriété principale qui distingue les marches aléatoires simples des autres marches aléatoires est qu'elles ne sautent pas par-dessus des nombres entiers. Si on est à $S_n = 17$ alors S_{n+1} ne peut être que 16, 17 ou 18.

Il découle de (17.16) que

$$\mathrm{E}S_T = a\mathrm{P}(S_T = a) + b\mathrm{P}(S_T = b) \tag{17.17}$$

On a donc aussi

$$\mathrm{E}S_T = a(1 - \mathrm{P}(S_T = b)) + b\mathrm{P}(S_T = b) \tag{17.18}$$

7. On va aussi considérer des stopping times. Ce n'est pas ça qui distingue la marche aléatoire simple de la précédente, mais le fait qu'à chaque progression temporelle $n \to n+1$ on fait un pas spatial de seulement $+1$, 0 ou -1.

Pour les marches aléatoires simples nous pouvons trouver aisément $\mathrm{P}(S_T = a)$, $\mathrm{P}(S_T = b)$ et $\mathrm{E}T$.

Considérons pour commencer le cas $p = q$. Alors $\mu = 0$ et la première identité de Wald, formule (17.8), devient $\mathrm{E}S_T = x$. Par la formule (17.18), on a

$$x = a(1 - \mathrm{P}(S_T = b)) + b\mathrm{P}(S_T = b)$$

Un peu d'algèbre conduit à

$$\mathrm{P}(S_T = b) = \frac{x - a}{b - a} \tag{17.19}$$

et

$$\mathrm{P}(S_T = a) = \frac{b - x}{b - a} \tag{17.20}$$

L'identité de Wald ne donne aucune information sur $\mathrm{E}T$ quand $\mu = 0$. Dans ce cas, cependant, on peut utiliser la formule (17.15) et le fait que $\sigma^2 = p + q = 1 - r$. Nous trouvons que

$$\mathrm{Var}S_T = \sigma^2\mathrm{E}T = (1 - r)\mathrm{E}T$$

D'autre part

$$\begin{aligned}
\mathrm{Var}S_T &= \mathrm{E}\left(S_T^2\right) - (\mathrm{E}S_T)^2 \\
&= b^2\mathrm{P}(S_T = b) + a^2\mathrm{P}(S_T = a) - x^2 \\
&= \frac{b^2(x - a) + a^2(b - x)}{b - a} - x^2 \\
&= (ax + bx - ab) - x^2 \\
&= (x - a)(b - x)
\end{aligned}$$

Par conséquent, quand $p = q$, l'espérance mathématique de T est

$$\mathrm{E}T = \frac{(x - a)(b - x)}{1 - r} \tag{17.21}$$

Encore plus simplement, si $p = q = 50\%$ et $r = 0$

$$\mathrm{E}T = (x - a)(b - x) \tag{17.22}$$

C'est une formule remarquablement simple pour l'espérance mathématique du stopping time T.

Exemple : Soit deux joueurs J_1 et J_2 jouant l'un contre l'autre. J_1 démarre avec un capital de 5 €, et J_2 avec 10 €. À chaque manche on tire à pile ou face avec une pièce équilibrée. Si pile sort J_2 donne un euro à J_1. Si face sort c'est l'opposé.

Considérons les deux questions suivantes :

1. Trouver la probabilité que J_2, qui démarre avec 10 €, perde tout son argent, et que J_1 termine donc le jeu avec 15 €.
2. Trouver l'espérance mathématique de T. (Il s'agit de la moyenne de T en général, pas conditionné à la perte du jeu par J_2.)

Le problème correspond bien à une marche aléatoire simple, par exemple de la somme détenue par J_1, avec un stopping time qui est le moment où l'un des deux joueurs n'a plus d'argent.

Solution :

$$P(S_T = b) = \frac{5-0}{15-0} = \frac{1}{3}$$

$$ET = (5-0)(15-5) = 50$$

Fin de l'exemple.

Dans le cas où $p \neq q$, les formules (17.19) à (17.22) ne sont plus valides. D'autres calculs du même genre que ci-dessus conduisent à

$$P(S_T = b) = \frac{1-(q/p)^{x-a}}{1-(q/p)^{b-a}} \tag{17.23}$$

$$P(S_T = a) = \frac{(q/p)^{x-a} - (q/p)^{b-a}}{1-(q/p)^{b-a}} \tag{17.24}$$

$$ES_T = (b-a)\frac{1-(q/p)^{x-a}}{1-(q/p)^{b-a}} + a \tag{17.25}$$

et

$$ET = \left(\frac{b-a}{p-q}\right)\frac{1-(q/p)^{x-a}}{1-(q/p)^{b-a}} - \frac{x-a}{p-q} \tag{17.26}$$

Exercice 17.1 : On regarde une marche aléatoire simple comme dans la section ci-dessus. Le joueur J_1 démarre avec un capital de 10 euros et le joueur J_2 un capital de 30 euros.

Si les probabilités p et q sont égales à $1/2$, quelle est la durée moyenne du jeu ?

Si on prend une pièce déséquilibrée avec $p+q=1$, pour quel ratio p/q le jeu durera en moyenne le plus longtemps ?

Suggestions de lecture

https://encyclopediaofmath.org/wiki/Bernoulli_random_walk

WALD Abraham, *Sequential Analysis*, Dover, 2013.

Leçon 18 : Statistiques : estimation et test d'hypothèses

En statistiques, on part d'*observations* de variables aléatoires et on cherche à répondre à des questions sur les *modèles probabilistes sous-jacents*. Nous allons présenter les idées générales sans rentrer dans la technique qui dépasse rapidement le niveau du lycée. Mais d'abord quelques exemples.

Estimation d'un paramètre : Dans une expérience aléatoire $\mathcal{E}$, que j'ai pu effectuer 10 fois, j'ai mesuré 10 fois le résultat $X(\omega)$ d'une v.a. aléatoire X. J'ai obtenu

4,20 2,89 4,50 3,08 5,22 4,12 3,44 4,88 3,37 4,97

Je sais que X a une distribution gaussienne de moyenne μ et de variance σ^2. Je ne connais pas μ, mais, pour simplifier le problème, le ramener à un seul paramètre inconnu, je sais que $\sigma = 1$. Est-ce que mes dix mesures x_1, x_2, ..., x_{10} me permettent d'estimer μ ?

On va construire un estimateur de μ, qu'on va dénoter $\hat{\mu}$ (lire mu chapeau), fonction des x_i. Et puisque si on reproduit 10 autres fois l'expérience $\mathcal{E}$ on va obtenir dix nouvelles instances de X, on va considérer nos dix mesures comme dix v.a. X_1, X_2, ..., X_{10} i.i.d. (= indépendantes et identiquement distribuées), avec la même distribution $N(\mu, 1)$. L'estimateur $\hat{\mu} = \hat{\mu}(X_1, X_2, ..., X_{10})$, fonction des observations, sera donc aussi une variable aléatoire.

La question devient de trouver une bonne fonction $\hat{\mu}$. Une question plus fondamentale encore est : qu'entend-on par une bonne fonction ou un bon estimateur ?

Comparaison de deux distributions : Je cherche à améliorer la qualité de tomates. Parmi des graines originales, j'ai sélectionné des graines particulières. Puis j'ai planté dix graines originales et dix graines sélectionnées. Sur les dix plants originaux, j'ai mesuré une certaine caractéristique qui m'a donné les mesures x_1, x_2, ..., x_{10}.

Et sur les dix plants sélectionnés, la mesure de la même caractéristique m'a donné y_1, y_2, ..., y_{10}.

Je voudrais savoir si ma sélection de graines a le moindre effet ou pas. Si elle a un effet, les deux échantillons doivent provenir maintenant de deux v.a. avec des distributions distinctes. Si elle n'a pas d'effet, les vingt mesures doivent provenir de la même variable aléatoire.

Si les deux séries d'échantillons sont

4,20	2,89	4,50	3,08	5,22	4,12	3,44	4,88	3,37	4,97
5,34	7,26	7,14	7,64	7,21	7,82	7,41	7,60	6,62	6,74

il n'y a pas photo, comme on dit en langage turfiste : les deux échantillons proviennent de v.a. distinctes.

Mais si les échantillons sont

4,20	2,89	4,50	3,08	5,22	4,12	3,44	4,88	3,37	4,97
2,70	5,66	3,16	5,96	0,91	1,10	3,86	3,56	2,79	3,94

est-ce aussi clair ?

Détection d'un changement : J'ai une série temporelle de 100 mesures au temps $n = 1, 2, 3, ..., 100$. Je sais que jusqu'à un certain temps n_0 elles sont toutes $N(\mu, \sigma)$, puis à partir de $n_0 + 1$, le modèle est $N(\mu+\lambda(n-n_0), \sigma)$. Si mes données sont les suivantes, il n'est pas difficile de voir quand la croissance démarre.

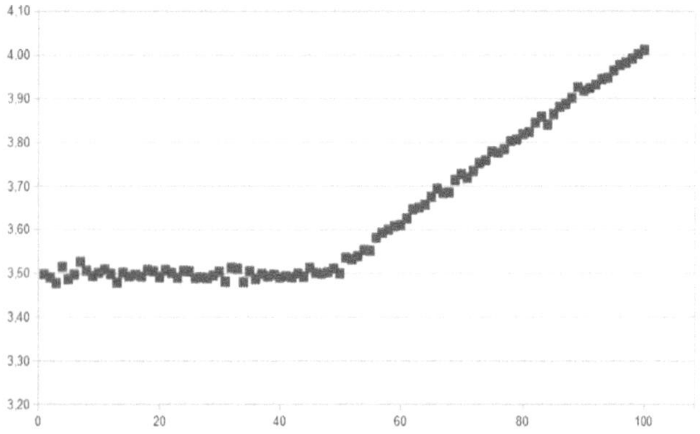

Figure 18.1 : Dessin de 100 mesures. Jusqu'à n_0 elles sont i.i.d. $N(\mu, \sigma)$, puis une croissance régulière démarre.

Mais si mes données sont polluées beaucoup plus fortement par des erreurs aléatoires de moyenne 0 et d'écart-type σ, comme sur la figure 18.2, alors il est plus difficile de détecter quand la croissance démarre.

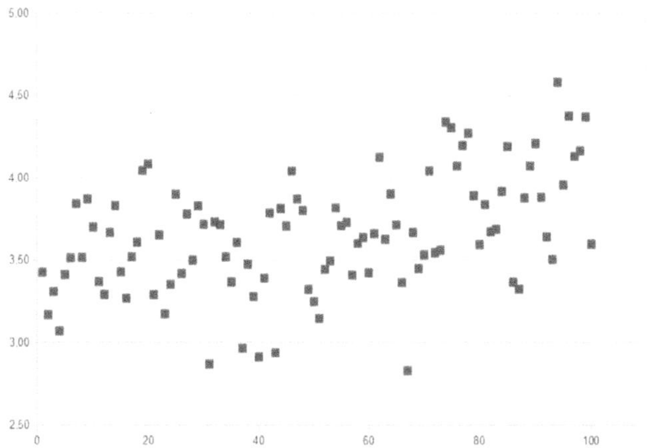

Figure 18.2 : Dessin de 100 mesures. Il est plus difficile qu'avec les données de la figure 18.1 de déterminer où la croissance démarre.

Il existe des techniques sophistiquées pour déterminer assez précisément où la croissance démarre sur la fig. 18.2. Cela peut paraître une préoccupation de chercheur en probabilités pour écrire des articles savants, mais en réalité c'est un problème très important en ingénierie où on a souvent des données polluées par des erreurs aléatoires, et il faut néanmoins savoir aussi précisément que possible où il y a eu un changement du mécanisme sous-jacent.

Exercice 18.1 : On a une série temporelle de 100 mesures, figure 18.2. Jusqu'au temps $n = n_0$ elles sont i.i.d. (= indépendantes identiquement distribuées) $N(\mu, \sigma)$. Puis à partir de n_0, le modèle devient $N(\mu + \lambda(n - n_0), \sigma)$.

Suggérer des méthodes pour estimer n_0.

Aide : Essayer d'utiliser astucieusement la technique de régression présentée p. 264 et seq.

Sondage

Avant une élection nationale où il y a près de cinquante millions d'électeurs inscrits, on veut prévoir quels seront approximativement les scores en pourcentage des principaux candidats, y compris les électeurs qui voteront blanc ou ne voteront pas.

Comment organiser un sondage et auprès de combien d'électeurs pour estimer ces pourcentages.

> **Exercice 18.2** : Dans quelle mesure un sondage avant une élection peut donner une bonne prédiction des résultats de l'élection ?
>
> Quelles causes peuvent faire que le sondage ne donne pas une bonne idée avant l'élection de ce que seront les résultats ?

Inférence statistique

D'une manière générale, la discipline qui consiste à aller d'observations expérimentales vers des considérations sur les modèles probabilistes sous-jacents s'appelle l'*inférence statistique*.

On aurait pu l'appeler l'induction statistique, car elle consiste à remonter d'un effet vers une cause. Et l'induction est le cheminement logique inverse de la déduction.

La déduction logique est une activité de l'esprit relativement simple : on observe des choses, et on en déduit logiquement d'autres. Si François descend sortir sa voiture, on en déduit que dans quelques instants sa voiture ne sera plus dans le parking. On peut aussi en déduire logiquement que François soit a besoin de faire tourner sa voiture, soit a besoin d'aller quelque part, peut-être rendre visite à Coralie. Mais, ça en réalité, c'est n'est plus une déduction, c'est une induction.

L'induction est un problème épistémologique fondamental. C'est celui de trouver une cause expliquant une observation. Il s'agit plus fondamentalement encore de construire un modèle dans le cadre duquel ce qu'on observe s'explique.

Quand Newton à partir des travaux de Galilée a construit les théories de la dynamique et de l'attraction universelle [1] les mouve-

1. Ce sont deux théories distinctes, qui se complètent. La théorie de la dynamique dit que $F = m\gamma$. La théorie de l'attraction universelle dit que deux corps massifs s'attirent avec une force proportionnelle à $\frac{m_1 m_2}{d^2}$.

ments de tous les astres célestes et même de tous les corps terrestres ont reçu une explication convaincante.

On sait qu'en théorie, dans un univers où il n'y aurait que le Soleil et un autre corps céleste, le corps céleste tournerait autour du Soleil en parcourant une ellipse fixe, avec un périhélie (point où le corps est le plus proche du Soleil) et un aphélie (point où il est le plus éloigné) donc fixes aussi. Mais à cause de l'influence des autres planètes, le périhélie d'une planète se déplace lentement selon un mouvement appelé précession du périhélie. Le modèle de Newton expliquait tout cela très bien, à une petite exception près : le mouvement du périhélie de Mercure de 560 secondes d'arc par siècle ne s'expliquait pas totalement par l'effet des autres planètes ; le mouvement différait de 43 secondes par rapport à ce qu'il aurait dû être selon les calculs. Comme l'on sait, la relativité générale apporta une explication à cette différence, bouleversant ce faisant notre conception de l'espace-temps.

D'ordinaire quand on observe quelque chose, même dans le cadre d'un modèle, il y a plusieurs causes ou explications possibles.

Comment choisir la cause ou l'explication ?

C'est une question plus profonde encore qu'il n'y paraît. Qu'est-ce que cela veut dire « choisir une cause » ? Trouver ce qui explique quelque chose n'est pas du domaine du choix ! Il y a ce qui est, et ce qui n'est pas – serait-on tenté de dire.

Malheureusement ce n'est pas si simple.

Tout ce que l'homme sait de l'univers résulte de choix de modèles. Quand ils marchent très bien, on les appelle « la réalité ». Mais en réalité, ce qu'est la réalité, on n'en sait rien. James Peebles (né en 1935), prix Nobel de physique 2019 pour ses travaux en cosmologie, a déclaré : « je ne suis pas sûr que la réalité soit un concept utile. » Ce n'est pas la déclaration d'un fou : il voulait dire par là, la réalité ontologique, celle qui serait la même s'il n'y avait personne pour l'observer. Le lien entre l'esprit humain et ce qu'il perçoit n'en est encore qu'au tout début de son élucidation.

Quand on doit trouver ou construire un modèle explicatif de ce qu'on observe ou perçoit, il y a des lignes directrices (des guidelines comme on dit en anglais), autrement dit des principes.

D'une manière très générale, il y a le principe de Guillaume d'Ockham (1287, 1347) : choisir un modèle simple. Il l'a formulé avec la phrase latine : *Pluralitas non est ponenda sine necessitate* (il ne faut pas multiplier les éléments explicatifs sans nécessité).

Regardons quelques méthodes d'inférence statistique

Méthode du maximum de vraisemblance

En inférence statistique, la méthode la plus répandue en pratique pour estimer les paramètres du modèle probabiliste sous-jacent aux observations qu'on a faites est la méthode du *maximum de vraisemblance* (en anglais maximum likelihood method). Parmi les différents modèles probabilistes sous-jacents, on choisit celui dans le cadre duquel ce qu'on a observé avait le maximum de probabilité. Si j'ai les dix mesures d'une variable $N(\mu, 1)$

4,20 2,89 4,50 3,08 5,22 4,12 3,44 4,88 3,37 4,97

ce qui maximise la valeur de leur densité jointe est $\mu = 4,067$, qui est leur moyenne expérimentale. Mais le vrai μ était peut-être 5 ou 175. Simplement, dans ces cas-là, les dix observations auraient été un peu moins ou beaucoup moins probables.

On peut voir la méthode du maximum de vraisemblance comme une application particulière du principe d'Ockham, appelé aussi *rasoir d'Ockham*.

Exercice 18.3 : Au terme d'une expérience $\mathcal{E}$ répétée trois fois, on a obtenu les trois mesures suivantes $x_1 = 2,5$, $x_2 = 1,8$ et $x_3 = 5,1$. On sait qu'elles proviennent d'une gaussienne de moyenne μ et d'écart-type 2.

Calculer la densité jointe de X_1, X_2 et X_3 pour ces trois valeurs, pour diverses valeurs de μ.

Montrer que cette densité jointe est maximum quand μ est la moyenne des trois observations.

Les spécialistes du cerveau humain, en particulier du développement de celui de l'enfant, nous signalent que nous faisons tout le temps, *en permanence*, des inductions pour construire notre compréhension du monde.

Décision et coût

Nous parlions au début de la section sur l'inférence statistique de passer des observations à des « considérations sur les modèles probabilistes sous-jacents ». Mais les statistiques ne sont pas une science contemplative. *Au terme d'une analyse statistique, on veut prendre une décision.*

Nous avons mentionné qu'en pratique la méthode du maximum de vraisemblance est une technique très répandue. Remontons cependant plus haut dans la logique de l'inférence statistique.

Typiquement le problème est de sélectionner un paramètre, ou de choisir entre deux hypothèses. Et on veut que cette décision soit optimale selon un critère raisonnable. On veut minimiser une certaine *fonction de coût* ou de risque.

Examinons pour commencer le problème d'estimer un paramètre en utilisant une fonction de coût.

Méthode des moindres carrés

Concrètement on a un modèle probabiliste que l'on ne connaît pas totalement, qui sous-tend les observations que l'on a faites.

Par exemple, ces observations proviennent d'une v.a. X qui a une densité de probabilité f dont on sait qu'elle appartient à une famille dépendant d'un paramètre θ. A priori la densité de probabilité de X est donc f_θ, mais on ne connait pas la valeur du paramètre θ.

On va construire un estimateur de θ, dénoté $\hat{\theta}$, qui sera une fonction des observations X_1, X_2, ..., X_n qu'on a faites. On a ainsi

$$\hat{\theta} = \hat{\theta}(X_1, X_2, ..., X_n) \tag{18.1}$$

La quantité $\hat{\theta}$ est une variable aléatoire. On veut pouvoir l'utiliser comme une bonne estimation de θ.

En construisant la fonction $\hat{\theta}$, on peut chercher à minimiser d'une manière ou d'une autre la distance aléatoire $\hat{\theta} - \theta$. *Noter que le caractère aléatoire de $\hat{\theta} - \theta$ ne provient pas de θ mais de $\hat{\theta}$.* Le paramètre θ n'est pas aléatoire, il est inconnu, nuance !

Exercice 18.4 : Expliquer la différence entre quelque chose d'aléatoire et quelque chose d'inconnu.

Aide : Se reporter au concept d'expérience aléatoire. Y a-t-il une expérience aléatoire qui produit le paramètre θ ?

Habituellement on cherche à minimiser la fonction de coût suivante :

$$\mathrm{E}\left\{(\hat{\theta} - \theta)^2\right\} \tag{18.2}$$

Dans ce cas, on cherche un estimateur en appliquant la *méthode des moindres carrés.*

On impose souvent aussi, plus par « bon sens » que pour une raison logique ou mathématique imparable, que $\mathrm{E}\hat{\theta} = \theta$, voir la discussion de la question dans notre livre de première, pp. 308-309.

Meilleur estimateur linéaire sans biais

Si l'estimateur $\hat{\theta}$ cumule les trois caractéristiques suivantes

1. c'est une fonction linéaire homogène des observations X_i,
2. il est sans biais, c'est-à-dire $\mathrm{E}\hat{\theta} = \theta$,
3. il minimise $\mathrm{E}\left\{(\hat{\theta} - \theta)^2\right\}$, autrement dit sa variance,

on parle alors de meilleur estimateur linéaire sans biais (en anglais best linear unbiased estimator ou B.L.U.E.).

Dans les problèmes les plus simples, la famille de densités f_θ est indexée tout simplement par l'espérance mathématique de chaque densité, lesquelles sont toutes identiques à une translation près.

Pour des observations i.i.d. de moyenne θ et de variance finie, on a le résultat suivant :

Théorème : *Si on a une collection d'observations provenant d'une variable aléatoire de moyenne θ et de variance finie, alors l'estimateur de θ construit en faisant simplement la moyenne des observations*

$$\hat{\theta} = \frac{1}{n} \sum_{i=1}^{n} X_i \tag{18.3}$$

est le meilleur estimateur linéaire sans biais, pour la fonction de coût $E\left\{(\hat{\theta} - \theta)^2\right\}$.

Autres fonctions de coût

On peut aussi chercher à minimiser d'autres fonctions de coût que (18.2). Une d'entre elles est le maximum de l'erreur $|\hat{\theta} - \theta|$. C'est la *méthode du minimax.*

Estimation des deux paramètres d'une gaussienne

Les gaussiennes dépendent de deux paramètres, μ et σ, qui se trouvent être leurs moyenne et écart-type.

Estimation de la moyenne μ : Quand on a n observations X_1, X_2, ..., X_n qui proviennent d'une gaussienne $N(\mu, \sigma)$, le meilleur estimateur linéaire non biaisé de μ, qui est comme on vient de le voir la moyenne arithmétique des observations, est aussi l'estimateur qui maximise la probabilité des observations, quel que soit l'écart-type.

Avec les acronymes anglais B.L.U.E. (pour best linaear unbiased estimator) et M.L.E. (pour maximum likelihood estimator), on résume cela en disant que, pour une collection d'observations issues d'une gaussienne $N(\mu, \sigma)$, pour l'estimation de μ, le B.L.U.E. et le M.L.E. sont tous les deux tout simplement égal à la moyenne arithmétique des observations.

Estimation de la variance σ^2 : L'estimateur de la variance σ^2 ne peut pas être la moyenne des écarts au carré par rapport à μ, car on ne connaît pas μ. Alors on prend l'estimation de μ à la place de μ et on calcule tout d'abord la quantité

$$Q = \sum_{i=1}^{n} (X_i - \bar{X})^2 \tag{18.4}$$

où $\bar{X}$ est une autre notation pour la moyenne arithmétique des X_i.

Ensuite, on pourrait diviser Q par n pour obtenir une estimation de la variance σ^2. Mais afin que notre estimateur soit lui aussi non biaisé, on divise seulement par $n-1$. Nous avons exposé cela dans le dernier chapitre de notre livre de seconde, illustré avec des simulations. Nous invitons le lecteur et la lectrice à s'y reporter.

Donc l'estimateur de σ est

$$\hat{\sigma} = \sqrt{\frac{1}{n-1} \sum_{i=1}^{n} (X_i - \bar{X})^2} \tag{18.5}$$

Noter que cette estimation de l'écart-type de la densité sous-jacente des observations n'est pas limitée aux gaussiennes. Elle s'applique à un échantillon d'observations provenant de n'importe quelle densité. Toutefois dans la pratique, quand on cherche à estimer une variance, on est généralement en train de travailler avec des variables gaussiennes ou approximativement gaussiennes [2].

Un aspect paradoxal de l'estimateur de maximum de vraisemblance

On n'est plus dans $\mathbb{R}$, mais dans l'espace $\mathbb{R}^k$, $k \geq 3$. On considère un vecteur aléatoire X de dimension k, chacune de ses composantes est une v.a. normale de moyenne μ_i et d'écart-type 1. Autrement dit, les composantes X n'ont pas nécessairement la même moyenne.

Une observation de X est un vecteur de k composantes. On suppose que se sont des gaussiennes indépendantes. Pour chacune

2. Pour une v.a. avec une densité exponentielle de paramètre λ la moyenne est $1/\lambda$ et c'est aussi la valeur de l'écart-type, donc une fois qu'on a estimé la moyenne on n'a pas besoin d'une estimation supplémentaire pour la variance ou l'écart-type.

d'entre elles, quand on a une seule mesure, l'estimateur de maximum de vraisemblance de μ_i est simplement la composante X_i du vecteur X.

Donc l'estimateur de maximum de vraisemblance du vecteur des moyennes, appelons ici ce vecteur θ, est l'estimateur $\hat{\theta} = X$ (ce sont des vecteurs).

La qualité de $\hat{\theta}$ est mesurée par la fonction de coût $\mathrm{E}\left\{||\hat{\theta} - \theta||^2\right\}$. Eh bien il se trouve que cet estimateur est suboptimal (on dit aussi inadmissible) en ce sens qu'on peut créer un estimateur qui est uniformément meilleur que $\hat{\theta}$, pour la fonction de coût ci-dessus, quel que soit le vecteur θ.

C'est l'estimateur de James-Stein [3], dénoté $\hat{\mu}_{JS}$, et défini comme ceci

$$\hat{\mu}_{JS} = \left(1 - \frac{n-2}{||X||^2}\right) X \tag{18.6}$$

Il est dû à Charles Stein (1920, 2016) et Willard D. James qui l'ont présenté dans un article de 1961.

Indépendamment de l'estimateur paradoxal présenté ci-dessus pour qu'on ne croie pas que les estimateurs traditionnels sont aussi ceux supérieurs à tous les autres, il y a beaucoup plus à dire sur l'estimation de paramètre en statistiques. Mais d'une part cela dépasse le cours de terminale, d'autre part cela remplirait plusieurs volumes.

Pour terminer ce chapitre, faisons quelques remarques générales sur les tests d'hypothèses.

Test d'hypothèse

Traditionnellement on distingue deux grandes catégories en inférence statistique : l'estimation de paramètre et les tests d'hypothèse [4]. Elles ne sont cependant pas très différentes.

Dans l'estimation de paramètre, discutée plus haut, on cherche à sélectionner une valeur que sera proche d'un paramètre inconnu qui nous intéresse. Dans le test d'hypothèse, on a deux hypothèses, l'hypothèse H_0 et l'hypothèse H_1, et on cherche à sélectionner l'hypothèse qui est vraisemblablement la bonne.

3. On trouvera des détails et des remarques éclairantes sur cet estimateur paradoxal à `https://fr.wikipedia.org/wiki/Paradoxe_de_Stein`

4. On distingue parfois aussi la catégorie des intervalles de confiance, qui sont à mi-chemin entre l'estimation de paramètre (estimer un paramètre et construire un intervalle autour de notre estimateur) et le test d'hypothèse (faire l'hypothèse que le paramètre qu'on estime est dans l'intervalle de confiance).

La technique habituelle pour retenir une hypothèse parmi H_0 et H_1 est proche du maximum de vraisemblance. Toutefois les deux hypothèses n'ont pas le même statut. L'hypothèse H_0 est celle qu'on retient a priori, sauf si c'est vraiment difficile, et que l'hypothèse H_1 explique nettement mieux les choses. H_0 porte le nom curieux d'hypothèse nulle, et H_1 d'hypothèse alternative.

Si Jean revient d'une sortie avec le devant de la voiture défoncé, l'hypothèse H_0 est qu'il avait encore trop bu et qu'il est rentré dans un mur, l'hypothèse H_1 (qu'il nous invite à croire) est qu'il a heurté un éléphant rose sur la route. Il y a quelques années en Amérique du Nord le mari d'un couple est rentré à la maison avec un trou de 20 cm de large dans le capot arrière de sa voiture et une pierre dans le coffre. L'hypothèse H_0 était que des malfaiteurs avaient cherché à ouvrir le capot avec une grosse pierre. Mais le mari soutenait qu'une grosse météorite était tombée sur sa voiture. Après analyse des circonstances, l'hypothèse H_1 fut retenue[5].

Comme on l'a dit plus haut, nous faisons constamment des tests d'hypothèse dans la vie courante, pour nous expliquer à nous-mêmes ce qui se passe. Si un livre a disparu de sa place habituelle, on pense « j'ai dû le prêter à quelqu'un » ou « Maria, la femme de ménage, aura encore un peu trop rangé mon bureau ».

On peut formuler davantage d'hypothèses que seulement deux. On entre alors dans le domaine de la discrimination. Quand on parle de test d'hypothèse, on travaille avec seulement deux hypothèses : l'hypothèse H_0 que l'on retient a priori, et l'hypothèse alternative H_1 que l'on ne retient que si elle explique beaucoup mieux que H_0 ce qu'on a observé. Compte tenu de la réalité d'une part, et de l'hypothèse qu'on retient d'autre part, il y a quatre situations :

1. on a retenu H_0 et c'était effectivement correct
2. on a rejeté H_0 en faveur de H_1, alors que H_0 était en réalité correcte : on appelle cela une erreur de type I
3. on a rejeté correctement H_0
4. on a conservé H_0, alors que H_1 était en réalité correcte : on appelle cela une erreur de type II

Nous n'allons pas présenter en détail la théorie des tests d'hypothèses, qui devient rapidement assez technique (cf. par exemple le lemme de Neyman-Pearson), et qui demanderait un livre à elle toute seule.

5. J'ai un peu arrangé l'histoire pour qu'elle illustre les tests d'hypothèse. Ce qui est vrai est qu'une grosse météorite est tombée sur le capot arrière d'une voiture de quelqu'un pendant qu'il conduisait, ce qui est rarissime.

Suggestions de lecture

https://en.wikipedia.org/wiki/Statistical_inference

https://fr.wikipedia.org/wiki/Test_statistique

CHERNOFF Herman & MOSES Lincoln, *Elementary Decision Theory*, Dover, 1986.

DEHAENE Stanislas, *Apprendre ! : Les talents du cerveau, le défi des machines*, Odile Jacob, 2018.

Leçon 19 : Statistiques bayésiennes

Le terme de statistiques bayésiennes a longtemps eu une image sulfureuse au sein de la discipline générale des probabilités et statistiques. En effet dans une certaine approche des statistiques bayésiennes on utilise les probabilités d'une manière très éloignée des principes généralement acceptés en science. On attribue à des faits inconnus du passé des « probabilités » qui ne sont pas attachées à des expériences aléatoires, mais mesurent un « degré de conviction » des Bayésiens.

Cela va à l'encontre des principes de l'école fréquentiste au sein des probabilités et statistiques, pour qui une probabilité n'a de sens que dans le cadre d'une expérience aléatoire reproductible au moins en théorie. D'après la loi des grands nombres, la probabilité d'un évènement E est la limite du ratio des résultats où l'on observe E sur le nombre total de réplications de l'expérience aléatoire.

C'est dénué de sens du point de vue des Fréquentistes d'attribuer une probabilité à un fait du passé, dont on ne sait pas s'il a eu lieu ou pas, pour l'intégrer à des calculs probabilistes. Par exemple, à Platon qui venait lui proposer en -388 d'établir pour de vrai la république décrite dans son livre du même nom [1], quelle est la probabilité que Denys le tyran, qui rejeta la proposition de Platon, lui ait répondu qu'il était un vieux fou ? Les Bayésiens les plus fondamentalistes sont capables d'attribuer une probabilité à la réalité éventuelle de la réponse de Denys le tyran, mettons 35%. Les Fréquentistes, de leur côté, disent que Denys a répondu ça ou pas, on ne le sait pas avec certitude, mais que ce n'est pas quelque chose à quoi on peut attribuer une probabilité.

L'image des statistiques bayésiennes s'est améliorée au XXIe siècle par rapport à ce qu'elle était au XXe siècle. La raison principale est que, quoi qu'on pense sur un plan philosophique, elles

1. Une communauté d'environ 5000 personnes, où les enfants ne connaîtraient pas leurs parents, la musique et le théâtre seraient interdits, les dirigeants seraient des philosophes qui seraient assistés par des gardiens qui seraient encouragés à mentir au peuple, etc.

s'avèrent très utiles dans beaucoup de problèmes récents liés à l'analyse des big data, au deep learning, et tout particulièrement aux large language models qui représentent une révolution informatique aussi importante que l'arrivée des microordinateurs à la fin des années 1970 ou la création du web dix ans plus tard. Ce renouveau des statistiques bayésiennes a aussi été rendu possible par l'accroissement de la puissance des ordinateurs, que ce soit les main frames ou les micros portables.

Enfin, si l'on est moins radical que les Bayésiens fondamentalistes, on peut décrire les statistiques bayésiennes et expliquer leurs propriétés dans un cadre parfaitement fréquentiste.

C'est ainsi que nous allons faire dans ce chapitre.

Les statistiques bayésiennes reposent essentiellement sur *un* théorème, le théorème de Bayes. Alors commençons par lui. Ensuite nous verrons des applications.

Théorème de Bayes

C'est un théorème de probabilités classiques tout à fait acceptable par les Fréquentistes – et du reste, comme on vient de le dire, tout ce que nous allons exposer appartient à la théorie des probabilités classiques où toute variable aléatoire X est produite par une expérience aléatoire $\mathcal{E}$ reproductible, au moins en théorie, et toute probabilité d'un évènement satisfait la loi des grands nombres.

Théorème de Bayes : *Dans le cadre probabiliste habituel* $(\mathcal{E}, \Omega, P)$, *soit deux évènements* A *et* B *chacun de probabilité non nulle. Alors on a*

$$\mathrm{P}(A|B) = \frac{\mathrm{P}(B|A)\,\mathrm{P}(A)}{\mathrm{P}(B)} \tag{19.1}$$

Ce résultat, appelé aussi *formule de Bayes*, est apparu pour la première fois dans un article du révérend Thomas Bayes (1702, 1761), "An Essay towards solving a Problem in the Doctrine of Chances", publié deux ans après la mort de Bayes par l'un de ses amis. Le résultat y était présenté de manière encore confuse.

L'expression (19.1) est due à Pierre-Simon de Laplace (1749, 1827) qui a redécouvert la formule de Bayes en 1774, apparemment sans connaître le travail de son prédécesseur. Laplace a aussi expliqué beaucoup clairement le théorème, sa démonstration et ses applications. Il serait légitime d'appeler la formule (19.1), la formule de Bayes-Laplace. Mais laissons de côté les questions de noms.

Démonstration du théorème de Bayes : Elle est immédiate. Si on fait passer le terme $P(B)$ du dénominateur du membre de droite vers le numérateur du membre de gauche. Il s'agit alors de montrer que

$$P(A|B)\,P(B) = P(B|A)\,P(A) \tag{19.2}$$

Si on se rappelle la définition de la probabilité conditionnelle de A étant donné B, et de B étant donné A,

$$P(A|B) = \frac{P(A \text{ et } B)}{P(B)}$$

et

$$P(B|A) = \frac{P(A \text{ et } B)}{P(A)}$$

on voit que les membres de gauche et de droite de (19.2) sont tous deux égaux à $P(A \text{ et } B)$.

C.Q.F.D.

Qu'est-ce qui rend le théorème de Bayes particulier ?

Le *théorème de Bayes* (ou *formule de Bayes* – nous utilisons les deux termes indifféremment) sur lequel reposent les statistiques bayésiennes a lui aussi un statut un peu particulier pour les raisons suivantes

1. Bien que ce soit un simple résultat de probabilité classique dont la démonstration ci-dessus tient en douze lignes très aérées [2], il est difficile d'en avoir une perception intuitive immédiate.

   On a par exemple une perception intuitive immédiate de ce que signifie $P(A) = \frac{1}{3}$. On peut si on veut faire des simulations qui montrent que grosso modo une fois sur trois on tire A.

   On a aussi une perception à peu près intuitive du fait que si A et B sont indépendants, alors

   $$P(A \text{ et } B) = P(A)\,P(B)$$

   La définition de la probabilité conditionnelle $P(A|B)$ est elle aussi plutôt intuitive, une fois qu'on l'a bien examinée et qu'on s'est familiarisé avec elle.

2. On pourrait le ramener à une seule ligne dans une démonstration type devinette ou défi à la Bourbaki :-) Du reste, paradoxalement Bourbaki a banni les probabilités de sa série de traités, car ce groupe de mathématiciens estimait que les probabilités n'étaient pas une discipline rigoureuse.

Mais, d'après l'auteur, il est difficile de prétendre qu'on a une perception intuitive de la véracité de la formule de Bayes (19.1).

Nous allons faire plus loin des simulations probabilistes tout ce qu'il y a de plus classiques pour l'illustrer. Est-ce qu'elles permettront de construire une perception intuitive de (19.1) ? Ce sera au lecteur et à la lectrice de se faire une opinion.

2. Les Bayésiens fondamentalistes utilisent la formule de Bayes, comme on l'a dit, d'une manière qui s'éloigne des principes généralement acceptés de la science. Et ces pratiques hétérodoxes rejaillissent sur le théorème lui-même.
3. Il existe des petits livres (voir suggestions de lecture) qui se donnent pour objectif de démystifier la formule de Bayes et la rendre accessible au grand public. Ils le font en une centaine de pages tellement détaillées et avançant tellement lentement qu'ils parviennent au résultat inverse de leur objectif : ils rendent la formule de Bayes délicate, ésotérique et mystérieuse.

Illustration de la formule de Bayes

On a trois dés : un à quatre faces (un tétraèdre avec les bords et les coins très arrondis pour qu'il roule), un dé standard cubique à six faces, et un dé à huit faces (un octaèdre avec les bords et les coins arrondis aussi). L'expérience $\mathcal{E}$ consiste en *deux étapes aléatoires* :

1. On choisit un des trois dés au hasard avec les probabilités 1/3, 1/3, 1/3.
2. On lance le dé choisi et on regarde le résultat.

Considérons les deux évènements A et B suivants :

$$\begin{aligned} A &= \{\text{on a choisi le dé à quatre faces}\} \\ B &= \{\text{on a tiré le nombre 2}\} \end{aligned}$$

La probabilité $\mathrm{P}(A)$ est indiscutablement

$$\mathrm{P}(A) = \frac{1}{3}$$

C'est ce que nous dit la description de l'expérience $\mathcal{E}$, et il n'est pas question de remettre ce fait en cause.

La question qui nous intéresse est : qu'elle est la probabilité de A étant donné B. Autrement dit que vaut la probabilité conditionnelle suivante ?

$$P(A|B)$$

Appliquons la formule de Bayes :

$$P(A|B) = \frac{P(B|A)\,P(A)}{P(B)}$$

Nous avons besoin de calculer chacun des trois éléments qui apparaissent dans le membre de droite.

Les deux éléments au numérateur sont simples. On vient de voir que $P(A) = 1/3$. D'autre part $P(B|A) = 1/4$.

Le dénominateur est un peu plus compliqué à calculer. Pour trouver $P(B)$, on le décompose en la somme des probabilités de trois évènements disjoints :

$$P(B) = P(B \text{ et } D_1) + P(B \text{ et } D_2) + P(B \text{ et } D_3) \qquad (19.3)$$

où l'évènement D_1 est un autre nom pour l'évènement A, c'est-à-dire le choix du premier dé. L'évènement D_2 est le choix du dé cubique. Et l'évènement D_3 est le choix du dé octaédrique.

Pour calculer chacune des trois probabilités conjointes dans la somme (19.3) on utilise

$$P(B \text{ et } D_i) = P(B|D_i)\,P(D_i)$$

On trouve que $P(B) = 18,055\%$.

Exercice 19.1 : Démontrer que $P(B) = 18,055\%$.

Finalement, on calcule que

$$P(A|B) = \frac{0,25 \times 0,3333}{0,18055} = 46,15\%$$

La probabilité qu'on ait choisi le premier dé *étant donné qu'on a obtenu 2 en lançant le dé choisi*, n'est plus 33,33%. La probabilité maintenant est plus grande. C'est 46,15%.

D'après l'auteur, c'est un résultat qu'il est difficile de sentir totalement intuitivement. On peut cependant faire observer qu'étant donné que 2 est moins probable si on a le dé cubique ou le dé octaédrique que si on a le dé tétraédrique, c'est logique que le tirage de 2 renforce un peu la probabilité qu'on avait choisi le premier dé, c'est-à-dire le dé tétraédrique.

Exercice 19.2 : Si on avait tiré le nombre 7 au terme de l'expérience $\mathcal{E}$, quelle serait la probabilité conditionnelle qu'on ait choisi le dé tétraédrique ?

Exercice 19.3 : Si on avait tiré le nombre 6 au terme de l'expérience $\mathcal{E}$, quelle serait la probabilité conditionnelle qu'on ait choisi le dé cubique ?

Simulation

Pour nous convaincre qu'on n'a pas fait d'erreur de calcul, faisons une simulation de $\mathcal{E}$.

Les simulations sont très utiles pour développer notre sens des probabilités. Elles servent aussi pour trouver des résultats par la méthode de Monte-Carlo.

La page `https://lapasserelle.com/bayes/index.html` permet de faire des simulations de $\mathcal{E}$, y compris quelques variantes.

On va, 100 000 fois de suite, choisir un des trois dés avec la probabilité 1/3 pour chacun, puis on va le lancer.

Résultat : Les décomptes des dés D_1, D_2 et D_3 sont respectivement 33198, 33486 et 33316. La somme fait 100 000. Les pourcentages expérimentaux sont donc 33,2%, 33,5% et 33,3%. Les pourcentages théoriques sont : 33,3%, 33,3%, 33,3%. Donc tout va bien : la loi des grands nombres est bien vérifiée expérimentalement.

De ces 100 000 lancers extrayons seulement ceux où on a tiré le nombre 2. Les décomptes de D_1, D_2 et D_3 montrant un 2 sont respectivement 8201, 5567 et 4159. La somme fait 17927. Les pourcentages expérimentaux sont donc 45,7%, 31% et 23,1%. Les résultats théoriques sont (en arrondissant) : 46%, 31%, 23%. Donc encore une fois tout va bien. La loi des grands nombres se vérifie : le calcul expérimental de $\mathrm{P}(A|B)$ (noté aussi $\mathrm{P}(D_1|B)$) est proche de sa valeur théorique.

Exercice 19.4 : Démontrer que les trois probabilités conditionnelles théoriques sont (en arrondissant)

$$\begin{aligned} P(D_1|B) &= 46\% \\ P(D_2|B) &= 31\% \\ P(D_3|B) &= 23\% \end{aligned}$$

Exercice 19.5 : Utiliser la simulation disponible à `https://lapasserelle.com/bayes/deux_tirages.html` pour montrer que la probabilité conditionnelle d'avoir choisi le dé D_3 étant donné que dans deux itérations successives de la *deuxième étape* de l'expérience aléatoire (i.e. en conservant le même dé) on a tiré 2 puis 3, est approximativement 15%.

Calculer la probabilité exacte.

Exercice 19.6 : L'expérience $\mathcal{E}$ est toujours en deux temps :

1. on choisit au hasard un des trois dés avec les probabilités 1/3, 1/3, 1/3,
2. on lance le dé choisi.

Supposons que dans une longue série de l'*étape 2*, c'est-à-dire une longue série de lancements du même dé, on ne tire que des nombres entre 1 et 4.

Peut-on en conclure a posteriori quel dé on a choisi ?

Exemple d'application du théorème de Bayes

Voici un paradoxe classique éclairé par la formule de Bayes.

Diagnostic médical : Supposons que dans une population sévisse une maladie M. Et supposons que nous disposions d'un test T performant pour la détecter.

Nous savons a priori que la prévalence de la maladie dans la population est de 1%. Donc un patient quelconque qui se présente à nous pour quelque raison que ce soit a a priori la probabilité 1% d'avoir la maladie.

Le test T dont nous disposons, d'une part a une *sensibilité* de 99%, c'est-à-dire

$$\mathrm{P}(T \text{ est positif} \mid \text{le patient a la maladie}) = 99\%$$

D'autre part il a une *spécificité* de 95%, c'est-à-dire

$$\mathrm{P}(T \text{ est négatif} \mid \text{le patient n'a pas la maladie}) = 95\%$$

Si une personne a été testée positive, nous voulons connaître la probabilité qu'elle ait réellement la maladie.

La formule de Bayes est l'outil pour répondre à cette question. Nous voulons calculer

$$\mathrm{P}(M|T) = \frac{\mathrm{P}(T|M)\,\mathrm{P}(M)}{\mathrm{P}(T)}$$

où, sans alourdir les notations, M veut dire « le patient a la maladie » et T veut dire « le test est positif ».

Nous connaissons déjà $\mathrm{P}(T|M)$ et $\mathrm{P}(M)$. Il nous faut aussi calculer $\mathrm{P}(T)$, la probabilité totale que le test soit positif. Il s'agit de la somme des vrais positifs et des faux positifs :

$$\mathrm{P}(T) = \mathrm{P}(T|M)\,\mathrm{P}(M) + \mathrm{P}(T|\bar{M})\,\mathrm{P}(\bar{M})$$

où $\bar{M}$ veut dire « le patient n'a pas la maladie ».

Noter que

$$\begin{aligned} \mathrm{P}(T|\bar{M}) &= 1 - \mathrm{P}(\bar{T}|\bar{M}) \\ &= 1 - \text{spécificité de } T \\ &= 5\% \end{aligned}$$

On trouve que $\mathrm{P}(T) \approx 6\%$.

En insérant ces nombres dans la formule de Bayes, on obtient

$$\begin{aligned} \mathrm{P}(M|T) &= \frac{99\% \times 1\%}{\mathrm{P}(T)} \\ &\approx \frac{99\% \times 1\%}{6\%} \\ &\approx \frac{1}{6} \\ &\approx 17\% \end{aligned}$$

Ce résultat nous indique que même avec un résultat positif d'un test à haute sensibilité et spécificité, il n'y a que 17% de chances que le patient soit réellement atteint de la maladie.

On peut expliquer ce résultat paradoxal par la faible prévalence de la maladie dans la population générale.

Exercice 19.7 : Montrer que si la maladie M était assez répandue dans la population, le test deviendrait beaucoup plus discriminant.

C'est un excellent exemple, contre-intuitif, de la façon dont la formule de Bayes peut fournir une évaluation plus précise d'une probabilité à partir de connaissances a priori auxquelles s'ajoutent des informations apportées par un test, conduisant à des connaissances a posteriori.

Terminologie

La formule de Bayes permet de mettre à jour des connaissances. Dans la formule (19.1) reproduite ci-dessous

$$\mathrm{P}(A|B) = \frac{\mathrm{P}(B|A)\,\mathrm{P}(A)}{\mathrm{P}(B)} \tag{19.4}$$

- La probabilité $\mathrm{P}(A)$ s'appelle la probabilité *a priori* de l'évènement A.
- L'évènement B s'appelle l'information supplémentaire permettant de *mettre à jour* $\mathrm{P}(A)$.
- La probabilité $\mathrm{P}(B|A)$ est un terme intermédiaire dans les calculs. La probabilité $\mathrm{P}(B)$ aussi.
- La probabilité $\mathrm{P}(A|B)$ s'appelle la probabilité *a posteriori* de l'évènement A étant donné qu'on dispose maintenant de la connaissance de l'évènement B.

Quels sont les points de discorde entre les Fréquentistes et les Bayésiens ?

Tout d'abord les Bayésiens fondamentalistes sont capables d'assigner des probabilités a priori à des évènements du passé qui sont inconnus mais n'ont rien d'aléatoire. Nous n'allons pas y revenir.

Il existe des points de discorde même entre Bayésiens et Fréquentistes ayant l'esprit ouvert.

Voyons par exemple le problème suivant.

De quelle boite vient le biscuit qu'on me donne ?

Quelqu'un a choisi pour nous un biscuit provenant d'une de deux boites. Dans la première boite, il y a 40 biscuits au chocolat. Dans la seconde, il y a 20 biscuits au chocolat, et 20 biscuits au café. Nous avons reçu un biscuit au chocolat. Quelle est la probabilité qu'il provienne de la première boite ?

Le Bayésien dira : eh bien considérons que la probabilité a priori que la personne ait choisi la boite 1 est 50%, et la boite 2 50% aussi. Maintenant, j'applique la formule de Bayes

$$\mathrm{P}(A|B) = \frac{\mathrm{P}(B|A)\,\mathrm{P}(A)}{\mathrm{P}(B)}$$

avec les deux évènements suivants

$$\begin{aligned} A &= \{\text{choix de la boite 1}\} \\ B &= \{\text{la personne prend un biscuit au chocolat}\} \end{aligned}$$

Le Bayésien poursuivra en disant : $\mathrm{P}(B|A) = 100\%$, $\mathrm{P}(A) = 1/2$ et $\mathrm{P}(B) = 3/4$.

Donc $\mathrm{P}(A|B) = \frac{0{,}5}{0{,}75} = 2/3$. Et voilà !

Le Fréquentiste rétorquera : votre raisonnement est bel et bon, mais vous avez introduit une hypothèse arbitraire. Vous avez considéré que le choix a priori entre les deux boites était 50-50. Elle n'a aucune justification. Pour moi, le problème n'est pas suffisamment spécifié pour pouvoir répondre. Du reste même $\mathrm{P}(B) = 3/4$ repose sur votre hypothèse a priori.

Quand le Fréquentiste est d'humeur à polémiquer, il demandera : « Qu'est-ce qui vous permet de penser que la personne qui choisit n'a pas une préférence a priori pour les boites de biscuits ne contenant qu'une sorte de biscuit ? »

Quand il est d'humeur conciliante, il dira : « Si le choix a priori 50-50 fait partie des données du problème, alors je suis d'accord avec vous. Mais vous êtes un crypto-fréquentiste :-) »

Les discussions peuvent se poursuivre sans fin car les Bayésiens et les Fréquentistes forment des chapelles, sinon des églises. Quand j'enseignais au MIT, c'était le cas entre mon patron Herman Chernoff (fréquentiste) et mon collègue William DuMouchel (bayésien).

C'était au XXe siècle. À l'époque les Bayésiens étaient mal considérés dans la communauté des statisticiens. Depuis l'avènement des moteurs de recherche, du développement des spams et des filtres à spams dans les mails, et plus récemment le développement des large language models, qui font grand usage des statistiques bayésiennes, les Bayésiens ont redoré leur blason.

Les polémiques n'ont pas disparu. Les Fréquentistes purs et durs disent : « Eh bien, oui, la formule de Bayes fait partie des probabilités classiques. Et les distributions a priori qu'on utilise sont en général justifiées. Donc les polémiques n'ont plus lieu d'être » Et les Bayésiens disent : « Enfin vous avez compris que face à n'importe quel évènement on a toujours une mesure de croyance a priori ! »

Ne prenons pas parti. Voyons plutôt un autre exemple dans la vie courante.

Avez-vous attrapé la grippe ? [3]

À la fin d'une journée de travail au bureau, vous vous sentez fiévreux. Vous vous rappelez que votre collège de bureau a récemment eu la grippe. Vous l'aurait-il repassée ?

Vous avec mal à la tête et à la gorge. Vous savez que les gens qui ont la grippe ont ces mêmes symptômes 90% du temps. Autrement dit, 90% des gens qui ont la grippe ont les mêmes symptômes que vous !

Votre compte est bon, semble-t-il. Et vous allez devoir annuler un voyage prévu. Il faut même l'annuler rapidement afin que vous bénéficiiez d'un remboursement partiel des arrhes.

Mais ne nous emballons pas. Rassemblons les informations pertinentes sur la grippe, le mal à la tête et le mal de gorge. Puis nous verrons ce que la formule de Bayes nous dit.

Appelons $A = \{\text{avoir la grippe}\}$ et $B = \{\text{avoir mal à la tête et à la gorge}\}$. Une brève recherche sur le Net vous indique que dans la population en général $\mathrm{P}(A) = 5\%$ et $\mathrm{P}(B) = 20\%$. Nous avons donc les trois éléments suivants :

$$\begin{aligned} \mathrm{P}(B|A) &= 90\% \\ \mathrm{P}(A) &= 5\% \\ \mathrm{P}(B) &= 20\% \end{aligned}$$

3. Exemple tiré de Dan Morris, *Bayes' Theorem Examples : A Visual Introduction For Beginners*, Blue Windmill Media, 2016. Il n'est pas essentiellement différent de l'exemple du diagnostic médical p. 313.

Exercice 19.8 : Appliquez la formule de Bayes pour montrer que la probabilité que vous ayez la grippe étant donné que vous avez mal à la tête et à la gorge n'est que de 22,5%.

Cela illustre bien une situation où un raisonnement fallacieux peut nous convaincre que « c'est quasiment sûr, nous avons attrapé la grippe », alors qu'en fait les données épidémiologiques disponibles montrent que la probabilité que nous ayons attrapé la grippe est inférieure à 1/4. Et nous pouvons raisonnablement ne pas annuler un voyage prévu, sans trop de risque de perdre les arrhes déjà versées.

Suggestions de lecture

`https://lapasserelle.com/documents/platon_en_sicile.html`

`https://fr.wikipedia.org/wiki/Statistique_bayesienne`

mettre un accent aigu sur le e après le y, pour que le lien fonctionne

`https://en.wikipedia.org/wiki/Bayes'_theorem`

`https://tintin.hec.ca/pages/roch.ouellet/manuels/MOG/annexes/Ch9-AnnA.pdf`

contient une intéressante discussion du th. de Bayes et l'intuition (page 5).

HARTSHORN Scott, *Bayes Theorem Examples : A Visual Guide For Beginners*, Independently published, 2016

MORRIS Dan, *Bayes theorem, A visual introduction for beginners*, Blue Windmill Media, 2016

Leçon 20 : Algorithmique et programmation

Avec cette vingtième et dernière leçon, nous abordons un chapitre particulier des mathématiques qui jusqu'à il y a quelques années n'était pas enseigné au lycée dans le cursus général : l'informatique.

L'histoire de l'informatique, liée au développement des machines à calculer puis des ordinateurs, est aussi riche et passionnante que celle des machines industrielles, qui ont bouleversé nos sociétés depuis deux siècles, et qu'on a appelé la *révolution industrielle*. L'informatique a aussi bouleversé nos sociétés. On parle de *révolution informatique* que l'on fait démarrer conventionnellement vers 1940.

L'idée de faire effectuer des calculs à une machine remonte au début du XVIIe siècle avec un premier projet conçu par Wilhelm Schickard (1592, 1635), mais jamais mené jusqu'au stade d'un prototype opérationnel, puis la machine de Blaise Pascal (1623, 1662), appelée Pascaline, dont au moins une vingtaine d'exemplaires furent construits et employés. Plus tard Leibniz (1646, 1716) conçut une machine plus perfectionnée que la Pascaline, mais le prototype qu'il fit réaliser ne fonctionna jamais de manière satisfaisante.

Au XVIIIe siècle apparurent des machines qui automatisèrent certaines opérations dans l'industrie textile, la fileuse, le métier à tisser à navette volante, etc. Mais elles n'avaient pas de lien direct avec les mathématiques. Elles appartenaient simplement au développement général de l'ingénierie qui accompagna celui des sciences en Europe à partir de 1500.

Il faut mentionner bien sûr aussi la machine à vapeur qui, une fois perfectionnée par James Watt (1736, 1819), joua un rôle déterminant dans la révolution industrielle, et stimula également les sciences au XIXe siècle avec la création de la thermodynamique.

Au début du XIXe siècle, Joseph Jacquard (1752, 1834) conçut un métier à tisser programmable permettant de réaliser des dessins complexes à l'aide d'enchevêtrements pilotés automatiquement par un programme des fils de chaîne (« le long » de la pièce de tissu) et de trame (« en travers » de la pièce de tissu). Cette machine qui fait partie des machines textiles appartient aussi à l'histoire des machines à calculer et de l'informatique, car elle utilisait un programme écrit avec des trous sur une longue bande en carton, préfigurant les bandes informatiques qui au XXe siècle servaient de support aux programmes informatiques.

La tendance générale au XIXe siècle de vouloir automatiser des tâches industrielles et des tâches scientifiques conduisirent Charles Babbage (1791, 1871) à concevoir une machine à calculer « hydromécanique » avec une architecture proche de nos modernes ordinateurs (mémoire, unité de calcul, programme, etc.) mais qui ne fonctionna jamais [1]. Son assistante Ada Lovelace (1815, 1852) est considérée comme la première personne à avoir réfléchi sur un plan théorique à la conception de programmes pour piloter une machine à calculer universelle [2] préfigurant un ordinateur.

En poursuivant notre description au galop du développement de l'informatique, laissant de côté l'arithmomètre, nous arrivons aux machines mécanographiques qui servaient dans les années 1920 à dépouiller les résultats de recensement.

Les progrès des applications de l'électricité et de l'électronique permirent dès les années 1930 d'envisager des machines à calculer universelles utilisant des composants électromécaniques puis électroniques. La première machine universelle presque totalement électronique (avec mémoire, unité de calcul, programme, capable de faire des calculs mettant en œuvre un algorithme, voir section suivante, et méritant d'être appelée un ordinateur) est le Z3 de Konrad Zuse (1910, 1995), construit en 1941.

En 1945 les Américains construisirent l'ENIAC et grâce au soft power américain parvinrent à faire croire que c'était le premier ordinateur de l'histoire. En réalité, dans les années 1970, les Britanniques déclassifièrent certaines de leurs archives, qui révélèrent qu'ils avaient eux aussi, après Zuze, construit plus tôt, en 1943, un ordinateur baptisé Colossus qui servit à décrypter les messages des machines Enigma des Allemands.

1. Les ingénieurs savent bien qu'une machine peut tout à fait fonctionner sur le papier et pas du tout dans la réalité, car des mécanismes trop compliqués conduisent à des blocages irrémédiables. Les forces en effet ne se transmettent pas aussi simplement qu'on le voudrait de roues vers des bielles et d'autres roues. Nos responsables politiques qui conçoivent tant de mécanismes fiscaux et sociaux, qui ne fonctionnent absolument pas comme prévu, devraient suivre obligatoirement quelques cours de technologie dans leurs écoles d'administration et de sciences politiques.

2. Par machine universelle, j'entends une machine qui ne sait pas seulement faire les quatre opérations, mais qui peut commencer à effectuer des calculs mettant en œuvre des algorithmes, voir section suivante.

Figure 20.1 : Réplique du Z3 de Zuze au Deutsches Museum à Munich.

L'informatique commença son inexorable développement dans les années 1940 et 1950. IBM, qui produisait depuis les années 20 des machines mécanographiques, des perforatrices, des horloges enregistreuses, et d'autres machines à destination des entreprises, fabriqua de premiers ordinateurs. À la fin des années 40, l'entreprise estimait le marché mondial à quelques unités par an. En réalité, les ordinateurs devinrent rapidement indispensables dans les calculs scientifiques et militaires. Dans les années 60, ils bouleversèrent la comptabilité, et dans les années 70, le pilotage des usines.

Les microordinateurs apparurent dans la deuxième moitié des années 70. Nous avons déjà parlé de leur rôle déterminant dans la révolution informatique dans la leçon 12, section Note historique sur les tableurs, page 200.

Pour conclure ce préambule historique, depuis plusieurs siècles on cherchait à faire effectuer par des machines des opérations industrielles répétitives, et aussi des calculs mathématiques ayant un certain aspect routinier, mécanique, ne demandant plus de réflexion une fois définies les procédures à suivre. En mathématiques ces opérations portent le nom d'algorithmes.

Algorithmes

Un algorithme est une méthode mathématique pour calculer quelque chose ou répondre à une question. Il faut qu'elle ait un aspect mécanique pour qu'on parle d'algorithme et pas seulement de procédé. C'est une séquence de prescriptions à la manière d'une recette de cuisine. Il faut généralement aussi qu'il y ait au sein de la méthode la répétition un certain nombre de fois de certaines étapes de la méthode. Tout cela paraît bien éloigné des mathématiques telles qu'on les apprend depuis la classe de sixième. Mais quand on veut connaître un peu de mathématiques et savoir les utiliser, il faut garder l'esprit ouvert.

Nous utilisons des algorithmes depuis longtemps sans le savoir. La procédure habituelle pour faire une addition est un algorithme.

Exercice 20.1 : Calculer à la main $5475 + 1278$.

C'est encore plus vrai pour une multiplication.

Exercice 20.2 : Calculer à la main 5475×1278.

Et aussi pour une division.

Exercice 20.3 : Effectuer à la main la division euclidienne de 5475 par 423.

Aide : Vous devez trouver $5475 = 12 \times 423 + 399$.

Exercice 20.4 : Exécuter l'algorithme d'Euclide pour montrer que le PGCD de 72563 et 23714 est 1.

Aide : Voir notre livre de 4e et 3e, leçon II.2 Arithmétique : diviseurs, PGCD et algorithme d'Euclide.

Le mot *algorithme* est la latinisation au XIIIe siècle, lors de la traduction d'ouvrages de sciences arabes en latin, du nom du mathématicien arabe d'origine perse Al-Khwarizmi (c. 780, c. 850) que nous avons déjà souvent mentionné dans nos livres. Al-Khwarizmi a en particulier écrit un livre en arabe présentant une façon plus ou moins mécanique de résoudre des équations du premier et du second degré, intitulé *al-Kitab al-Mukhtasar fi Hisab al-Jabr wal-Muqabalah.* Le mot al-Jabr, qui veut dire remplacement ou substitution, a été latinisé en notre mot algèbre.

Rappelons un autre algorithme, qui ne portait pas encore ce nom, dû à Héron d'Alexandrie, qui vécut au premier siècle de notre ère et mourut vers +70, pour calculer la racine carrée d'un nombre entier ou fractionnaire positif quelconque P.

Algorithme de Héron pour calculer la racine carrée de P :

1. *Choisir deux nombres a et b tels que $a^2 < P$ et $b^2 > P$.*
2. *Calculer* $c = \dfrac{a+b}{2}$
3. *Calculer* c^2
4. *Comparer* c^2 *et* P
   - *Si $c^2 = P$, stopper la procédure. La racine carrée de P est exactement égale à c.*
   - *Si $c^2 < P$, donner à a la nouvelle valeur c, conserver la valeur de b, et aller à l'étape 5.*
   - *Si $c^2 > P$, conserver la valeur de a, donner à b la nouvelle valeur c, et aller à l'étape 5.*
5. *Tester si* $b - a < 0,00001$
   - *Si oui : stopper la procédure. La racine carrée de P est approximativement égale à a avec une précision de 1 pour 100 000.*
   - *Si non : retourner à l'étape 2.*

Il est facile de voir, et même de démontrer, que cet algorithme s'arrêtera au bout d'un nombre fini d'étapes et produira un résultat égal ou très proche de $\sqrt{P}$.

Mais au lieu de nous soucier de cela, exécutons-le tout simplement. Prenons $P = 1345$. Démarrons avec $a = 10$ et $b = 100$.

On atteint l'étape 2 : $c = 55$.

Étape 3 : $c^2 = 3025$.

Étape 4 : On compare 3025 et 1345. On est dans le cas où $c^2 > P$. Donc on conserve $a = 10$ et on change la valeur de b. Maintenant la nouvelle valeur de b est 55.

Étape 5 : $b - a = 45$. C'est plus grand que 0,00001. Donc on retourne à l'étape 2.

Étape 2 : $c = \dfrac{a+b}{2}$ est maintenant égal à 32,5.

Étape 3 : $c^2 = 1056,25$

Étape 4 : On compare c^2 et 1345. Cette fois-ci c'est a qu'on change : $a = 32,5$, et b reste égal à 55.

Étape 5 : $b - a = 22,5$ est toujours plus grand que 0,00001. Donc on continue, c'est-à-dire on retourne à l'étape 2.

Étape 2 : $c = 43,75$, etc.

En poursuivant ces étapes, en exécutant chaque fois exactement ce que l'étape où nous sommes arrivés nous dit de faire, l'algorithme s'arrête au bout de 26 étapes et produit $\sqrt{1345} \approx 36,67424$ avec une erreur inférieure à un cent-millième.

	A	B	C
1	1345		
2			
3	a	b	c
4			
5	10,00000	100,00000	55,00000
6	10,00000	55,00000	32,50000
7	32,50000	55,00000	43,75000
8	32,50000	43,75000	38,12500
9	32,50000	38,12500	35,31250
10	35,31250	38,12500	36,71875
11	35,31250	36,71875	36,01563
12	36,01563	36,71875	36,36719
13	36,36719	36,71875	36,54297
14	36,54297	36,71875	36,63086
15	36,63086	36,71875	36,67480
16	36,63086	36,67480	36,65283
17	36,65283	36,67480	36,66382
18	36,66382	36,67480	36,66931
19	36,66931	36,67480	36,67206
20	36,67206	36,67480	36,67343
21	36,67343	36,67480	36,67412
22	36,67412	36,67480	36,67446
23	36,67412	36,67446	36,67429
24	36,67412	36,67429	36,67420
25	36,67420	36,67429	36,67425
26	36,67420	36,67425	36,67423
27	36,67423	36,67425	36,67424
28	36,67424	36,67425	36,67424
29	36,67424	36,67425	36,67424
30	36,67424	36,67424	36,67424

Exercice 20.5 : Montrer que l'algorithme de Héron s'arrête au bout d'un temps fini, et produit un nombre exactement égal ou approximativement égal à moins de 1 cent-millième à la racine carrée de P.

Schéma de la preuve :

- Montrer que la suite des a_i croît tout en restant en dessous de $\sqrt{P}$.
- Montrer que la suite des b_i décroît tout en restant au-dessus de $\sqrt{P}$.

- En déduire qu'elles tendent respectivement vers l_a et l_b.
- Montrer que $l_a = l_b = \sqrt{P}$.
- Noter qu'à chaque étape $b - a$ est divisé par 2. Donc la procédure est forcément finie.

Algorithmique

L'algorithmique est la science des algorithmes. Nous venons d'en voir quelques-uns très simples.

Il existe de grands principes pour créer des algorithmes, en fonction de ce qu'on veut leur faire calculer. Un algorithme doit toujours s'arrêter au bout d'un certain temps en produisant le résultat recherché. Pour un problème donné on cherche à construire un algorithme que atteint rapidement son but.

On sait par exemple que $\pi/4$ est la somme (c'est-à-dire la limite) de la série

$$\frac{\pi}{4} = 1 - \frac{1}{3} + \frac{1}{5} - \frac{1}{7} + ... \qquad (20.1)$$

On peut donc calculer approximativement $\pi/4$ en calculant une succession de sommes partielles. Calculer les sommes partielles les unes après les autres peut être vu comme un algorithme très simple. On l'arrêtera quand on considèrera qu'on est suffisamment près de la somme de la série. Ce n'est d'ailleurs pas un problème totalement évident, car, comme l'on sait, cette série converge *très lentement*, et savoir qu'on n'est pas loin du but demande 1) de définir ce qu'on entend par là, et 2) de trouver une méthode pour le déterminer. Mais laissons ce problème de côté [3].

Exercice 20.6 : Écrire avec un tableur un programme qui implémente l'algorithme de Héron. Il ne sera pas totalement automatique, car un tableur est un outil comme une calculette ordinaire qui est totalement piloté par l'utilisateur.

3. Pour en savoir plus, on peut consulter `https://en.wikipedia.org/wiki/Approximations_of_pi`. La section *Summing a circle's area* de cette page wikipedia présente une jolie application de la méthode de Monte-Carlo pour calculer π en lançant des points au hasard uniformément dans un carré de côté 2 et en regardant la proportion qui tombe à une distance inférieure ou égale à 1 du centre du carré. Cette proportion est $\pi/4$.

Programmation : 1) étape intermédiaire du tableur

On vient donc de voir quelques algorithmes. Répétons-le, un algorithme est une séquence de prescriptions élémentaires numérotées pour effectuer un gros calcul. En informatique, les prescriptions élémentaires sont appelées des commandes. Chaque commande est une étape de l'algorithme. Effectuer l'algorithme – on dit aussi exécuter l'algorithme – c'est suivre l'une après l'autre les prescriptions, c'est-à-dire exécuter les commandes élémentaires.

Parmi les types de commandes élémentaires, il y a

- attribuer une valeur à une variable
- effectuer un calcul élémentaire
- effectuer un test sur des variables, et en fonction du résultat aller à telle ou telle commande, repérée par son numéro
- stopper l'algorithme car une variable a atteint une valeur qui est le résultat

Exercice 20.7 : Retourner à l'exécution pas-à-pas de l'algorithme de Héron, p. 323, et noter quel type de commande on exécute à chaque étape.

C'est une chose d'avoir conçu un algorithme comme l'ont fait Héron ou Euclide avant lui. Ça en est une autre de le faire exécuter automatiquement par une machine.

Plus haut nous avons utilisé le tableur d'OpenOffice pour effectuer l'algorithme de Héron de manière semi-automatique. C'est-à-dire que nous avons écrit dans des cellules des valeurs initiales ou des calculs faisant intervenir les valeurs contenues dans d'autres cellules.

Dans la cellule A1 nous avons entré le nombre $P = 1345$. Dans la cellule A5, nous avons entré la valeur initiale de la variable a : c'est $a = 10$. Et dans la cellule B5, nous avons entré la valeur initiale de la variable b : c'est $b = 100$. Toutes les autres cellules contiennent des calculs faisant intervenir d'autres cellules. Mais elles n'affichent que le résultat numérique du calcul qu'elles contiennent. Ainsi la cellule C5 contient le premier calcul $(a + b)/2$, mais affiche 55.

La cellule A6 contient le calcul de a après avoir fait le premier test, c'est-à-dire la comparaison de c^2 avec 1345. La formule dans la cellule A6 est

=SI((C5)^2<A1;C5;A5) (20.2)

Elle teste si le carré de la valeur dans la cellule C5 est inférieur à la valeur dans la cellule A1. (Les signes $ de part et d'autre de A ont pour but que quand on copie/colle la formule dans A6 ailleurs c'est toujours la cellule A1 qui est utilisée.)

Si le résultat du test dans l'expression (20.2) est oui, la valeur de la variable a change, elle devient maintenant la valeur dans la cellule C5. Si le résultat du test est non, la valeur de la variable reste inchangée, c'est-à-dire qu'elle reste celle qu'il y a dans A5. Étant donné que le carré de 55 n'est pas inférieur à 1345, a reste inchangé, et la cellule A6 affiche encore 10.

Un calcul similaire est effectué dans la cellule B6. La variable b est mise à jour. La cellule B6 affiche donc 55.

Alors la cellule C6 calcule à nouveau $(a + b)/2$. Ainsi elle affiche 32,5. Et ainsi de suite.

Puis nous avons utilisé une fonctionnalité basique d'un tableur pour que dans les cellules d'un grand nombre de lignes apparaissent les résultats des calculs. À la trentième ligne (itération n°26) la différence entre a et b est devenue inférieure à 1/100000. Donc on a arrêté de regarder des lignes supplémentaires. L'exécution de l'algorithme est terminée. Le résultat est

$$\sqrt{1345} \approx 36,67424 \tag{20.3}$$

Les tableurs sont un outil exceptionnellement utile. Bricklin et Frankston font à juste titre partie des personnages célèbres de l'histoire de l'informatique. Cependant un tableur n'est pas encore à proprement parler un programme. C'est juste une super calculette. D'ailleurs ses concepteurs l'ont appelé au départ VisiCalc (pour calculette visuelle).

Programmation : 2) vrai programme informatique

Les tableurs ne sont pas de vrais programmes informatiques. Ce sont des outils entre les mains des utilisateurs comme les calculettes.

Un vrai programme informatique est un instrument qui une fois qu'on lui a donné une suite d'instructions les exécutera totalement automatiquement. Cela prendra de quelques millièmes de secondes à quelques jours de calculs, voire plus, mais cela ne requerra pas d'intervention humaine. Il s'arrêtera tout seul quand sa séquence d'instructions lui indiquera par un test qu'il a terminé son travail. Et il affichera d'une manière ou d'une autre le résultat.

Notre objectif dans cette leçon est de décrire la construction d'un programme informatique dans un langage informatique donné. Nous allons utiliser le langage javascript. Pour donner des explications compréhensibles de ce qu'effectue un programme, il faut aussi parler succinctement des ordinateurs eux-mêmes.

Entre la machine de Babbage et l'ENIAC les ordinateurs ont progressivement adopté une architecture unique, dont les deux organes principaux sont une mémoire où sont stockées des données ou des instructions, et une unité de calcul arithmétique et logique (UAL) où sont effectués des calculs et des tests élémentaires sur des valeurs contenues à certaines adresses de la mémoire selon des instructions contenues à d'autres adresses.

Par exemple, au niveau le plus fondamental, une ligne de code en « langage machine » peut consister en ceci : prendre la valeur dans la mémoire ayant l'adresse 67, l'ajouter à la valeur, quelle qu'elle soit, déjà dans l'UAL, prendre la valeur dans la mémoire ayant l'adresse 83, la soustraire de la valeur qu'il y a déjà dans l'UAL, mettre le résultat dans la mémoire ayant l'adresse xx, etc.

Il existe un petit programme très pédagogique donnant une bonne première idée de la façon dont fonctionne un ordinateur. C'est le Little Man Computer (LMC) créé en 1965 par Stuart Madnick (né en 1944) au Massachusetts Institute of Technology. Il est décrit à l'adresse :

`https://lapasserelle.com/documents/LMC.html`

Et il est téléchargeable ici :

`https://lapasserelle.com/documents/LMCv1.exe`

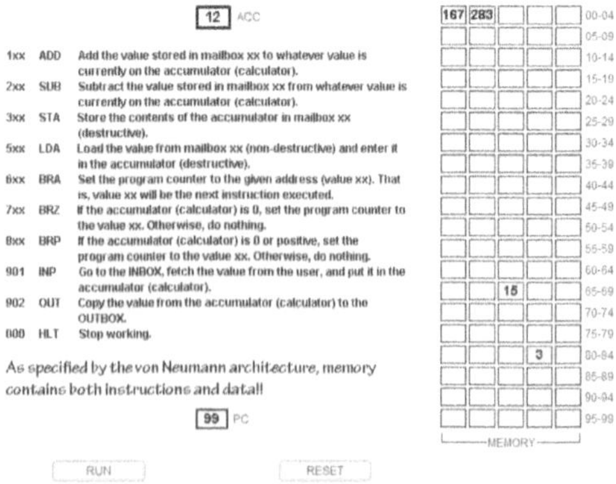

Figure 20.2 : Programme Little Man Computer de Stuart Madnick.

Un vrai ordinateur est plus complexe que le LMC, mais ce dernier donne une bonne première idée.

Un programme est une suite de commandes insérées dans des cellules de la mémoire. Durant son fonctionnement l'ordinateur parcourt toutes les cellules de sa mémoire, et exécute tous les ordres qui y sont contenus. (Encore une fois, il s'agit d'un schéma pédagogique, pas de spécifications précises de la structure et du fonctionnement d'un ordinateur.)

Le LMC montre à l'œuvre un programme écrit en « langage machine ». Jusqu'au milieu des années 1950 c'est ainsi qu'on écrivait un programme soumis à un ordinateur. Il donnait des instructions extrêmement détaillées au niveau le plus basique et concret de ce que l'ordinateur devait faire.

Puis vint l'idée d'écrire des programmes en langage plus proche du langage naturel humain. L'un des premiers langages évolués a été le FORTRAN (pour Formula Translator), développé à IBM par John Backus (1924, 2007). Démarré en 1953, le FORTRAN que Backus pensait développer en quelques mois fut réellement au point en 1957.

Depuis le FORTRAN de nombreux autres langages informatiques évolués – on dit aussi langage de haut niveau – ont été conçus. En 2024 ils se comptent par milliers. La plupart sont du type « IF... THEN... », voulant dire par là qu'ils contiennent des commandes qui effectuent des tests sur des variables, et en fonction du résultat exécutent telle ou telle opération, ou envoient la suite du déroulement du programme à telle ou telle ligne de code ailleurs dans le programme. Il existe diverses écoles pour les grandes caractéristiques d'un langage informatique. La programmation orientée objet a une certaine façon de traiter toutes les variables d'un programme comme des objets auxquels on peut attacher des caractéristiques. Nous n'allons pas en parler car cela dépasse le cadre de cette leçon.

En 2023, les langages informatiques les plus populaires étaient

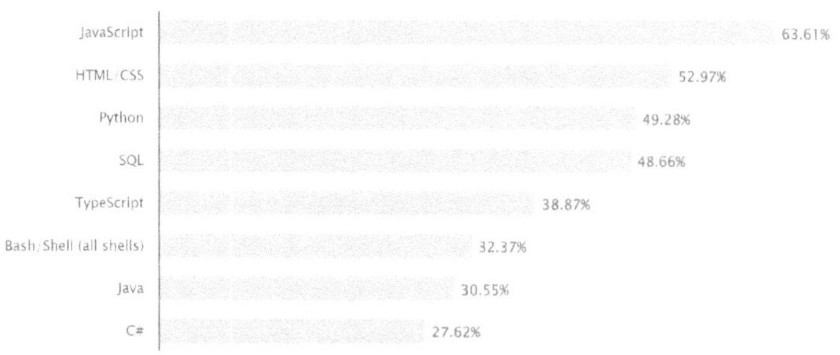

Figure 20.3 : Langages les plus utilisés par les programmeurs du monde entier en 2023. Source : `https://www.statista.com/`

Ces langages ne sont pas tous de même nature. Javascript ou Python sont des langages pour effectuer des calculs, tandis que HTML/CSS est un langage de mise en page.

Certains langages sont plus spécialement attachés au réseau Internet et au Web. Sur Internet, on distingue le côté serveur et le côté client. Quand j'accède à l'Internet j'accède pour être précis à une machine qui est un serveur : elle m'envoie des pages HTML en fonction de mes demandes, de ma navigation, et ces pages s'affichent sur l'écran du poste client que je suis.

Javascript est un langage principalement pour l'Internet et fonctionnant du côté client. PHP est un langage fonctionnant principalement du côté serveur. Python est un langage généraliste conçu pour effectuer des calculs, et qui n'est pas spécialement lié à l'Internet. Java est un langage généraliste orienté objet fréquemment utilisé pour les applications sur téléphone portable.

Figure 20.4 : Exemple de programme en Java. Source : auteur. Disponible à `lapasserelle.com/apk/com.lapasserelle.english_lesson_9.apk`

HTML

Nous allons utiliser un programme écrit en javascript pour illustrer la structure et le fonctionnement d'un programme informatique. Si on a aimé le Meccano dans sa jeunesse, on aimera aussi la programmation, car la seule limite à la création est l'imagination.

La programmation informatique a même une supériorité sur le Meccano. Quand il nous manque une plaque, une tige ou une autre pièce, il n'est plus nécessaire de courir chez le marchand l'acheter, il suffit d'écrire en substance « créer tige » avec telles caractéristiques. L'inconvénient est qu'on travaille dans un univers plus abstrait que celui des jeux avec des objets matériels.

Mais d'abord décrivons avec précision l'environnement pour faire fonctionner un programme en javascript. En effet, trop souvent des sites qui ont pour objectif de nous aider ne donnent pas suffisamment d'information sur l'environnement et finalement sont inutiles.

Javascript a été conçu en 1995 par Brendan Eich (né en 1961) pour donner des capacités d'interactivité aux pages HTML qui s'affichaient à l'écran quand on naviguait sur le Web. Jusqu'alors en effet les pages HTML n'étaient pas très différentes des pages du livre que vous lisez. On ne pouvait pas, sur la page à l'écran, entrer deux nombres dans deux cases, puis appuyer sur un bouton et voir dans une zone s'afficher le résultat d'une opération avec eux. Sur des pages HTML enrichies avec javascript cela devenait possible.

Donc pour écrire du javascript et le voir fonctionner le plus simple est d'avoir des pages HTML dans un espace que l'on gère sur un serveur. Celui-ci peut être un domaine que vous contrôlez sur le Net, logé par un *hébergeur* comme OVH, ou bien un serveur local sur votre machine, par exemple l'application wampserver64 sous windows [4] [5].

Une page HTML très simple et sans enrichissement en javascript contiendra un texte comme sur la fig. 20.5. Nous utilisons l'excellent site de tutoriels gratuit `https://www.w3schools.com/` pour nos illustrations.

---

4. Nous travaillons avec des ordinateurs sous windows ou sous linux. Il existe de nombreuses variantes de linux. Celle que nous utilisons est linux mint de Clément Lefebvre (né en 1978), cf. `http://math.pc.vh.free.fr/loglibre/linuxmint.htm` Elle contient un excellent serveur local ainsi que l'équivalent d'à peu près toutes les grandes applis qu'on trouve sous windows.

5. Il est impossible de décrire l'informatique à partir de zéro dans une leçon d'une vingtaine de pages. Nous faisons l'hypothèse que vous avez une connaissance basique des ordinateurs, des systèmes d'exploitation, et du Web, ou quelqu'un pour vous aider.

```
<!DOCTYPE html>
<html>
<head>
<title>Titre de la page</title>
</head>
<body>

<h1>Voici un en-tête</h1>
<p>Voici un paragraphe.</p>

</body>
</html>
```

Figure 20.5 : Page HTML très simple sans enrichissement javascript.

Cette page est un document texte auquel on doit avoir donné le suffixe .html. Son nom complet est par exemple

`ma_premiere_page.html`

Il faut la téléverser vers un site hébergé par un serveur. Ce site doit avoir une adresse url, par exemple

`https://www.mon_premier_site.com`

ou, si vous avez un serveur local sur votre machine,

`localhost/mon_premier_site`

Suppposons que vous ayez configuré un serveur local sur votre machine, et créé au sein de ce serveur un site portant le nom `mon_premier_site`. Une fois que la page `ma_premiere_page.html` est installée sur ce site, il suffit de taper dans la fenêtre des adresses du navigateur l'adresse

`localhost/mon_premier_site/ma_premiere_page.html`

Si tout s'est bien passé, vous devez voir à l'écran ceci :

Figure 20.6 : Affichage de la page dont le code est montré sur la fig. 20.5.

Terminologie : Faire venir un fichier d'un serveur vers son poste client = télécharger (en anglais to download). Envoyer un fichier de son poste client vers un espace que l'on gère sur un serveur = téléverser (en anglais to upload).

Pour téléverser des fichiers sur notre site `lapasserelle.com` nous utilisons le logiciel gratuit filezilla qui existe en version pour windows et pour linux.

Javascript

Un fichier HTML est un Document Object Model (DOM). Chaque élément d'une page HTML est un objet de ce DOM. Par exemple, la paire de balises <title> et </title> est l'objet qui contient le titre du fichier.

Nous allons rajouter des objets qui vont permettre à l'utilisateur d'interagir avec la page HTML qui s'affiche sur son écran. Ce seront principalement des boites où entrer des nombres, des boutons permettant de déclencher une action, des zones d'affichage, et des fonctions javascript détaillant des actions à effectuer.

Voyons un petit exemple. Il s'agit d'un fichier HTML nommé `ma_deuxieme_page.html`. La page est enrichie avec du javascript qui lui donne des capacités interactives.

La figure 20.7 montre ce qui s'affiche à l'écran de l'utilisateur avant qu'il n'ait fait quoi que ce soit.

Figure 20.7 : Page HTML très simple avec enrichissement javascript : vue à l'écran

Et voici le code de la page `ma_deuxieme_page.html`. La première fois qu'on voit un pareil code, c'est plutôt intimidant. Mais nous allons découvrir que c'est très simple à lire. Nous le détaillons après la figure 20.8.

```
<!DOCTYPE html>
<html>
<head>
<title>Un exemple de page HTML enrichie avec du javascript</title>
</head>
<body>

<h2>Page avec trois éléments javascript</h2>
<p>1) Une boite d'entrée</p>

<form name="entree">
Entrer un nombre entier positif:<br>
<input type="text" name="nombreEntierPositif">
</form>

<p>2) Un bouton d&eacute;clenchant le calcul du carré du nombre qu'on
vient d'entrer et l'affichage du r&eacute;sultat:<br>
<input  type="button"  id="btnCalcul"  value="Calculer carré"
onClick="javascript:calculCarre();" /></p>

<p>3) Une zone d'affichage</p>
<p id="display">zone d'affichage</p>


<p>Il y a aussi dans de le DOM des fonctions javascript qui ne
s'affichent pas, mais travaillent dans l'arrière-plan.</p>

<script type="text/javascript">

function calculCarre(){
let x = document.entree.nombreEntierPositif.value;
x = x * x;
document.getElementById("display").innerHTML = "le carré du nombre que
vous avez entré est " + x;
}

</script>

</body>
</html>
```

Figure 20.8 : Page HTML très simple avec enrichissement javascript : code source.

Avant de commenter ce code, rappelons que cette page est un document au format texte qu'on peut écrire avec le bloc-note de windows, ou avec notepad++, ou n'importe quelle application permettant d'écrire du texte sans le moindre enrichissement (on évitera ainsi d'utiliser word, même si c'est possible aussi). Nous utilisons quant à nous dreamweaver d'adobe qui est très commode.

Commentaires sur la page de code ci-contre (p. 334) :

Ligne 1 : < !DOCTYPE html> est la déclaration initiale que ce qui suit est un docummment HTML.

Ligne 2 : On « ouvre » la balise <html>. Elle sera « refermée » à la ligne 36.

Ligne 3 : Les balises <head> et </head> contiennent les éléments d'en-tête. Ici il n'y a que le titre.

Ligne 4 : Le titre de la page est contenu entre les balises <title> et </title>.

Ligne 6 : Après l'en-tête vient le corps. Il est contenu entre les balises <body> et </body>. La balise fermante </body> est à la ligne 35.

Ligne 7 : Elle ne contient rien. Elle est juste là pour aérer le code et le rendre plus lisible.

Ligne 8 : Les balises <h2> et </h2> sont des balises de pure mise en page. Le texte qu'elles contiennent est dans une police de caractère plus grande que la taille par défaut.

Ligne 9 : Les balises <p> et </p>, qui signalent le début et la fin d'un paragraphe, contiennent du texte au format standard (taille par défaut).

Ligne 11 : C'est le début du premier objet faisant partie des enrichissements javascript. C'est l'ouverture d'un formulaire d'entrée. Ce formulaire aura un nom dans le DOM. On a choisi le nom entree (sans accent).

Ligne 12 : Pur texte. On peut se passer des balises <p> et </p>. La balise <br> crée un retour à la ligne.

Ligne 13 : Cœur du code pour une boite d'entrée. Cette boite, qui est contenue dans un formulaire, aura un nom dans le DOM. On a choisi nombreEntierPositif.

Ligne 17 : Deuxième objet spécifiquement javascript dans le DOM. Il s'agit d'un bouton. Il n'a pas de nom mais une id (=identité) : on a choisi btnCalcul. Quand on clique dessus, on déclenche l'exécution de la fonction calculCarre() dont le code est écrit de la ligne 27 à la ligne 31.

Ligne 20 : Création d'une zone d'affichage. Nous avons choisi de lui donner l'id display.

Ligne 25 : Ouverture de la balise <script>. Elle a un attribut qui précise qu'elle est du type text/javascript. Entre les balises <script> et </script>, on écrit les fonctions qui sont appelées par d'autres objets de la page.

Ligne 27 : Dans ce fichier HTML enrichi, on a une seule fonction, la fonction calculCarre().

Ligne 28 : On crée une variable locale x à qui on assigne pour valeur le nombre que l'utilisateur a entré dans la boite. Ce nombre a un nom compliqué, c'est document.entree.nombreEntierPositif.value.

Ligne 29 : la formule x = x*x veut dire : prendre x, le multiplier par lui-même, et attribuer le résulat à la variable x.

Ligne 30 : Affichage du carré du nombre qu'on a entré plus haut. Ce qui est affiché dans la zone d'affichage porte le nom général document.getElementByID("display").innerHTML. On y met un peu de texte plus la valeur de x.

Il s'agit de commentaires très succincts. Mais ils donnent une idée générale de ce que signifie ce code.

Voici la page HTML/Javascript après que l'utilisateur a entré le nombre 15 et appuyé sur le bouton Calculer carré :

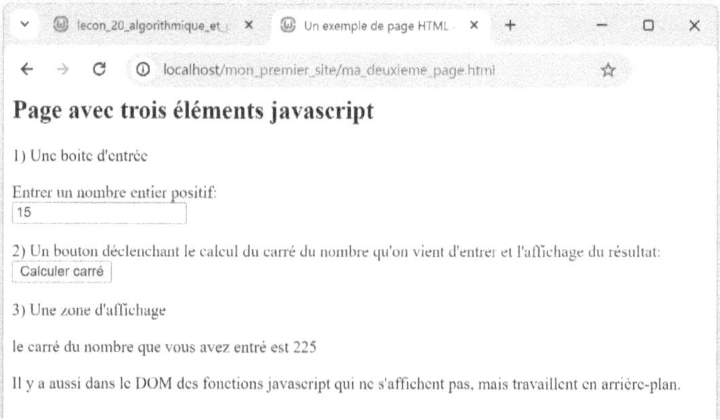

Figure 20.9 : Page HTML très simple avec enrichissement javascript : vue à l'écran après interaction par l'utilisateur.

Apprendre HTML et javascript prend quelques semaines pour maîtriser les bases, quelques mois pour commencer à avoir une vue d'ensemble et être capable de créer des produits intéressants, et quelques années pour avoir une maîtrise professionnelle.

Il existe de nombreux ouvrages, cours en vidéo, et sites pour le faire. Nous apprécions, comme nous l'avons dit, le site `https://www.w3schools.com/`. Il est simple, didactique, ne va pas trop vite, est détaillé, et propose pour chaque nouvelle notion de faire immédiatement soi-même un exercice interactif à l'écran.

Il existait aussi un merveilleux site d'apprentissage de l'informatique, `linda.com`, animé par des jeunes gens motivés et didactiques qui dispensaient des leçons en vidéo très claires. Il a été racheté par LinkedIn.com et, ne l'ayant plus utilisé depuis, nous ne savons pas ce qu'il vaut aujourd'hui [6].

Le lecteur et la lectrice peuvent voir le code des pages de simulation qui ont servi à illustrer la formule de Bayes aux adresses

`view-source:https://lapasserelle.com/bayes/`

et

`view-source:https://lapasserelle.com/bayes/deux_tirages.html`

Pour finir, voici ce qu'on peut créer en HTML/Javascript/XML après quelques mois d'apprentissage de la programmation :

`https://www.lapasserelle.com/songs_video/i_just_called_stevie_wonder/i_just_called_stevie_wonder.html`

Suggestions de lecture

`http://histoire.info.online.fr/` site de Serge Rossi

`https://en.wikipedia.org/wiki/Little_man_computer`

`https://w3schools.com` pour apprendre des langages

`https://fr.wikipedia.org/wiki/HTML5`

FLANAGAN David, *Javascript*, O'Reilly, 2020.

LAZARD Emmanuel & MOUNIER-KUHN Pierre, *Histoire illustrée de l'informatique*, EDP Sciences, 2022.

WINSTON Patrick-Henry, *On To Java*, Pearson, 2001.

6. Beaucoup de petites entreprises qui connaissent le succès sont rachetées par des plus grosses. Parfois c'est le début d'un développement encore plus important. Parfois à l'inverse cela tue l'enthousiasme et la créativité qui avaient permis à la petite entreprise de réussir.

Index

Table des Matières

Catalogue des
ÉDITIONS DU BEC DE L'AIGLE

www.amazon.fr/dp/2957239159
Cours de mathématiques du collège.

Volume 1 : 6e et 5e.

à l'intention des collégiens et de leurs parents

www.amazon.fr/dp/2957239167
Cours de mathématiques du collège.

Volume 2 : 4e et 3e.

à l'intention des collégiens et de leurs parents

www.amazon.fr/dp/2957239183
Cours de mathématiques de seconde

à l'intention des lycéens et de leurs parents

www.amazon.fr/dp/2957239191
Cours de mathématiques de première

à l'intention des lycéens et de leurs parents

ISBN 978-2-9587385-0-1
Cours de mathématiques de terminale

à l'intention des lycéens et de leurs parents

www.amazon.fr/dp/2957239140
Cours de comptabilité (niveau baccalauréat)

www.amazon.fr/dp/2957239124
Introduction aux mathématiques (niveau baccalauréat)

www.amazon.fr/dp/2957239116
Les mathématiques pour l'utilisateur (niveau première année d'université)

www.amazon.fr/dp/2957239132
Les mathématiques pour l'étudiant spécialisé et le chercheur (niveau licence)

www.amazon.fr/dp/2957239175
Cours de physique
(niveau maîtrise)

Made in United States
Cleveland, OH
06 November 2026

47780416R00217